수공학과 방재

Water engineering and Disaster prevention

노 섭 저

도서출판
구미서관

Preface
머리말

최근 우리나라 및 전세계적인 기상이변으로 인한 국지적인 호우 등으로 발생되는 침수피해 및 여러 재해는 토목공학을 전공으로 연구하는 연구자나 실무에서 활동하는 기술자들에게 수공구조물에 대한 중요성을 강하게 인식시키고 있다. 수공구조물의 설계에 직접 활용되는 수리학은 수문학에서 제공되는 자료를 근거로 수행된다. 수리학은 하천공학, 항만공학, 해안공학, 위생공학, 발전수력공학, 관개배수공학 등의 역학적 기초를 이루는 학문으로써 유체역학(Fluid Mechanics)으로부터 유체(流體)중 물에 관해서 그 물리적 성질을 연구하는 학문이다. 이에 기초 및 응용 수공구조물의 설계에서 수공학과 방재는 토목기술자가 실제 문제 해결 및 실용화하기 위한 이론적 배경과 경험식 활용을 위해 필요한 분야이다.

이 책의 내용을 정리해보면 1장에는 수공학에 대한 전반적인 내용을 정리하였고, 2장에서는 수자원에 대한 일반적인 사항이 설명되었다. 3장에서는 재난의 이해와 자연 재난에 대한 내용이 설명되었다. 4장에서는 홍수를 다루었고, 5장에서는 우리나라의 가뭄으로 인한 피해 등에 관한 내용이 설명되었으며, 6장에서는 하천, 7장에서는 지하수와 실무사례를 소개하였다.

이와 같이 본 책의 목적은 인류가 생명을 유지하고 생활하는데 필수적인 물에 관하여 전공자가 물에 관한 정보를 습득하는데 가능한 편리하게 서술하여 편한 마음으로 접근하기를 당부한다. 이와 같이 물에 대한 정보 및 방재에 대하여 정확한 이해와 용이한 접근성을 통하여 향후 물과 관련된 학문을 수학하는 전공 학도들과 물과 관련된 업무에 종사하는 실무기술자에게 도움이 되도록 기여하고자 한다.

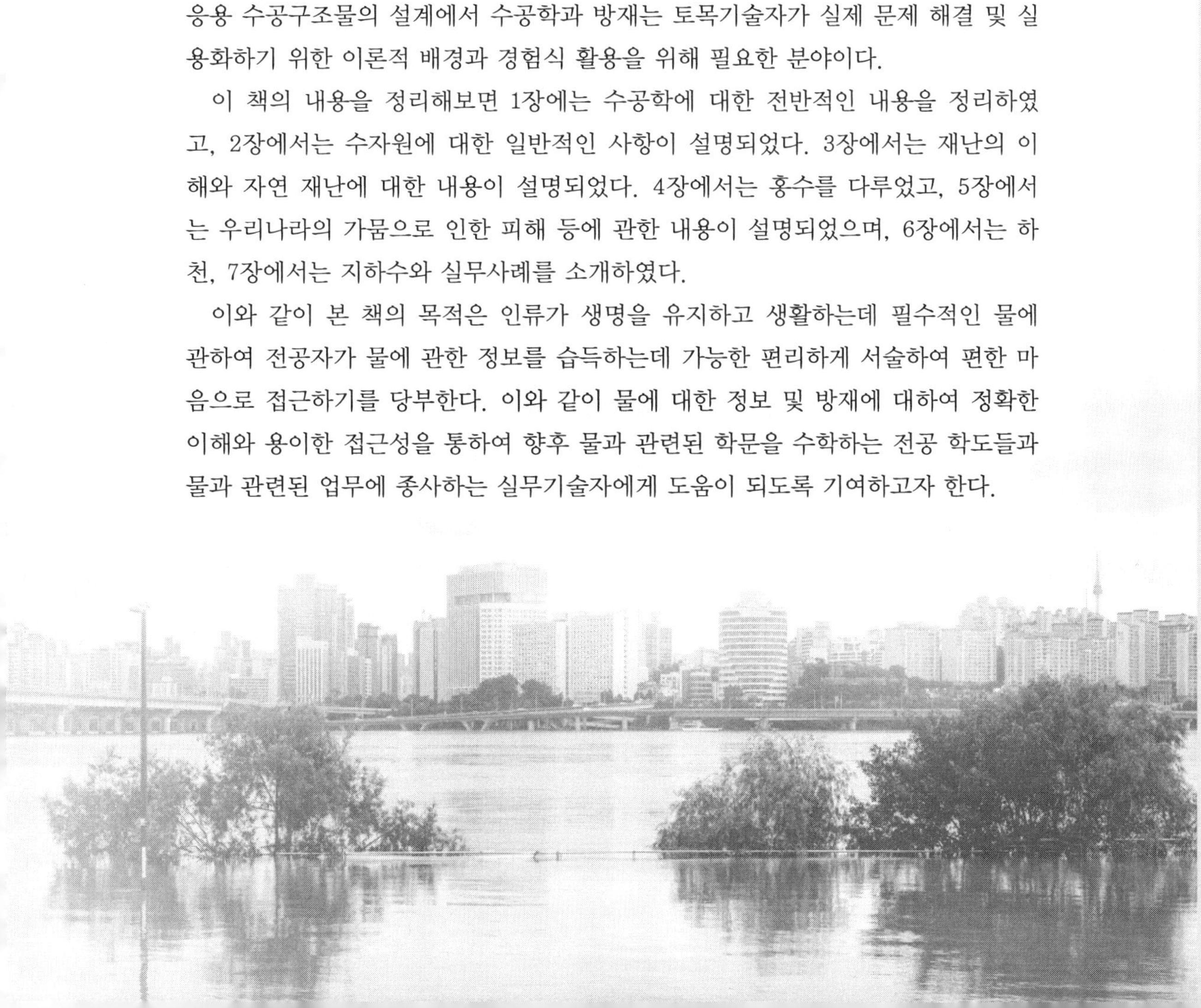

Contents

목차

제3장 재난의 이해 및 자연 재난

제4장 홍수

제5장 가뭄

제6장 하천

제7장 지하수

부 록

제1장
수공학

1.1 미래를 향한 수공학

최근 이상 기후와 환경오염으로 홍수와 가뭄의 영향이 점차 심각해짐에 따라 홍수로부터 피해를 줄이고 깨끗한 환경과 양질의 물을 인간에게 제공하는 문제는 지구상의 거의 모든 국가가 해결해야 할 공통적인 과제이다. 수자원 관리는 홍수와 가뭄으로 이어지는 수문 순환과정에서 물로 인한 피해를 막는 동시에 물을 좀 더 효과적으로 사용하기 위한 것으로 이러한 문제를 해결하기 위한 이론과 기술의 모체가 수공학이다.

수공학은 과거 강우, 수위 등 기본자료의 관측서부터 최근의 종합 물관리 기술까지 물의 수요와 이용 특성에 따라 연구의 관심 분야가 변화·발전되어 왔다. 과거에 상대적으로 인구 밀도와 생활 수준이 낮아 물의 수요 및 공급에 문제가 발생하지 않았을 때는 홍수관리가 주된 연구 분야이었으나 최근에는 생활용수, 공업용수, 농업용수, 하천유지용수 등 각종 용수확보를 위한 연구가 관심의 대상이 되고 있다. 한편, 물은 수혜자가 다수이고 자연 발생의 특성상 공공성이 강하기 때문에 물 관련 사업은 정부의 주도하에 이루어졌다.

우리나라의 치수 및 이수 연구는 매우 오랜 역사가 있으며 대한토목학회를 주축으로 한국수자원학회, 농공학회 등 관련 학회와 건설기술연구원 등 공공연구소 및 민간기업에서 계속 활발하게 물 관리 기술을 개발하고 있다.

본 절에서는 우리나라의 수공학 기술의 현재와 미래에 대해 검토하였을 뿐만 아니라 우리나라의 물 문제 해결과 수공 기술의 발달을 위해 개발이 필요한 기술들을 검토하였다.

1.1.1 수공 분야별 현황 및 전망

수자원 분야의 연구는 1960년대 한강 종합개발사업을 수립하기 위해 근대적인 수문학적 이론의 도입을 시작으로 대체로 2년에서 3년 주기로 반복되는 홍수와 가뭄 피해를 줄이기 위해 수자원 계획 및 관리 기술과 홍수예보 기술이 개발되면서 많은 발전이 되었다. 특히 1990년대에 이르러서는 하천관리에 친환경적인 개념이 도입되어 현재에도 활발하게 연구되고 있다. 그러나 미래 수요를 대비한 핵심기술의 개발에 연구비 투자가 없으며, 실제 업무에 활용되는 분야에 문제 해결성 연구가 대부분이었다. 본 절에서는 수공학 분야를 수자원 정보 수집 및 처리, 수공 구조물의 설계기법, 치수 방재기술, 수자원 개발 및 이용, 하천 환경관리, 하천 수리로 대별하여 분야별 기술 현황을 검토해 보기로 한다.

[1] 수자원 정보 수집 및 처리

수자원 정보란 물과 관련된 모든 분야에서 필요한 정보를 포괄적으로 의미하며 유역의 지표수, 지하수, 기상, 수질 자료, 취수 허가량, 유역의 지형학적 자료, 수자원 계획자료 등이 이에 포함된다. 그러므로, 이러한 모든 자료를 정확하게 측정하고 체계적으로 수집하여 편리하게 활용할 수 있도록 관리하는 일련의 과정인 수자원 정보의 수집 및 처리는 수자원의 관리 분야에서 매우 중요하다. 특히 이 분야는 수자원 관리의 기초가 되는데도 불구하고 현재 우리나라의 경우 수자원의 다른 분야보다 상대적으로 낙후된 상태이다. 그러나 최근 정보통신과 컴퓨터 활용 기술이 획기적으로 발달함에 따라 이를 활용한 물 관리 문제를 해결할 수 있는 기대를 할 수 있게 되었다. 수문 관측 기술에서는 다양한 수문자료를 실시간으로 입수할 수 있게 되었으며, 수문자료의 관리에서는 과거 자료를 포함한 광범위한 지역의 방대한 자료도 데이터베이스로 간편하게 관리할 수 있게 되었다.

(1) 관측 기술

수자원 정보의 가장 중요한 강수 및 유량은 오래전부터 관측망이 구성되어 관측이 실시되었다. 우리나라의 강우 관측은 관측 밀도가 충분하지 않아 면적 평균 강우량을 잘 추정하지 못하고 있는 것이 문제이지만 실시간 강우 측정은 비교적 양호하게 측정되고 있다. 현재 물 관리에 중요한 장·단기 강우 예측이 초기 단계이며, 이는 레이다를 이용한 우량계의 도입, 상업위성의 운영, 기상청의 강우 예측 정도 향상 등의 계획에 따라 점차 발전할 것으로 생각된다. 그러나, 이러한 계획을 수행하는데 필요한 기술이 국내에서는 초기 단계이며, 외국의 경우에도 첨단에 속하기 때문에 기술의 일방적인 공개가 없는 상태이다.

① 유량 관측

유량 관측은 수자원이라고 하는 귀중한 재산을 관리하기 위한 목록을 작성하는 작업이라 하겠다. 수자원의 효율적인 관리를 위해서는 연중 하천 유황의 파악이 필요하며, 우리 정부의 관련 부처는 우리나라 전역에 유량 관측망을 구성하여 유량 관측을 실시하고 있다. 유량 관측은 관측 지점별로 수위-유량 관계(rating curve)를 정립하고 연속적으로 수위를 측정하여 유량으로 환산하는 방법인데, 문제가 되는 것은 수위-유량 관계를 정립하기 위한 해당 수위의 유량측정이다.

우리나라의 유량 관측은 현재에도 유속계와 봉 부자를 이용하여 유속을 측정한 후 유량을 산출하는 방식을 사용하는 경우가 대부분을 차지하고 있다. 대상관측소의 유량 측정계획이 확정되면 유량측정을 실시할 시행자는 미리 봉 부자를 준비하고 국립 건설시

험소에서 유속계의 검정을 마친 후 측정 준비를 한다. 평수위 이하는 언제라도 측정할 수 있지만 홍수위는 홍수 기간에만 측정이 가능하므로 홍수기에는 홍수예보 결과에 따라 항상 대비를 하며 홍수가 발생하게 되면 홍수 수문곡선의 상승부, 첨두부, 하강부에 대해 수위변동에 따라 유속을 측정하게 된다. 유속 측정 결과는 야장에 정리하여 해당 수위에 대한 유량 계산은 내업으로 한다. 측정결과는 홍수량 측정 보고서로 발간되는데 여기에는 수위와 유량과의 관계 이외에도 수위-유량 관계곡선, 측정상의 문제점, 해당 홍수의 유출분석이 일부 포함된다. 이러한 작업은 매년 국토교통부(현재 환경부)에서 용역으로 시행되고 있으나 체계적인 관리가 부족하고 업체들도 관련 부문의 경험을 축적하고 있지 않아 매년 반복되는 작업은 많은 문제점을 가지고 있다. 이에 주요 유량 측정 지점에는 과감한 측정 신기술을 도입할 필요가 있다. 미래에는 유황의 모니터링 시스템 구축을 위한 연속적인 유량 측정작업은 필수적이고 이를 수행할 인력과 예산을 고려할 때 전파 유속계나 초음파유속계 등을 이용한 유량 측정방법을 적극적으로 고려해야 한다. 또한, 대홍수사상의 경우는 이와 같은 직접측정보다 간접 유량측정방식을 적극적으로 도입할 필요가 있다. 홍수량 간접측정은 첨두유량이 발생한 후에 이루어진다. 이는 홍수가 첨두 발생시간에 종단면에 유량을 산정할 수 있는 고수위 흔적을 남겨놓기 때문에 가능하며 간단한 장비만으로도 흔적 조사가 가능하다. 실제 대홍수가 발생하면 봉부자 이외에는 유속 측정이 불가능하고 봉부자 방식의 경우 홍수를 예측하고 미리 현장에서 대비해야 하지만 실제로는 여러 현장 상황으로 첨두 홍수 시 유량을 측정하지 못하는 경우가 대부분이다. 전문적인 유량 측정장비는 첨단기술과 정밀도를 요구하는 반면 이용자의 수요는 한계가 있다. 그러므로 개발업자의 입장에서는 경제적으로 어려움을 느낄 것이나, 물 관리의 측면에서는 유량 측정자료가 물 관리의 기초자료이므로 측정 장비의 개발은 장기적인 수요와 다른 산업에의 적용으로 그 해결책을 찾았으면 한다.

② 수위 측정

현재 우리나라에서 가장 일반적으로 사용되는 것은 직독식과 부자식 수위계이다. 초음파수위계와 기포식 수위계, 레이저 활용 수위계도 현재 개발되어 사용되고 있으며, 이러한 수위계는 모두 우리나라에서 개발되어 앞으로 많이 활용될 것이다. 초음파수위계의 경우 지하수위 측정에도 사용되고 있다.

(2) 자료의 수집 및 관리

① 자료의 수집

현재 우리나라의 수문자료 수집은 기록지 수집과 실시간 자료전송 두 가지 방법으로 대별할 수 있다. 기록 수집은 관측소 담당자가 주기적으로 관측소를 순회하며 자기지나 자료 집적기를 수거하는 방법이며, 실시간 수집 방법은 실시간으로 관측자료를 전송시스템을 이용하여 해당 사무소로 전송하는 방법이다. 최근에는 수량 및 수질관리의 모니터링 시스템이 필수적이며 대부분 자료의 수집은 실시간 전송시스템으로 이루어지고 있다. 자료의 전송시스템은 전파의 방해로 인한 장애가 발생할 가능성이 있어 현재 상업위성 등을 이용한 자료수집방법을 활용 중이다. 위성이용 방법은 전파방해가 거의 없고 중계탑의 설치도 필요 없으므로 많이 사용되고 있으나 운영비용이 비싸다는 단점이 있다. 한편, 측정되는 자료를 인터넷을 이용하여 누구든지 검색할 수 있도록 하는 작업이 시행되고 있으며 이는 매우 고무적인 일이라 할 수 있다.

② 자료의 관리

방대한 수문자료를 관리할 수 있는 시스템의 구축은 최근 컴퓨터 기술의 발달로 대용량 자료의 저장과 관리를 값싸게 처리할 수 있게 됨에 따라 가능하게 되었다. 최근과 같은 컴퓨터의 발달 이전에도 수문 데이터베이스는 구축되어 사용되었는데, 세계기상기구(WMO)에서 조사한 보고서에 따르면 선진국들은 1970년대부터 이미 구축하여 운영해 온 것으로 판단되며, 우리나라에서는 관련 부처가 1987년 이래 구축을 시작하여 현재 실무에 활용하고 있다. 미국은 지질조사국(Geological Survey)의 주도로 1970년대에 개발하여 현재도 사용 중인 WATSTORE 수문데이터베이스를 물 정보 시스템인 NWIS(National Water Information System)로 확장해 가고 있으며, 영국은 수문연구소 주관으로 WIS(Water Information System)의 구축을 완료하였다. 또한 일본은 하천정보센터가 일반적인 수문 데이터베이스보다는 확장된 시스템인 유역·하천 종합정보시스템을 구축하여 1986년부터 운영 중이다.

우리나라에서 물 정보를 수집하고 있는 기관은 13개, 관측소의 수는 2,900개 정도이며, 관측 밀도는 육상의 경우 $40km^2$당 1개소로 높은 편에 속한다. 그러나 일반이용자들의 활용도는 대체로 낮은 편인데, 이는 자료의 질 등 여러 문제 이외에도 다양한 기관들 간에 협조체제가 미흡하고 자료를 체계적으로 관리해 주는 기능이 없기 때문이다. 우리나라의 물과 관련된 정보를 제공하는 시스템으로서 한국건설기술연구원이 전국의 수문자료를 관리하기 위해 구축한 HISS(Hydrological Information Support System)와 프로젝트 단위의 수문자료를 개인용 컴퓨터로 관리하기 위한 PCHISS가 있으며, 1991년 한국수자원공사가 구축한 개인용 컴퓨터를 주축으로한 실시간 홍수 예측 및 의사결정시스템인 PC-REFCON(Real Time Flood Foreca- sting and Reservoir Control)이 있다. 기상청도 기상자료를 관리하기 위하여 데이터베이스를 구축한 바 있으나, 이와 같이 현재 구축된 시스템들은 물 정보를 종합적으로 제공하는 시스템이라기보다 물 정보의 일부를 제공하는 제한된 의미의 시스템이다. 그러므로, 연구기관이나 관공서에서 보유하고 있는 자료들을 데이터베이스화하고 이를 서로 연결하여 이용자가 언제, 어디서나 검색할 수 있는 종합 물 정보시스템의 구축이 필요하며, 현재 국토교통부(현재 환경부)에서 추진하고 있는 물 정보시스템은 이러한 개념을 도입하였다. 그러나, GIS에 의한 유역정보 등의 검색이나 다른 기관과의 상호자료검색 등의 기능을 보완할 필요가 있다. 한편, 초고속통신망을 근거로 행정안전부에서 주관하는 국가안전관리사업 등 대형 사업들이 현재 시행 단계에 있다.

[2] 수공 구조물 설계기법

수공 구조물설계는 실무에서 가장 필요한 기술로서 크게는 댐에서부터 작게는 준용하천의 소규모 시설물까지 그 적용 범위가 다양하다. 우리나라는 하천의 시설기준으로 하천 시설기준과 댐 시설기준이 있다. 이러한 시설기준들은 대체로 외국의 기준을 인용하였으나, 과업의 기초조사부터 최종구조물 설계까지 일련의 과정들을 체계적으로 정리하였다. 본 절에서는 수공 구조물 설계에 가장 중요한 설계강우량과 강우량을 설계유량으로 변환하는 유출모형에 대한 현황을 검토해 보았다.

(1) 설계강우량

설계홍수량을 결정하기 위한 강우량에 관한 연구는 유량 자료가 충분하지 못했던 과거에 활발하게 연구되었으며, 현재는 어느 정도 이론의 정립이 되어 있는 상태이다. 우리나라의 강우 해석에 관한 연구는 1960년대부터 활발하게 진행되어 왔는데, 최영박(1966), 이원환(1968), 윤용남(1971), 고재웅(1980) 등에 의해 관련 논문이 발표되었다. 이러한 연구들은 주로 지점강우량에 근거한 점 빈도해석과 강우강도식의 계수조정, 일본에서 개발된 모노베식의 계수조정 등이 대부분이었다. 1988년 당시 건설부는 그 때까지 집적된 강우자료를 토대로 한국확률강우강도와 한국가능최대강수량도를 작성하였다. 이는 1961년 미국 기상청(U.S. Weather Bureau)의 Hershfield가 미국 전역에 대해 강우지속기간 30분~24시간, 재현기간 2년~100년의 확률강우량도를 작성한 것에 비하면 매우 늦은 것이다. 영국에서는

1975년 자연환경조사위원회(Natural Environment Resear ch Council)에 의해 확률강우량도가 작성되었고, 일본은 1970년대에 전 일본지역에 대한 강우 분포도를 작성하였다. 최근에는 빈도해석을 위한 적정 강우 분포형의 결정, 지역 빈도해석 등이 많이 연구되고 있다.

(2) 유출 모형

유출 모형은 유역의 강우량을 유출량으로 변환하는 유역 유출 모형과 상류의 유량이 하류에서 어떻게 나타나는가를 분석하는 하도 추적 모형으로 대별된다. 유역 유출 모형은 입력자료가 강우이기 때문에 강우-유출 모형이라고도 하며, 주로 도시하수도의 설계, 토지개발 및 단지 조성에 따른 배수 체계의 설계, 댐의 여수로 설계 등에 필요한 설계홍수량 결정 등 공학적인 문제를 해결하기 위한 것이다.

초기의 유출 모형은 대부분 유역 출구에서 첨두홍수량이 어떠한지를 추정하기 위한 단순 홍수량 공식으로 대부분 유량을 유역의 특성인자와 상관시켜 개발되었다. 1922년 일본의 가지야마는 우리나라에서 약 7년간의 자료를 가지고 홍수량 공식을 만들었으며, 이후 국내 학자들에 의해 수정되었다. 가지야마 공식은 우리나라에서 가장 많이 사용되었고 현재도 여러 보고서에 참고 공식으로 활용되고 있다. 우리나라에서 문헌상 최초로 단순 홍수량 공식을 유도한 사람은 원태상(1953)이고, 이후 이순혁(1977)은 미계측유역의 합성단위도 유도에 관한 연구를 실시하였으며, 양동률 등(1981)은 우리나라 전역에 대해 유역 특성인자로부터 확률홍수량을 유도하는 방법을 제시하였다. 한편 국제적으로 인정받은 식으로 국제수문개발계획(IHP)에 의해 평창강, 보청천, 위천에서 수집된 자료를 이용한 1987년 IHP공식으로 제시한 미계측유역의 홍수량 산정 공식이 있는데, 우리나라의 특성에 맞는 공식의 유도뿐만 아니라 외국에서 개발된 모형의 검증에도 많이 활용되고 있다. 우리나라의 수문량 결정은 대체로 일본에서 개발된 공식을 많이 이용하는데, 일본의 수문, 지형특성이 우리나라와 유사한 것에 기인하기도 하지만 근본적으로는 우리나라에서 개발된 대표적인 방법이 없기 때문이다. 가지야마의 홍수량공식, 기무라의 저류함수법, 스가와라의 탱크모형, 나까야스의 단위도 등은 현재에도 실무에서 많이 활용되고 있다.

외국의 경우 강우-유출 모형은 19세기 후반부터 개발되기 시작하였는데, 19세기 말과 20세기 초반에는 주로 경험 공식과 합리식이 사용되었다. 1930년대까지는 대규모 유역에 적용하기 위해 등유하시간선의 개념을 도입하여 합리식을 개선하는 등 실제현상에 보다 가까운 결과를 얻기 위한 노력이 계속되었다. 1932년 Shrerman은 단위유효우량에 의한 유출을 해석하는 단위유량도 이론을 소개하였다. 1950년대에는 시스템공학 이론에 근거한 비약적인 발전이 있었다. 이 시기에 개념모형이 처음 소개되었으며, 수문학자들은 불완전한 실측자료에 의한 단위도의 결정에 어려움이 있음을 인식하고 단순화된 미분방정식의 해를 구함으로써 단위도를 유도해낼 수 있었다. 1960년대부터는 좀 더 새로운 방식이 시도되었는데, 수문순환의 각 성분과정을 각기 개념적으로 모형화하는 것이었다. 이 시기의 대표적 모형으로는 Stanford Watershed Model-Ⅳ(1966), Sacra- mento Model(1973), SSARR Model(1964), 저류함수법(1961), Tank Model(1975) 등이 있으며 이들은 현재에도 널리 사용되고 있다. 최근에는 유역의 공간적인 수문량의 변화뿐만 아니라 유출수에 의해 이동되는 유사 및 화학물질의 양도 파악할 수 있는 분포형 유출모형(Distributed Model)에 대한 연구가 주류를 이루고 있는데, 이는 지리정보시스템(GIS), 위성에 의한 원격탐사 등으로 기초자료의 구축이 용이해지고 컴퓨터의 발달로 더욱 진전되고 있다. 분포형 유출모형과 관련된 최근의 연구에는 소규모의 실험유역이나 실험실에서 개발되어 적용성을 평가받은 모형들이 있는데, 미국에서 개발된 AGNPS모형(1987), ANSWERS모형(1980), DBSIM모형(1995) 등이 있고 영국에서 개발된 IHDM모형(1980), TOPMODEL모형(1995), 영국과 프랑스 및 덴마크가 공동으로 개발한 SHE모형(1982), 호주에서 개발된 THALES모형(1991) 등이 있다. 이 중 SHE모형은 구조가 매우 복잡하지만 각 수문과정들이 모듈화 되어있고, 상업용으로 상품화되어 있다. AGNPS모형과 ANSWERS모형은 소규모 유역에 논업에 의한 비점원 대책수립에 많이 활용되고 있으며, DBMS모형과 TOPMODEL모형은 유역의 지형에 의한 토양내에서의 물의 이동을 모의하는 새로운 개념의 모형이고, DBSIM모형은 홍수예보에 이용하도록 시스템화하여 발표되었다.

수자원 분야에 지형정보 시스템을 적용하기 시작한 것은 1970년 이후 미국을 중심으로 이루어졌으나 실질적인 적용은 1980년대 이후라 할 수 있다. 국내에서는 1980년대 후반부터 GIS 소프트웨어가 도입되어 유출계산에 일부 활용되었으며, 본격적인 연구는 1990년대에 들어와 시작되었다. 1993년 한국수자원공사에서 "GIS를 이용한 수자원 관리 및 계획에 관한 연구"를 실시하였으며, 시스템공학연구소(1995)에서 "수자원 관리를 위한 GIS DB 및 응용소프트웨어의 개발"에 관한 연구를 실시한 바 있다. GIS는 최근 신학문으로 많은 연구결과가 나오고 있으나, 지금까지는 우리나라의 공식적인 수치지도가 없어 연구가 부진하였다. 그러나, 1997년을 기준으로 우리나라 도시지역은 대부분 1 : 5,000 수치지도가 제작되며, 산악지역은 1 : 25,000 지도가 제작되어 실무에 활용되고 관련 연구도 활발해질 것으로 판단된다.

[3] 치수방재 기술

홍수 피해란 주로 하천의 범람이나 제방 파괴에 의한 외수 피해와 우수를 적절하게 배제하지 못하여 발생하는 내수 피해로 구분할 수 있다. 수자원 정책으로부터 2011년 이후에는 거의 모든 주요 하천은 하천 정비를 마칠 것으로 생각되었으나 강우 패턴의 다양화 및 극한 강우의 발생 등으로 정비가 상향 조정되고 있다. 하천 정비가 완료된 후의 홍수 피해는 주로 내수에 의한 피해를 생각할 수 있으며 내수 피해로는 가옥의 침수, 농경지의 침수, 도로와 철도의 침수에 의한 교통마비 등의 피해가 있다. 내수 피해를 감소시키기 위해서는 내수 침수가 우려되는 지역의 유입량을 강제적으로 감소시키거나, 배수펌프장 등에 의해 배수 능력을 증가시키고, 토지이용규제 등을 통해 침수 시 실제 피해를 줄이는 방법이 있다. 본 절에서는 하천 홍수관리의 핵심인 홍수 예경보 시스템과 침수 실적도, 도시 재해방재에 대한 기술현황을 검토하였다.

(1) 홍수예경보 시스템

우리나라의 홍수예경보 시스템은 1974년 한강을 시작으로 5대강을 포함한 일부 중소 하천까지 구축되었다. 그러나, 우리나라의 홍수 예경보 시스템은 일본(도네하천)의 것을 이용하여 우리 형편에 맞게 수정된 것으로 새로운 모형을 적용하거나 GUI(Graphic User Interface)환경을 구축하기가 어려워 새로운 기술의 적용을 통한 시스템의 개선에 장애가 되고 있다.

미국의 경우 1982년에 이러한 문제점을 해결하기 위하여 프로그램의 모듈화를 실시하였다. 한강홍수통제소에서는 1996년~1998년까지 프로그램의 모듈화를 완성하였으며, 완성된 모듈화 시스템은 2000년까지 다른 하천에도 적용할 예정이다. 또한 한강홍수통제소는 최대 홍수 범위 예측 시스템과 서울시의 침수 실적도 작성 사업을 1996년도에 시작하였는데, 모두 GIS와 수치지도를 근거로 하고 있다. 현재 홍수 예경보 시스템이나 유출 예측프로그램은 모듈화 시스템으로 되고, 예측 결과는 GIS를 이용하여 침수 범위를 시각화함으로써 효율적인 시스템으로 개선되었다. 상업적인 홍수 예경보 시스템은 미국의 홍수 예경보 시스템을 자문회사에서 수정하여 판매하는 것과 덴마크의 데니쉬사에서 개발한 MIKE-11이 있다. MIKE-11은 세계시장을 상대로 개발된 것으로 GIS와 수리·수문기술이 복합된 소프트웨어이다. 미국 국립기상청 수문연구실의 Dr. Fread는 과거에 개발한 DWOPER와 DAMBREAK모형을 종합하여 FLDWAVE모형을 개발하였다.

우리나라의 홍수 예경보 시스템 설계기술은 다른 나라와 비교할 때 전체 시스템 구성 기술은 비슷한 수준이나 각 프로그램을 구성하는 성분모형의 개발은 기초가 되어 있지 않아 뒤떨어지고 있었으나 최근 선진국과 대등한 수준으로 향상되었다.

(2) 침수흔적조사 및 침수 실적도 작성

침수실적도는 과거 침수되었던 지역의 침수 현황과 관련정보를 지도에 표시하여 이용자들에게 제시함으로써 평소 주민들에게 자기가 사는 지역에 대한 홍수 경각심을 고취 시키고 건축물의 내수 계획수립, 홍수 시 대피로 결정, 홍수 보험제도의 정착 등에 매우 유용한 지도이다. 일본의 경우 지방자치단체별로 침수 실적도 작성 지침이 1990년을 전후하여 작성되어 공표되었으며, 미국도 지질조사국에서 홍수보험 등의 목적으로 작성되었다. 침수실적도 작성에서 가장 중요한 것은 침수흔적조사이다. 우리나라의 경우 침수흔적조사는 홍수가 난 후 침수지역의 현장 조사가 주된 방법이나 이것은 정확도나 효율에 한계가 있으므로 최근 인공위성을 이용한 침수흔적조사 방법이 활용된다.

(3) 도시 재해

대표적인 도시 재해로는 우수배제 불량에 의한 침수이다. 서울의 경우 과거 상습침수지역에는 펌프장을 설치하여 외수위 상승에 따라 상승하는 내수를 강제로 배수하거나 홍수 시 우수를 일시 저류하는 유수지를 설치·운영하고 있다. 도시유출에 대한 연구는 주택공사에서 택지개발에 따른 홍수유출 증가를 검토하려고 실험적인 도시유출에 관한 자료수집망을 구축하여 운영한 예는 있으나 최근 본격적인 연구가 수행되고 있다. 행정안전부에서 어느 정도 규모 이상의 토목(행정단계, 개발사업)공사에 대한 재해영향평가를 실시함으로써 개발에 따른 우수유출의 증가 및 저감대책 등에 관하여 많은 연구가 진행되고 있어 앞으로 좋은 결과를 기대하게 되었다.

[4] 수자원의 개발 및 이용

수자원은 강수에 의한 지표수, 지하수의 형태로 존재하기 때문에 시간에 따라 변하고 유한하며 산업의 발달과 생활양식의 변화에 의해 급격히 수요를 야기시키는 특성이 있다. 우리나라는 1960년대 이후 산업의 발전에 따라 용수 수요가 급증하고 도시화, 산업화로 인한 특정 지역의 용수 수요가 대량화 및 집중화되어 최근에는 안정적인 용수 공급문제가 심각하게 대두되고 있다. 이러한 문제의 해결은 새로운 수자원의 개발과 제한된 수자원의 효율적 활용으로 귀결되므로 본 절에서는 이 분야에 대한 연구현황을 검토하기로 한다.

(1) 갈수 관리

갈수 관리의 목적은 유역종합 물 관리의 한 구성요소로서 하천의 수량 및 수질을 적절하게 관리함으로써 하천의 이수 및 환경기능을 최대한 발휘할 뿐만 아니라 급작스러운 수질 사고의 감시·처리, 갈수 시의 수리권 조정 문제를 해결하는데 있다. 갈수 관리에서는 각 기준 지점별로 생공 및 농업용수, 하천유지유량의 각 항목마다 필요한 수량을 합한 관리 유량을 설정하고 이 유량을 기준으로 하천유량을 제어하는 것이 일반적인 방법이므로 갈수 관리를 위해서는 수문 기상 및 생공용수, 농업용수, 취수량 등 기초자료를 수집 정리 및 조사, 수집자료의 관리를 위한 데이터베이스, 관리유량 설정, 장기 강수량 예측, 장기 하천 유출 예측 모형, 하도 물수지 모형, 환원수 조사 및 분석, 댐 운영, 취수 제한율, 갈수 조정 협의회 등의 상호 유기적인 관계로 구축된 종합시스템이 필요하다.

우리나라의 갈수 관리는 내면적으로 1970년대 초 소양강 다목적댐이 완공된 이후 한강 유역에 갈수 시 안정적인 용수공급이 가능하여 부분적으로 댐에 의한 갈수 관리가 시작되었다. 이후 갈수 관리는 1980년대 중반까지 다목적댐의 건설로 우기 시 물을 확보하여 갈수기에 공급하고 물 부족시에는 제한 급수를 하는 방식이 전부였다고 할 수 있다. 그러나, 유역내 급속한 인구 증가, 도시화 및 산업의 발달은 기존 다목적댐의 용수공급으로는 한계를 나타냈고, 하천 수질의 악화가 계속되어 가용 수자원이 감소하는 상황에서 기존의 댐에 의존하는 갈수 관리로는 효율적인 용수 수급 관리를 수행할 수 없게 되었다.

갈수 관리를 위한 종합시스템의 구축은 1985년 건설부, 한국수문학회, 일본국제협력단(JICA)에 의해 1987년 설치된 낙동강 유역에 대한 갈수 관리 시스템이 있었으나, 시스템을 운영할 만한 기초자료의 수집 정리, 분석체계 및 갈수관리에 대한 인식 부족으로 설치 후 사실상 사장되어왔다. 1994년부터 3년간 지속된 가뭄은 갈수 관리에 대한 인식을 바꾸었으며 특히 수량 및 수질이 문제시된 낙동강 유역에 대한 갈수 관리 시스템 구축이 재개되었다. 1995년 한국건설기술연구원은 낙동강 유역을 대상으로 갈수 관리 시스템 운영을 위한 취수량 자료조사, 하도 물수지분석 등 기초분석을 수행하였으며, 1996년도에는 한국수자원공사에서 댐의 최적 방류량을 결정하기 위한 "낙동강수계 실시간 최적 저수 관리 시스템 개발"을 수행하였다. 이 시스템에는 댐 상하류의 유황 예측모형, 하류 하천의 수질 예측모형, 댐 운영 모형이 포함되어 있다.

갈수 관리 종합시스템 구축에서 수행한 연구 및 사업은 다음과 같다.

① 용수이용 현황조사

갈수 관리에서 가장 중요한 요소는 해당 유역에서 필요로 하는 용수량을 충족시키는 것이다. 이를 위해서는 해당 유역의 용수수요량을 정확하게 파악하는 것이 중요한데, 국토교통부에서는 하천정비기본계획 수립 시에 해당 하천구간에 대한 용수이용 현황조사와 장래의 용수수요량을 추정하고 있다. 한국수자원공사에서는 1993년 우리나라 5대 수역권의 용수이용 현황조사 자료집을 발간하고 수계 및 행정구역별 이수 현황 자료를 수집·정리하였으며, 생·공용수 중심 용수이용 현황조사 자료집의 발간 사업으로 행정구역별 인구와 급수 현황, 공업단지 현황과 한국수자원공사, 지방자치단체나 공업 단지에서 관리하는 수도에 대해서 수원과 시설 규모, 위치 등을 관리기관별, 시설별로 정리하고, 취수량에서 급수량까지 집계하여 제시하고 있다. 또한 농어촌공사에서는 매년 수리 시설물 수원공 일람표(농림수산부)를 통하여 농업용수 양수 시설의 위치, 용량 등을 제시하고 있다. 그러나, 이들 사업의 경우 대부분 자료는 실제사용량이 아니라 시설용량이거나 자료의 단위가 월, 연 단위로 되어 있어 취수량의 일별 또는 시간적 변화를 파악하기 어렵다. 이와 같은 문제의 해결을 위하여 건설교통부는 1997년부터 수계별 하천수 사용실태조사 사업을 시작하여 물 사용량의 시간적 분포 파악을 시도하고 있는데, 1차로 낙동강 유역을 대상으로 하고 있으며 1998년부터 주요 하천에서도 조사 사업이 시작되었다.

② 관리 유량 설정

기존에 관리 유량 부분에 대하여 수행하고 있는 사업으로는 건설교통부에서 수행하는 하천정비기본계획의 하천유지유량, 장래 용수수요량 추정을 들 수 있다. 또한 하천유지유량은 수운, 어업, 수질, 염해방지, 생태계 등에서 주요 관심이 무엇인가에 따라 변화되었지만, 최근 하천유지유량 결정방법의 개발 및 적용에서 하천환경 개념을 도입한 하천유지유량 산정기법이 제시되었다. 갈수 관리 차원에서 관리 유량 설정을 위한 것으로는 1997년부터 건설교통부에서 수행하는 낙동강수계 하천수 이용 실태조사 및 하천유지유량 산정 사업이다. 이 사업은 우리나라 주요 하천으로 확대되어 각 하천의 주요 지점별 관리 유량의 설정이 가능하게 되었다.

③ 장기 강수량 및 유출량 예측

갈수 관리 시스템에서 장기 강수량 예측과 이에 따른 하천 유출량 예측은 가장 중요한 부분의 하나이다. 현재 강수량 예측은 과거 가뭄 기간의 강수 패턴 또는 무강우로하여 처리하고 있으나 이 부분은 많은 연구가 필요한 분야이다. 장기 유출량 예측에서는 탱크모형, SSAR모형이 이용되고 있는데, 1987년에 구축된 낙동강 갈수 관리 시스템에서는 탱크모형을 이용하여 장기 하천 유출량을 예측하고 있다.

④ 하도 물수지 모형

하도 물수지 모형에 필요한 요소는 하도 구간의 유량별 도달시간, 환원율이다. 현재 낙동강 갈수 관리 시스템에서는 미개척국(USBR)에서 개발된 경험식을 이용하고 있으며, 수자원 관리기법 개발 연구 조사에서는 실측 유속자료를 이용하여 하도구간별 도달 시간을 제시하고 있다.

용수의 취수후 환원율에 대한 연구는 매우 미흡하며, 국내에서 체계적인 실측사례가 부족하여 1977년 NEDECO에서 수행한 낙동강유역 하구 조사에서 제시된 자료를 활용하는 실정이다. 건설교통부에서는 1997년부터 수행하는 낙동강 수계 하천수 사용실태 조사에서 경상남도 및 경상북도지역에 농업용수 회귀율이 실측조사되었다.

⑤ 댐 운영

우리나라에서 그동안의 댐 운영은 홍수관리에 주안점을 두어왔다. 대부분의 다목적댐 운영은 발전 및 하류유지용수를 고려한 일정방류방식을 채택하고 있으나, 낙동강 유역의 경우 본류에 인접한 지역의 농업용수가 상당한 비중을 차지하므로 4~7월의 농번기에는 일정방류량 이상을 방류하고 있으나 과부족-공급방식의 방류는 시행되지 않고 있다.

⑥ 갈수 관리 운영상 문제점 및 개선 분야

갈수 관리의 기본적인 목적은 기준지점의 유량을 예측하여 이 유량이 관리 유량보다 적을 때 수리권 조정 등의 대책을 수립하여 물 부족에 효율적으로 대처하는 것이다. 국내의 갈수 관리는 1980년대에 시작되었고 구체적으로는 1994년 이후 3년간 지속된 가뭄 때문이다. 이와 같은 연구 동향은 갈수관리 자체의 연구라기보다 홍수관리 또는 장기 수자원 계획 수립의 하나로 수행된 것이 대부분이다. 갈수 관리 운영의 가장 큰 장애요인은 다음과 같다.

- 갈수 시 신뢰성 있는 하천유량자료의 획득이 어렵다.
- 수리권 파악이 되어 있지 않다.
- 각 하천의 주요 지점별 관리 유량이 설정되어 있지 않다.
- 생·공용수, 특히 농업용수의 용수이용량의 시간적 분포 파악이 미흡하다.
- 물 사용자와 하천관리자와의 연락체계가 미흡하다.
- 갈수 관리를 위한 시스템이 모든 유역에 구축되어 있지 않으며, 이를 운영할 전문가가 부족하다.
- 홍수관리를 홍수통제소와 같은 전문기관에서 수행하는 것처럼 갈수 관리를 위한 전문기관이 필요하다.

이상과 같은 사항들이 효율적인 갈수관리 운영을 위하여 반드시 해결되어야 할 사항들이다. 이중 갈수 시 유량조사, 수리권조사, 용수이용 조사는 반드시 선행되어야할 사항들이다.

⑦ 갈수 관리를 위한 향후 연구 분야

거시적인 갈수 관리 차원에서 우선적으로 수행해야 할 과제는 갈수 피해의 구조와 계량화 기법 개발, 갈수 시 댐의 종합 운영에 관한 연구, 이수 안정도 평가, 가뭄 평가기법의 개발, 가뭄 예측기법의 개발, 물 수요 구조에 관한 조사연구, 수리권 조정 지침 개발, 절수 방법 및 기술에 관한 연구 등이 있다.

(2) 지하수

수자원으로서 지하수의 중요성은 증대되고 있으며, 우리나라의 지하수는 수자원 총량의 2%에 달하는 20억m^3을 차지하는데, 이는 총용수공급량의 6.5%에 해당한다. 일부 지역에서 지하수 의존도는 이보다 더욱 높은 실정이고, 지표수자원의 부족과 수질저하는 지하수의 중요성을 더욱 높이는 원인이 될 것으로 예측되고 있다. 이러한 중요성에 비하여 우리나라의 경우 지하수의 모든 측면에서 상대적으로 관심이 낮았다.

지하수 관련법규는 지하수법, 온천법, 먹는물 관리법, 농어촌 개발 특별조치법, 제주도 개발 특별법, 하천법, 수도법 등으로 분리되어 있고 이에 따라 관리행정도 여러 기관에서 분산되어 종합적인 관리를 위한 기반이 마련되어 있지 않다. 이러한 상황은 지하수를 무절제하게 채취·이용함으로써 전국적으로 수원 고갈, 지반 침하, 수질오염 사례가 속출하고 있다. 연구개발 측면에서는 제주도 등 일부 지역을 제외하고는 지하수 부존특성 자료가 거의 전무한 실정이었으나, 지하수 보전과 개발 및 연구의 가장 기초자료가 되는 수문지질도 등 최근 많은 지역에서 이에 대한 용역이 시행되어 자료를 축적하고 있다.

향후 집중적으로 노력해야 할 지하수 관련 연구과제는 법 및 제도개선 분야, 계측 및 자료관리 체계 확충 분야, 이론 및 모형개발 분야, 지하수 정화기술 분야 등으로 대별할 수 있다.

① 지하수법 및 제도개선 분야

지하수법은 1993년 12월 제정되고 1996년에 개정됨으로써 지하수와 관련하여 근간이 되는 법으로써 자리 잡았다. 개정안에는 지하수 기초조사와 자료의 종합관리를 위한 제도적 장치를 마련하고, 지하수 개발에 대한 허가제 도입과 지하수영향조사서 작성의 의무화, 폐공에 대비한 이행보증금 예치제 도입, 지하수개발이용 시공업의 등록제 도입 등

지하수의 보전과 체계적 관리를 위한 기존의 미비점들에 대한 보완이 포함되어 있으나, 다음과 같은 문제들의 고려 또는 해결에 대한 연구가 필요하다.

- 지하수위보존을 위한 과학적인 개발허가 기준 수립
- 핵폐기물을 포함한 폐기물 매립으로부터의 지하수보호에 관한 규정
- 지하저장탱크의 누수에 관한 관리규정
- 비점오염원에 의한 지하수오염 대책
- 오염된 지하수의 정화에 관한 책임 및 절차규정
- 지하수 정수에 관한 규정
- 지하수 관련 법규의 통합

② 계측 및 자료관리 체계 확충 분야

현재 우리나라에는 지하수 기초조사를 위한 조사항목별 표준절차가 하천시설기준에 제시되어 있으나 이해가 부족하거나 적용의 어려움으로 실제로는 잘 시행되고 있지 않다. 이와 같은 문제는 미국의 ASTM(American Society for Testing and Materials, 1995)같이 지하수조사를 위한 각 항목에 대한 표준적 절차에 대한 연구가 수행되어져야 할 것이다.

한편 유역 및 지역별 대표지점의 지하수위 및 수질의 변화상태를 지속적으로 관측하기 위한 국가지하수 관측망 및 이와 연계 운영될 시·군단위 보조관측망의 구축이 현재 진행되고 있으며, 이외에도 특정지역의 개발, 오염현황 파악, 오염정화 설계 및 검증을 위해서는 지하수 관측망이 필수적이므로 앞으로 그 설치지역 및 숫자는 크게 증가할 것이다. 그러나, 현재 설치목표년도와 개수만 정해졌을뿐 효율적이고 체계적인 관측망 구축을 위한 방법론인 최적 관측소의 개수, 위치, 측정항목, 측정기기, 분석자료의 해석, 비용 분석 등에 관해서는 아직 구체적인 대비가 없는 실정이며 연구·노력이 필요하다.

효율적인 자료관리체계에 관한 분야로서 현재 지표수와 분리되어 있는 자료체계를 통합하고, 지하수 관련 제반 정보의 데이터베이스화 및 GIS와의 연계는 중요한 연구과제이다.

③ 이론 및 모형개발 분야

최근 수년간 지하수 관련 이론의 추세는 다음과 같다.

- Fickian확산모형이 유효하지 않다는 증거들이 나타남에 따라 새로운 이론적 바탕을 정립하기 위하여 노력이 집중된 불포화층에서의 오염물질 이동특성
- 다상(Multiphase)흐름 및 불수용성 유기화합물(NAPL)에 의한 지하수오염에 관한 이

론 및 전산모형 발전

- 지질의 불균일성(Geologic Heterogeneity)이 지하수흐름과 오염물질거동에 미치는 영향을 정량화 시키기 위한 유효매개변수의 추계학적 추정
- 절점의 수가 매우 큰 수치모형의 효율적 수행을 위한 행렬해석기법을 비롯한 수치해석모형 개발
- 포화 및 불포화 열극(Fractured Rocks)에서의 지하수 및 오염물질 이동현상 해석
- 지하수의 감시, 개발, 정화 등에 관한 최선의 전략을 위한 최적화기법 개발

선진국에서는 고도로 정교하고 복잡한 이론 및 수치모형을 발전시켜감에 있어 엄격하게 계획되고 통제된 현장실험으로부터 얻은 결과를 보정과 검증에 활용하고 있다. 그러므로 우리도 지하수연구를 위한 대표유역을 설정하여 장기간에 걸친 집중적 현장실험을 통한 자료의 축적과 인터넷 등을 통한 외국의 현장계측자료를 적극 활용하여 이론연구에서도 세계적인 노력에 동참해야 할 것이다.

④ 지하수 정화 기술 분야

우리나라의 지하수 오염정화에 관한 연구는 매립장 등으로부터 회수한 침출수의 수처리에 관한 연구가 최근에 보고되고 있는 정도이다. 그러나 오염된 지하수의 수질회복이나 매립장 복원 후 그 부지를 다른 목적으로 활용하는 등에 대한 사회적 필요성이 증가하므로 이에 대비하기 위해 다양한 조건에서 다양한 종류의 오염물질을 효율적으로 정화할 수 있는 현장 기술의 개발이 요구된다.

이 분야는 지하수문학, 지질, 생물, 화학, 전기, 기계 등의 공동연구가 필요한 분야이며, 이는 현재까지 잘 알려지고 체계가 잡힌 양수법(Pump-and-treat Method), 생물정화법(Bioremediation), 열적처리법(Thermal Method) 등의 예에서 확인되고 있으므로 새로운 아이디어에 의한 신기술의 개발이 무한한 분야이기도 하다.

[5] 하천 환경 관리

인간이 하천을 다루는 것은 치수, 이수 및 하천 환경으로 대별할 수 있으며, 이중 치수와 이수는 예로부터 관심을 가지고 있던 분야이고 하천 환경은 최근 주목받는 분야이다. 이 세 분야는 서로 상충되는 측면이 있어 이들이 조화를 이루도록 하는 것은 매우 중요하다. 넓은 의미에서 하천 환경이란 하천의 물과 그 주변 공간으로 구성된 하천 그 자체의 모습이라 할 수 있으며, 좁은 의미로는 하천에 있어 친수, 공간활용, 자연보전, 하천 경관, 방재

및 도시냉각 요소 등을 배려한 정비 및 관리를 지칭한다. 또한 하천 환경의 요소를 살리기 위한 다양한 형태의 하천 정비를 통틀어 하천환경정비라 한다. 하천 환경의 요소는 수량과 수질, 수리, 수문 현상 등 물과 직접 관련이 있는 수 환경, 하천내와 하천 주변의 생태계에 관련된 하천 생태계, 하천의 형태와 주변 환경의 모습에 관련된 하천 공간의 세 가지로도 나눌 수 있다.

(1) 하천환경관리의 태동 및 관련 연구

하천환경을 되살리자는 하천환경관리에 대한 인식은 생활 수준의 향상에 따른 인식변화의 다자연형 하천 가꾸기의 보급에 영향을 받았으며, 기술적인 부분 또는 연구는 일본의 영향을 많이 받았다.

1970~1980년대에 치수와 이수 위주의 하천관리에 하천환경이라는 개념이 들기 시작하였다. 이 개념이 구체화한 것은 스위스와 남부독일 등 독일문화권에서 사용된 용어로 "근자연형 하천공법(Naturnaher Wasserb)"이며, 그 내용은 자연에 가깝거나 자연스럽게 하천을 가꾸는 방법과 기술을 의미한다. 1940년대에도 이 용어는 있었으나 현재의 의미로 하천에 응용된 것은 1970년대 말부터라 할 수 있다. 1980년대 중반 고도성장사회를 지난 일본에서 환경보호에 대한 관심이 높아졌으며, 일본의 하천공학자들은 독일문화권의 근자연형 하천공법을 받아들여 자신들의 하천특성에 맞게 수정하여 다자연형 하천 가꾸기라는 기술로 발전시켰다. 1990년 11월 일본의 건설성에서 공식적으로 이 사업을 천명하고, 1993년 기준으로 이러한 공법에 기초하여 시공된 사례는 3,200여건에 이른다.

이러한 일본의 동향이 우리나라에 영향을 주어 1990년 4월 동경에서 개최된 제 13회 한일 하천 및 수자원개발 기술협력회의에서 하천환경에 관한 연구가 양국의 향후 공동연구과제로 채택된 이후 5차에 걸친 단기 전문가 파견 및 1990년 10월부터 2차에 걸친 장기 전문가가 파견되어 하천환경에 관한 기술 및 정보를 교류하였다. 한국건설기술연구원에서는 당시 건설부의 위탁을 받아 1991년에 하천환경관리기법이라는 5개년에 걸친 장기적인 연구를 1996년에 완료를 목표로 시작하였으며 이것이 우리의 하천환경관련 연구의 효시라 할 수 있다.

하천 환경에 관한 연구는 하천환경정비를 위한 법령 및 제도 등에 대한 연구와 직접하천을 다루는 기술적인 연구로 대별되며, 기술적인 연구는 수환경, 하천 생태계, 하천 경관 등으로 나뉜다. 이와 같이 관련 연구경향을 검토해 보면 다음과 같다.

① 하천 환경 관련 법령 및 제도 연구

하천 환경에 관한 법령 및 제도개선에 대한 연구는 초기단계인 1991~1996년 사이에 한국건설기술연구원에서 수행한 하천환경관리기법 연구가 근간이 되고 있다.

1991년에 수행된 하천환경관리 기본조사연구에서는 우리나라 하천환경의 개요와 하천환경관리에 대한 행정, 제도적인 문제와 개선방안, 하천환경관리의 기본방침 및 제도화 방안을 연구하였으며, 사례연구로 경안천을 대상으로 하천환경관리 기본계획을 수립하였다.

1992년에는 하천환경 정비기법 개발 기초조사연구를 수행하였으며, 1991년의 결과를 근거로 구체적인 부분을 연구하였는데, 하천수량, 수질, 생태계, 하천공간, 경관 등 하천환경요소별로 정비기법을 조사하고, 이 중 도시하천의 하천환경정비에 대한 방향을 설정하는 연구를 하였다.

1993년에는 연구의 범위를 하천의 하도에 국한하여 하도환경정비 기초조사연구로 수행되었는데, 취수장 주위의 퇴사에 관한 조사와 하천공간 데이터베이스의 시험구축을 연구하였다.

1994년에는 앞서의 연구를 구체화한 자연형 하도계획기법 및 하천유량과 수질의 상관성 조사연구가 수행되었는데, 주요 내용은 자연형 하천계획기법을 조사하고, 국내의 하천식재기준을 검토하며, 하천유량과 수질과의 상관성을 검토하는 것이다.

1995년에는 하천공간 정비기법 개발 조사연구로 하천공간의 유형을 검토하고, 하천공간 정비현황을 조사하여 하천공간 배치계획 기법 및 하도 선형과 단면기법을 검토하였다.

1996년에는 하천내 수목에 의한 수리현상과 통수능의 변화예측, 홍수시 수목의 거동, 하천내에 식재하는 방법에 대한 연구를 하였다.

② 자연형 하천공법

1995년 도시하천의 하천환경 정비기법의 개발에 관한 연구가 수행되었다. 이 연구는 자연형 저수로 호안의 개발에 주력하여 여러 형태의 저수로 호안 특히 식생호안을 개발하여, 양재천 학여울 구간의 약 100m구간에 시험시공하고, 그 결과를 모니터링하여 적합성을 검토하였는데 실제응용을 위해서 많은 개선점을 도출한 것으로 알려져 있다.

이러한 건설부 주관의 하천환경관리와 별도로 환경부에서는 1995년 12월 선도기술개발사업(일명 G-7 프로젝트)의 하나로 국내여건에 맞는 자연형 하천공법의 개발연구를 한국건설기술연구원에 의뢰하여 추진되었다. 이 연구는 하천을 정비하는데 이용할 수 있는 자연형 하천공법을 개발하기 위한 연구로 1995~1996년의 1차 연구는 자연형 저수로 호안과 여울 및 소 등을 개발하여 과천시 관할의 양재천에 시험 시공한 바 있다. 이 연구에는 토목공학자 이외에 생태계 관련학자들이 대거 참여하여 하천생태계 조사 및 평가, 하천경관 평가, 하천수질분석 등 하천환경의 제반요소를 광범위하게 다루고 있다. 자연형 하천공법의 시설물들은 기존의 직선 위주의 규격화된 시설물이 아니라 다양한 구조와 비획일적인 형태를 가지는 경우가 많으므로, 이들의 구조와 제원, 재료, 홍수시 거동 등에 대한 실험연구와 같은 다양한 연구가 필요하며, 이와 같은 연구가 필요한 시설물들은 다음과 같다.

- 저수로 호안
- 고수 호안
- 여울과 소
- 보와 낙차공
- 어도
- 하천내 소생활권(Biotope)

③ 하천유지유량

하천 환경에서 주요 관리대상 요소 중 하나가 하천유지(관리)유량이며, 이는 하천의 유지관리상 주요한 지점에서 하천의 정상적인 기능 및 상태를 유지하기 위해 필요한 유량으로 정의된다. 하천의 정상적인 기능 및 상태는 시대의 변화에 따라 달라져 왔는데 수운, 어업, 수질, 염해방지, 하구폐색, 생태계 등 그 시대의 주 관심에 따라 그 개념이 달라졌다. 우리나라의 하천유지유량에 대한 문헌상 최초 조사는 1967년부터 1970년까지 한강유역조사단이 한강 하류부 4개소에서 염수 침입조사를 수행하여 해수의 침입을 취수지점 하류부에 머물게 하는데 필요한 유량을 추정하였다.

하천유지유량은 1971년에 개정된 하천법에서 구체화되어 하천정비기본계획의 작성시 유수의 정상적인 기능 및 상태를 유지하기 위하여 필요한 유량을 주요 하천 지점별로 정하게 하였다. 1980년대에는 하천수 오염에 대한 인식이 높아져 수질보전을 위한 희석유량개념으로 바뀌게 된다. 1985년 수정된 수자원 장기 종합개발계획이나 1990년의 수자원 장기 종합 계획 등에서는 수질정화를 위한 하천유지유량 개념이 이용되었으며, 1990년대 초에 하천환경 개념이 도입되자 1993년 하천시설기준의 하천유지유량 개념에 환경개념을 추가하여 하천관리유량이라는 용어를 사용하였다. 이러한 개념의 변화가 구체화된 것은 1995년에 수행된 하천유지유량 결정방법의 개발 및 적용 연구이다. 이 연구에서는 하천수질기준을 이용한 하천유지유량 개념에 하천생태계, 특히 어류의 서식조건을 고려하는 개념을 추가로 도입하였으며 금강유역을 대상으로 적용한 바 있다.

④ 하천수질정화

하천수질정화는 다른 분야와는 달리 하수처리장이라는 시설에 의존하는 이유로 하천 환경 연구자들이 비교적 접근하지 않았던 분야이다. 이 분야에서 기존의 하천 연구자들이 접근하는 분야는 하천의 자정능력을 이용하는 하천내 직접정화이다. 대표적인 방법으로는 역간접촉산화법, 식생정화법, 폭기법 등이 있다.

이들 중 역간접촉산화법은 1980년대 일본에서 개발된 방법으로 그 원리는 하천내의 자갈층 사이에 물이 흐르면 자갈을 둘러싸고 있는 미생물들이 물속의 오염물질들을 분해한다는 것이다. 일본의 경우 1983년에 다마천의 지류에 설치된 이후 약 20개소에 설치하였다.

국내에서는 일본의 기술을 도입하여 1995년부터 학의천에 실험시설을 설치하고 이를 개량하였다. 그 결과 홍수시 토사유입방지를 위한 시설, 퇴적 오니의 제거 시설 등이 보완되었으며, 서울의 양재천에 시공하는 등 보급단계에 있다. 이외의 자정효과를 높이려는 방법은 초보적인 이론제기에 머무르고 있는데, 이러한 하천내 직접정화방법들은 보조적인 수단이며 하수처리장의 전국적인 설치가 갖추어져야함이 기본이다. 다만, 하수처리장을 설치하기 곤란한 지역에 대해서는 자정작용을 강화시키는 방법을 고려해야 할 것이다.

⑤ 하천생태계

우리나라의 하천생태계 관련 연구는 매우 빈약한 실정이며, 이는 하천환경이란 용어가 보편화되기 전까지 생태계 학지들도 생태계 관점에서만 연구를 하였지 그 기반이 되는 하천환경과 연결시키지 못하여 하천을 정비하는 토목기술자의 입장에서 도움을 받지 못하였다. 그러므로 하천내 동·식물과 하천의 흐름을 접목시키는 연구가 필요하게 되었으며, 생태수리학(Eco-Hydraulics)이라는 학문도 이러한 내용을 담고 있다.

하천생태계와 하천환경을 접목시킨 연구로 앞의 내용에 언급한 하천유지유량 결정방법의 개발 및 적용에서 수행된 하천관리를 위한 어류 서식처 구조에 관한 조사가 효시이다. 이 연구는 대청댐에서 강경사이의 금강에서 대표 어종을 선정하고 그 대표 어종의 서식을 보장하기 위해 유지되어야 할 유량조건 등을 도출해 내었다.

이 분야는 토목공학자와 생태학자의 공동연구가 필요한 분야이며, 다음과 같은 사항들이 향후 연구과제로 남는다.

- 하천내 수목 주위의 흐름 및 홍수시 수목의 거동
- 하천흐름과 어류서식조건에 관련된 연구
- 어도내 수리에 관한 연구

⑥ 하천공간 정비

우리나라의 하천 환경에 관련된 하천 정비는 한강종합개발사업(1982~1986)이 효시라 할 수 있다. 이 사업은 종전의 이수 및 치수 위주의 하천정비인 하천선형정비, 제방축조, 유수지설치 등의 개념에서 벗어나 하천공간을 친수 위주의 위락공간으로 변화시킨 사업이었다. 그러나, 현재까지도 하천공간정비에 대한 연구는 매우 빈약하며, 대부분의 경우 하천공간정비를 하천의 공원화와 같은 개념으로 보고있는 실정이다. 이는 한강종합개발 사업 이후 하천종합개발에서 대부분의 하천이 위락공간이나 하천공원으로 변화한 사실로 확인되고 있다.

(2) 하천환경 관련사업

한강종합개발사업은 1986년의 아시안게임과 1988년의 올림픽게임을 준비하는 일환으로 수행되었으며, 하천수량, 수질, 공간의 종합적 관리를 목표로 시행되었는데, 현재의 관점에서는 하천공간을 대부분 위락공간으로 정비하는데 치중하여 하천환경정비나 하천생태적인 관점에서 비난을 받고 있으나 당시에는 획기적인 사업이었다.

한편, 우이천, 중랑천, 탄천, 홍제천 등 서울시 관할 도시하천 등 일부 하천에서 하천환경을 회복시키고자 하는 정비계획이 수립되었으나, 단순한 하천공간정비 수준이다.

이와 같은 사업의 문제로는 하천환경이라는 새로운 개념을 기존의 하천정비에 익숙한 설계회사들이 현장에 적용을 어떻게 할 것인가와 일부 생태학자나 환경 관련 학자들이 보전만을 주장하는 경우도 있어 그 해결에 어려움을 겪고 있다.

[6] 하천수리

하천수리는 하천내에서 발생하는 물의 역학적인 거동을 해석하기 위한 학문의 한 분야이다. 하천수리에 대한 이해는 하천의 치수, 이수 및 하천환경관리를 위해 필수적이다. 과거에는 단순한 해석에 의존하여 하천관리를 수행할 수 있었으나, 하천 인근에 인구와 산업시설이 밀집되어 이의 효율적인 관리가 중요하게 되었다.

(1) 하천수리연구

① 하천수리와 모형개발

하천수리에 대한 연구는 주로 수치모형의 개발에 역점을 두고 수행되었으며, 그 이유는 실험은 비용, 인력, 기간 등을 상당하게 소요하므로 우리나라의 연구 여건상 실험보다는 비교적 접근이 용이한 수치모형의 개발 또는 이용에 치중되었다. 본 절에서는 수치모형의 개발을 중심으로 연구동향을 검토해 보았다.

하천흐름에 대한 수치모형의 개발은 1980년대부터 시작되었으며, 과거에는 대부분 1차원 모형이었으나, 1990년대부터는 2차원 모형이 중심을 이루고 일부에서는 3차원 모형의 개발이 시도되고 있다.

1차원 수치모형은 유한차분법을 이용한 모형이 주종을 이루며, Preissman기법을 이용한 부정류 해석이나 상류와 사류의 천이영역을 해석하는 방법을 제안하기도 하였는데, 대부분의 연구는 논문을 위한 모형개발에 머무르고 있으며 하천실무에 사용된 사례는 거의 없다. 또한 1차원 모형의 경우 외국에서 개발된 모형들이 널리 보급되어 독자적인 모형의 개발보다는 이 모형들의 이용에 치우쳐 있다.

우리나라의 2차원 하천흐름모형에 관한 연구는 유한차분법에 의한 것과 유한요소법에 의한 것이 주종을 이루고 있으며, 유한체적법을 이용한 모형개발 연구도 있었다.

그러나, 우리나라의 하천수리모형개발 또는 적용은 대부분 학계의 연구에 그치는 경향이 있으며, 실제 하천계획이나 수리구조물의 설계 등이 적합하게 이용된 사례는 없는 것으로 알려져 있다. 그 이유는 개발된 모형들이 공공의 성격이 약하여 널리 보급되지 않았으며, 하천실무의 기술수준이 이러한 모형들을 손쉽게 이용할 수 없었기 때문이기도 하다.

② 하천유사

국내의 하천유사에 관련된 연구는 하천유사량 측정과 유사에 관련한 이론적 연구로 대별하여 검토해 보면 다음과 같다.

하천유사의 측정은 1960년대에 처음으로 시작되었는데, 한강수계상의 주요 수위표 지점의 유사량은 1964년부터 건설부에서 간헐적으로 측정하였다. 한강유역조사단에서도 1967년 이후 매년 충주, 여주 등지에서 유사량을 실측하였으며, 한국전력에서는 조동지점과 목행교 지점에서 1969~1970년에 부유사와 소류사를 실측하였다.

낙동강유역에 대한 유사량 실측은 1964년부터 건설부가 간헐적으로 실시하였으며, 낙동강유역 조사단에서 1969~1970년에 진동, 왜관, 창리 등 20개 지점에 대해 부유사량을 측정하였다.

금강수계에 대해서는 건설부에서 1965년과 1968년에 금강본류의 용담, 수통, 옥천, 송포, 공주, 규암 등지에서 부유사량을 측정하였으며, 농업진흥공사에서 1975년 옥서지구 종합개발사업시 공주와 송포에서 부유사량을 측정하였다.

섬진강유역은 건설부와 산업기지개발공사가 섬진강유역 조사사업시에 간이 부유사 채취기를 이용하여 송정수위표 등 10개 지점의 부유사량을 측정하였다.

영산강유역에 대해서는 1964년에 건설부가 마륵에서 측정한 기록이 수문조사년보에 수록되어 있다.

이외에도 IHP사업의 하나로 건설부가 평창강, 보청천, 위천 유역에서 수행하는 수문조사 사업시 측정한 기록이 1986~1988년 IHP보고서에 수록되어 있다.

국내 연구를 요약하면 1960년대에는 유사분야에 대한 소개 및 실측방법 등의 예시에 중점을 두었고, 1970~1980년대에는 유사에 관한 공식을 적용하고 실측자료를 회귀분석하여 유량과 유사량의 관계식을 유도하는 연구가 주류를 이루었다. 그러나 대부분의 연구들이 단편적으로 이루어져 유사에 관한 기본적인 기술수준은 외국에 비하여 상당히 낮은 편이다.

③ 하상변동

하상변동에 관한 연구는 하상저하나 하상상승 등 대규모의 하상변동과 교각주위의 세굴로 대표되는 소규모 하상변동으로 나눌 수 있다.

하상변동 연구는 대부분 모형의 개발이나 적용에 국한되어 있는데 그 이유는 국내에 하상변동에 관련된 실측자료가 거의 없기 때문인 것으로 판단된다. 국내의 하상변동 관련 연구는 매우 빈약한 편인데, 그 이유는 1960년대와 1970년대에 활발하게 수행되었던 유사의 조사가 1970년대 중반 이후 실질적으로 단절되었기 때문이다. 한편으로는 우리나라의 하천은 유사문제가 없다는 인식이 팽배하여 이 분야에 대한 연구 및 조사가 다른 분야보다 상대적으로 등한시 되었다.

④ 수리모형실험

수리모형실험은 하천의 수리학적 문제를 해결하는 가장 기초적이고 직접적인 방법이다. 하천계획이나 설계를 할 때 여러 수리현상들에 대해 수식들에 의한 계산 또는 컴퓨터 모의 등을 하게 되나 이러한 결과는 항상 실제현상을 모형에 입력하는 과정에서 필연적으로 단순화하는 과정을 거치게 된다. 그러나, 수리모형실험은 비록 모형을 사용하지만 실제현상을 비교적 사실에 가깝게 보여줄 수 있다는 장점이 있다. 수리모형실험은 상당한 비용과 인력, 시간 등이 소요되므로 우리나라에서는 여건상 연구나 실험이 매우 빈약하다.

건설교통부에서는 1982년에 한강 하류부의 고정상 모형을 제작하여 계획하도의 법선에 대한 검토를 하였으며, 1983년에는 계획하도의 하상변동을 예측하기 위하여 암사

동~김포대교간 36km의 이동상 모형을 제작하여 치수 측면에서 하상의 변동을 정성적으로 실험한 바 있다.

⑤ 수리구조물 설계

수리구조물설계는 앞서 언급된 연구활동의 결집으로 나타나는 것이다. 국내의 연구결과가 실제로 수리구조물의 설계에 직접 연결된 사례는 매우 드물다. 하천의 수리시설물을 설계하는 기본이 되는 하천시설기준의 설계편은 상당 부분이 일본의 건설성 하천사방기술기준(안)을 참고로 한 것이다. 수리구조물설계에 관련된 내용에는 국부적인 세굴방지 대책에 대한 실험적 연구가 있으나 실무차원의 연구보다는 기초적 연구수준이다.

⑥ 난류문제

우리나라 연구의 가장 큰 한계 중의 하나가 난류에 대한 접근이 부족하다는 것이다. 난류 현상 자체에 대한 이해가 부족한 것도 있지만 난류 측정을 위한 장비들, 즉 레이저 도플러 유속계 또는 음파유속계가 없기 때문이기도 하다. 최근에는 이와 같은 장비들을 사용한 연구가 시도되고 있으나, 외국의 연구에 비교하면 학문적으로 큰 차이가 있다.

⑦ 식생수리 또는 생태수리학

생태수리학의 주요 내용으로는 하도내 수목에 의한 수리적 영향, 어류의 서식조건과 관련된 수리현상 등이다. 국내에서 하천수목과 관련된 연구는 1994년 건설부에서 자연형 하천계획과 관련하여 외국의 하천식수기준을 소개하는 정도이다. 또한 어류의 서식과 관련해서는 1994년 계단식 어도내의 격벽형상, 측벽 홈 설치 등에 따른 수리현상을 실험을 통하여 제시한 정도이며, 어도설계지침이 수립된 일본의 경우와 큰 차이가 있음을 알 수 있다.

이와 같이 우리나라의 수공학에 대한 전반적인 현황을 검토하면서 앞으로의 수공기술에 대해 고찰할 필요가 있는데, 미래에는 다양한 국민적 욕구와 국내의 환경변화로 새로운 기술수요가 많이 창출될 것으로 예측되는바 창의적이고 실용성 있는 기술개발의 필요성이 더욱 증가되고 있다. 특히 고임금 시대의 진입과 기술경쟁력을 앞세운 외국의 국내기술시장 잠식은 과거처럼 답보적인 기술개발정책만으로는 한계가 있으며, 이에 대한 과감한 정책이 필요할 것이다.

되짚어 보기

제1장 수공학

1. 수자원 정보의 가장 중요한 관측 기술 2가지를 쓰고 간단하게 설명하시오.은 바닷속 35m 깊이에서 잠수부가 받는 수압과 같은 민물에서의 깊이는? (단, 해수의 비중은 1.025이다.)

해설 유량관측과 수위관측 요약 설명.

2. 수공 구조물 설계에 가장 중요한 설계강우량과 강우량을 설계유량으로 변환하는 것을 (　　)이라고 한다.

해설 유출 모형

3. 하천 홍수관리의 핵심 3가지를 쓰고 간단하게 설명하시오.

해설 홍수 예경보 시스템과 침수 실적도, 도시 재해방재 기술 간단하게 설명

4. 수자원의 개발 및 이용에서 갈수 관리의 목적을 설명하시오.

해설 갈수 관리 참조

5. 수자원의 개발 및 이용에서 갈수 관리 종합시스템 구축을 위한 사업 5가지를 쓰고 간단하게 설명하시오.

해설 용수이용 현황조사, 관리 유량 설정, 장기 강수량 및 유출량 예측, 하도 물수지 모형, 댐 운영

6. 갈수 관리 운영의 가장 큰 장애요인 3가지 이상 쓰시오.

해설 갈수 시 신뢰성 있는 하천유량자료의 획득이 어렵다. 수리권 파악이 되어 있지 않다. 각 하천의 주요 지점별 관리 유량이 설정되어 있지 않다. 생·공용수, 특히 농업용수의 용수이용량의 시간적 분포 파악이 미흡하다. 등

7. 자연형 하천공법의 시설물들은 기존의 직선 위주의 규격화된 시설물이 아니라 다양한 구조와 비획일적인 형태를 가지는 경우가 많으므로, 이들의 구조와 제원, 재료, 홍수시 거동 등에 대한 실험연구와 같은 다양한 연구가 필요하며, 이와 같은 연구가 필요한 시설물 3가지 이상 쓰시오.

해설 저수로 호안, 고수 호안, 여울과 소, 보와 낙차공, 어도, 하천내 소생활권(Biotope)

8. 하천유지유량의 정의를 쓰시오.

해설 하천의 유지관리상 주요한 지점에서 하천의 정상적인 기능 및 상태를 유지하기 위해 필요한 유량

9. 생태수리학에서 토목공학자와 생태학자의 공동연구가 필요한 분야 3가지를 쓰시오.

해설 하천내 수목 주위의 흐름 및 홍수시 수목의 거동, 하천흐름과 어류서식조건에 관련된 연구, 어도내 수리에 관한 연구

10. 하상변동은 어떻게 나눌 수 있는가?

해설 하상저하나 하상상승 등 대규모의 하상변동과 교각주위의 세굴로 대표되는 소규모 하상변동

제2장
수자원

2.1 우리나라의 수자원 개발 방향

지구상에 존재하는 많은 양의 물은 대부분이 해수이고 담수는 약 3%에 불과한데, 이 담수 중 대부분은 빙하의 형태로 존재하고 하천이나 호소와 같은 지표수로 존재하는 것은 수자원 총량의 0.017%인 $231 \times 10^{12} m^3$에 불과하다.

물은 모든 생명의 근원이며 인류의 역사는 물과 더불어 시작되었고, 모든 경제 및 사회 활동은 물의 공급과 공급되는 물의 질에 크게 의존하고 있어 양질의 물이 풍부한 지역을 중심으로 도시가 발달하고 산업이 발달하였다.

최근에는 급격한 물 수요 증가에 따라 물로 인한 국가 간, 지역간 분쟁이 끊이지 않고 있으며, 유엔의 지속가능한 개발위원회(Commission on Sustainable Development)가 1998년 3월 21일 제5회 세계 물의 날에 발표한 자료에 의하면 2011년에는 연간 20억m^3의 물이 부족할 것이며, 2020년에는 전 세계 약 80억 인구의 2/3가 물 부족으로 고통받을 것이라고 경고한 바 있다.

우리나라의 연평균강우량은 세계평균강우량의 1.3배에 해당하는 1,274mm로서 비교적 풍부한 편이나, 인구 1인당 강수량은 세계평균값의 1/11에 불과한 2,900m^3로 매우 적은 상태이다. 한편 연간 강수량의 2/3가 6, 7, 8, 9월에 집중하고 유역의 유출특성이 불리하여 연간 수자원 총량 1,267억m^3의 25.6%에 해당하는 325억m^3만이 현재 공급 가능하다. 1960년대 이후 산업화와 국민소득 증가 및 인구 증가로 1인 1일당 급수량이 1970년대의 200L에서 1990년대에는 400L로 2배로 증가하는 등 물수요가 급격하게 증가하고 있어 2011년에는 연간 용수수요량이 약 370억m^3으로 추정된다. 그러므로 우리나라는 2000년대에 이란, 사우디아라비아 등의 나라와 같은 물 기근 국가로 분류될 전망이며 현재도 갈수기에는 해마다 용수 부족으로 공업 및 농업용수의 공급에 어려움을 겪고 있는 지역이 여러 곳에 걸쳐 발생하고 있다. 그럼에도 불구하고 물 부족 문제를 심각하게 받아들이고 있지 않는 것이 오늘날의 보편적인 정서이며 수자원개발에 따른 환경문제를 이유로 수자원개발에 반대하는 자연보호론자와 지역주민의 반발 때문에 많은 어려움이 있는 것 또한 사실이다.

본 장에서는 미래를 대비하여 급격하게 증가하는 용수 수요에 대처하고 이상 홍수에 의한 피해를 최소화하여 국민의 생명과 재산을 보호하며 환경문제도 최소화할 수 있는 바람직한 수자원개발계획 수립의 기본 방향을 검토해 보았다.

2.1.1 수자원 개발 현황 및 전망

우리나라의 수자원 이용에 대한 역사를 보면 삼국시대부터 벽골제 등 저수지를 축조하여 농업용수로 이용하기 시작하였으며 조선시대에는 제방축조 등의 치수사업과 부분적인 저수지 보수작업이 실시되었고 전문기술자에 의한 본격적인 치수 및 이수사업은 1910년대부터 계획이 수립되어 시행되었다. 1960년대에는 4대강 유역조사가 시작되어 본격적인 수자원 개발사업이 시작되었으며, 1970년대에는 소양강댐 등 대규모 다목적댐 개발, 수도권 1단계 광역 용수공급체계 구축 및 수계별 홍수예경보시스템이 구축되기 시작하였다. 1980년대에는 충주댐 등 대규모 다목적댐의 개발과 광역 용수공급체계가 전국으로 확대되었고, 1990년대에는 중규모 댐의 개발, 지하수관리제도 및 환경친화적인 수자원 개발의 개념이 도입되었다.

건설교통부의 수자원 장기종합계획(1997년 ~ 2011년)에 의한 우리나라의 기존댐 현황 및 댐 개발계획, 용수수급현황 및 전망, 치수현황 및 전망은 다음과 같다.

[1] 기존 댐 현황 및 댐 개발계획

기존 댐은 다목적댐이 10개, 생활 및 공업용수(생공용수) 전용댐이 16개, 농업용수댐이 7개, 발전 전용댐이 8개 그리고 하구둑이 5개 축조되어 있어 모두 46개 댐이 축조되어 있다. 이들 댐의 총저수용량은 149억m^3, 유효저수량은 연간 강우량의 8.2%에 해당하는 103억m^3으로서 연간 용수공급량이 125억m^3이고, 홍수조절량은 연간 강우량의 1.8%에 해당하는 23억m^3에 불과하다. 공사중인 댐은 3개로서 총저수량이 10억m^3, 유효저수량이 8억m^3로서 연간 용수공급량은 8억m^3, 홍수조절용량은 2억m^3이다.

다목적댐 개발계획은 1999년까지 건설 중인 댐은 계획대로 완공하고, 2011년까지 28개의 신규 댐을 단계별로 건설하여 전체 용수공급량 중 댐 공급비율을 현재 39%에서 50%로 제고할 계획으로 되어 있다.

[2] 용수공급 현황 및 전망

1994년을 기준으로 우리나라의 연간 총용수 수요량은 301억m^3으로서 농업용수가 50%, 생활용수가 20%, 공업용수가 9%. 하천유지용수가 21%를 차지하고 있으며 용수공급 가능량은 325억m^3으로서 하천에서 직접 공급하는 것이 53%, 댐에서 공급 가능한 것이 39%, 지하수에서 8%를 공급하여 23억m^3의 여유가 있는 상태이다.

권역별로도 1994년을 기준으로 한강권역은 9억m^3의 용수공급 여유량을 확보하고 있으나 수도권지역의 생활수준향상과 인천국제공항 등의 개발로 2000년대 초부터 물 부족현상이 우려되며, 낙동강권역은 4억m^3의 여유량을 확보하고 있으나 동해안과 남해안지역 등은 국지적으로 물 부족을 겪고 있으며 부산, 대구 및 경남북 광역개발에 따른 영향으로 2000년대 초부터 물 부족의 발생이 우려된다. 금강권역에서는 6억m^3의 여유량을 확보하고 있으나 2000년대 후반에는 물 부족이 예상되며, 영산간 및 섬진강권역은 4억m^3의 여유량을 확보하고 있으나 신안, 고흥 등 남해안지역에서 국지적인 물 부족을 겪고 있다.

[표 2.1] 기존 댐 현황 (단위 : 백만m^3)

구분	댐수	총저수량	유효저수량	연간용수공급	홍수조절량
다목적댐	10	11,124	7,540	9,274	1,800
생공용수댐	16	618	523	753	31
농업용수댐	7	713	527	807	19
발전전용댐	8	1,749	1,410	-	482
하구둑	5	668	333	1,628	-
합계	46	14,872	10,333	12,462	2,332

2011년의 용수수급전망을 보면 용수수요량은 1994년에 비하여 생활용수가 40%, 공업용수가 76% 증가하여 1994년 대비 22%가 증가한 367억m^3으로 추정되며 용수공급가능량은 현재 건설 중인 댐이 모두 준공되면 347억m^3이 공급 가능하지만 약 20억m^3의 물이 부족할 것으로 추정된다. 그러므로 신규 수자원을 개발하여 51억m^3의 용수를 공급함으로써 31억m^3의 용수공급 여유량을 확보할 예정이다.

[3] 치수현황 및 전망

우리나라의 홍수피해는 최근 엘니뇨 등 영향에 의한 이상기후로 인하여 대규모의 홍수가 빈번하게 발생하고 있으며 하천연안지역의 토지이용이 고도화됨에 따라 다목적댐 축조에 의한 홍수조절과 하천의 개수사업에도 불구하고 홍수피해액이 해마다 증가하고 있다.

홍수피해의 유형을 보면 도시화에 따른 포장비율의 증가로 유출율이 증대되고 유출시간이 단축되어 도시형홍수를 유발하고 있으며 내수에 의한 침수도 증가하고 있는 추세이고 이상기후에 의한 국제적인 집중호우가 빈번하게 발생하여 기록적인 홍수피해가 발생하고 있다.

[표 2.2] 용수수급현황 및 전망 (단위 : 백만m^3/년)

구분	1994년	2011년	증가율(%)
용수수요량	30,144	36,673	21.6
생활용수	6,209	8,706	40.2
공업용수	2,582	4,544	76.0
농업용수	14,877	15,150	1.8
하천유지용수	6,476	8,273	27.7
용수공급량	32,463	34,662	6.8
하천수	17,221	16,953	(-)1.6
지하수	2,571	2,907	13.1
댐공급수	12,671	14,802	16.8
과부족량	2,319	(-)2,011	-
신규 수자원개발	-	5,141	-
개발후 과부족량	-	3,130	-

하천개수실적은 직할하천에 있어서는 개수율이 90.8%로 대부분 개수된 상태이나 지방하천의 경우 78.5%, 준용하천의 경우 57.0%로 개수율이 매우 저조하여 전하천의 개수율은 60.4%에 불과하다.

홍수재해방지를 위한 향후 계획은 전 하천에 대한 하천정비기본계획을 수립, 보완하고 유역종합치수계획을 수립하여 목표년도 2011년까지 직할하천과 지방하천은 100%개수를 완료하고 준용하천은 77%를 개수하여 전 하천의 개수율을 80% 달성하는 것으로 되어 있으며, 이에 필요한 사업비는 7조 7천억원이 소요되는 것으로 예상한다.

한편, 현재 한강 등 5대강에만 설치되어 있는 홍수예경보시설을 중소하천을 포함한 12대강으로 확대하고 홍수범람 예상지역과 시간을 사전예고 할 수 있는 과학적이고 현대적인 홍수예보 시스템을 구축하고 댐의 최적홍수통제를 위한 수문방류시스템도 구축하는 것으로 되어 있다.

[표 2.3] 연평균 홍수피해

구 분	1970~1979	1980~1989	1990~1995
인명(명)	330	285	139
이재민(명)	118,000	99,000	48,000
피해액(억)	1,323	3,554	3,650

[표 2.4] 하천개수현황

구분	요개수연장(km)	기개수연장(km)	개수율(%)
직할하천	2,851	2,588	90.8
지방하천	1,264	993	78.5
준용하천	31,998	18,229	57.0
합계	36,113	21,810	60.4

2.1.2 수자원 개발에 따른 환경문제

우리나라의 댐축조 역사를 보면 1930년대에 보성강 및 화천 수력발전용댐을 시작으로 1950년대에는 괴산 수력발전전용댐이 축조되었고, 1960년대에는 섬진강, 남강, 소양강 등의 다목적댐과 춘천, 의암, 팔당 등 수력발전전용댐이 축조되었다. 이러한 댐축조로 인하여 발생한 환경문제는 아직 큰 문제로 대두된 것은 없으나 현안문제로서 저수지와 하천 등의 수질오염이 심각하여 수질문제는 수자원 확보와 더불어 앞으로 해결해야 할 중요한 과제로 대두되고 있다.

1992년 정부에서 발표한 한강, 낙동강, 금강, 영산강의 수질보전계획에는 1996년까지 읍단위의 소도시까지 하수처리장설치와 축산폐수처리장을 설치하여 오염부하량을 최소화함으로써 목표수질을 단기간에 달성하는 것으로 되어 있으나 팔당호의 경우 1996년 12월에 BOD가 1.4mg/L로 목표수질 1.0mg/L를 초과하였고 1997년에는 2.0mg/L를 초과하는 경우도 있는 등 수질이 점차 악화되고 있는 상태이다. 팔당호의 경우 수질오염원을 검토해보면 19,000여 가구의 가축 940,000마리에서 발생하는 축산폐수가 오염발생원 전체의 80%를 차지하고 있으며 생활오수와 산업폐수가 20%를 차지하고 있다. 이러한 수질오염문제는 저수지 상류로부터 유입된 수질오염원에 의해 발생하는 문제로서 저수지 관리상의 문제라고 할 수 있다.

수자원 개발에 따라 발생된 문제점으로 외국의 사례를 보면 1804년에서 1825년 사이에 시행된 Rhien강의 직선화 사업에서는 공사가 끝난 수십년 후에 하상침식과 하상저하현상 및 좌안과 우안으로 이동하는 모래무더기가 발생하였으며, 利根川에서는 1987년 갈수시에 대량의 지하수 양수로 갈수 문제를 해결하였으나 지하수위의 저하로 지반과 제방이 침하하는 문제가 발생되었다. 또한 미국 와이오밍주 서북부 스네이크강에는 제방축조 후 40년이 지난 오늘날 제방축조에 따라 하천의 흐름, 하천범람 수리특성 등의 변화로 인하여 하천이 황폐화되고 생태계에 큰 변화를 가져왔으며 미국 서부의 대형댐들 중에는 어류의 댐 상하류 이동을 위한 어도를 갖추지 못하여 연어 등 수중생태계에 영향을 미치던 댐들이 철거될

예정이다.

댐 축조로 인하여 발생하는 여러 환경문제를 검토해 보면 다음과 같다.

[1] 자연환경

(1) 기상변화

① 기온

댐 건설에 따른 인공호수의 형성으로 인하여 안개일수 및 상대습도가 증가하고 호수 주변 기온의 일교차가 다소 적어지며 결빙일수가 감소하고, 지표면 피복상태의 변화로 인한 열수지관계의 변화로 일사량의 감소를 예측할 수 있으나 정량적인 예측을 하기는 매우 어렵다.

우리나라 기존 댐 중 춘천댐과 충주댐에 있어서 댐 축조 전후의 기온변화를 보면 평균기온의 값이 단기간에 걸친 값이긴 하지만 여름에는 기온이 감소하고 겨울에는 다소 기온이 상승하는 경향이 있으며, 호수 주변 10km 이내에서는 그 영향이 나타나는 것으로 보이며 20km 거리에서는 영향이 없는 것으로 나타났다.

② 안개일수 및 상대습도

호수주변에서 저층의 대기는 습윤상태인 무거운 공기를 동반하기 쉽고 증발로 인한 열전달로 수표면이 냉각되기 쉬우므로 대체로 안개일수와 상대습도가 증가한다. 소양강, 충주 및 안동댐의 경우 댐 축조 전에 비하여 댐 축조 후에는 안개일수가 50%이상 증가한 것으로 나타났다. 상대습도의 경우 호수연안이나 호수와 인접한 지역에서 약간의 습도 증가가 있을 것으로 예상되지만 소양강 및 충주댐 등에서는 상대습도의 변화가 거의 없는 것으로 나타났다.

[표 2.5] 댐 지역의 계절별 평균기온

댐 위치	구분	관측기간	평균기온	
			하계(6,7,8월)	동계(12,1,2월)
춘천	댐 축조 전	1966~1973	24.30	(−)3.59
	댐 축조 후	1974~1981	23.06	(−)3.21
	기온차이		(−)1.24	(+)0.38
충주	댐 축조 전	1981~1985	24.16	(−)3.94
	댐 축조 후	1986~1990	23.78	(−)1.52
	기온차이		(−)0.38	(+)2.42

③ 일사량

댐 건설로 인하여 수표면적이 증가하면 하층대기를 통과하는 입사광의 양이 감소되고 증발로 인한 열전달로 일사량이 감소할 가능성이 있다.

[표 2.6] 댐 지역의 안개일수

댐위치	댐 축조 전		댐 축조 후		증가율(%)
	관측기간	안개일수(일)	관측기간	안개일수(일)	
소양강	1966~1973	37	1974~1990	63	70
충주	1975~1985	49	1986~1990	84	71
안동	1972~1976	42	1977~1990	63	50

(2) 지형변화

댐 축조에 따른 지형변화는 대체로 진입도로 및 이설도로 축조로 인한 국지적인 지형변화와 공사용 재료의 채취, 각종 구조물 축조에 따라 지형이 변화하게 되며 저수지내에는 토사의 퇴적이 발생한다.

(3) 생태계 변화

저수지가 형성되면 식생이 감소하고 동물의 생식지역이 감소 또는 분단되어 수몰지역 인근에 서식하던 육상동물군은 수직적인 이동으로 새로운 서식환경을 갖게 된다.

수중생태계는 하천수의 정수역화에 따라 정수환경에 서식하는 것들이 다수 출현하게 되고 수면을 이용하는 생물이 증가한다.

(4) 수리수문학적 특성변화

댐에서의 유량조절과 용수사용량의 하천 환원 등에 따라 댐 하류의 유황이 안정되며 댐에서 차단되는 유사량 때문에 댐 하류의 하상이 저하되고 하상구성물질의 입도도 변화하며 하천형이 변화되기도 한다.

[2] 생활환경

댐이 위치한 지역의 주변 주민들에게는 일시적이기는 하지만 댐 공사기간 중에 비산분진, 공사장비에 의한 소음, 폐기물 발생 등으로 생활환경에 영향을 받게 될 것이며 저수지 형성에 따른 수온성층현상의 발생 등 수환경의 변화가 예상된다. 저수지 상류에 생활오수 등 오염원이 있을 경우 저수지의 부영양화 및 수질오염의 가능성이 높다. 저수지 조성에 따른 지역단절과 교통의 오지화 및 교통의 장애, 인구유출 및 문화적 고립현상이 발생할 수 있으며 저수지 주변개발로 인구 및 교통량의 변화도 예상된다.

[3] 사회경제환경

수몰지 주민의 이주문제, 농경지, 공공시설 및 유적 등의 수몰에 따른 자산의 손실발생은 지역내 사회경제적인 측면에서 파급효과가 크게 미칠 것이다. 1차 산업은 수몰지 발생으로 생산량의 감소가 있을 것이나 댐 건설로 인하여 저수지가 형성되면 수려한 자연경관을 배경으로 새로운 명소가 개발될 가능성이 있으며 지역경제의 성장을 촉진시키고 상업, 서비스업이 발전할 가능성도 있다.

2.1.3 수자원 개발 방향

1990년대 들어 우리사회는 님비(NIMBY; Not In My Back Yard)와 같은 집단이기주의와 수환경의 향상에 대한 사회적인 요청이 점차 높아짐에 따라 댐 건설 등의 수자원 개발을 포함한 사회기반시설의 추진이 매우 어렵게 되고 있다. 그러나 급격하게 증가하고 있는 용수수요와 이산화탄소에 의한 지구온난화 및 남미의 페루 앞바다에 형성되는 이상난류에 의한 엘니뇨현상 등에 기인한 기상이변으로 홍수 및 가뭄이 더욱 빈번하게 발생하고 있는 현실을 고려하면 수자원 개발 또한 필수적인 것이기 때문에 수자원 개발로 인하여 발생하는 환경문제의 해결에 있어서 어떻게 자연과 인간활동을 조화시켜 공존의 길을 찾고, 수자원의 3대 기능인 치수, 이수 및 환경기능을 어떻게 잘 조화시켜 나갈 것인가 하는 것이 과제이다.

미래를 대비한 우리나라의 수자원 개발 기본방향을 제시하면 다음과 같다.

[1] 신규 수자원의 최대한 개발

(1) 다목적댐의 개발

기상이변에 따른 홍수 및 가뭄에 효율적으로 대처하고 국민의 재산과 생명을 보호하기 위해서는 홍수량을 댐과 하도에 배분하여 물을 다스리며 이용하는 다목적댐의 개발만이 최선의 방법이다.

(2) 개발규모의 최대화

수자원 개발 가능성이 있는 지점이 극히 한정되어 있으므로 댐의 개발규모는 편익/비용 비율(B/C)이 최대가 되는 규모를 채택했던 과거의 방식과는 달리 B/C가 1이하가 되지 않는 범위에서 가능한 한 수자원을 최대한 활용할 수 있고 최대한 홍수조절기능을 감당하는 규모로 개발하여야 한다.

(3) 최소한 10년 앞을 목표로 한 신규 수자원의 개발

수자원 개발에는 10년 이상의 장기간이 필요하기 때문에 현재를 기준으로 10년후를 목표년도로 신규 수자원을 개발할 수 있도록 구체적인 수자원 장기개발계획을 수립하고 시행해야 한다.

[2] 기 개발 수자원의 이용율 극대화

(1) 기존 댐의 규모확대 및 다목적댐화

기존 댐의 증고 등 수자원을 최대한 활용할 수 있는 방향으로 재검토하고 단일 목적의 전용댐도 홍수조절기능을 갖는 다목적댐으로의 전환가능성을 검토해야 한다. 특히 발전용 댐의 경우 수력발전으로 전체 발전량에 기여하는 것이 적기 때문에 발전보다는 용수공급과 홍수조절기능을 부여하는 방안, 사수량 활용 방안 등을 검토하여 수자원의 이용율을 극대화해야 할 것이다.

(2) 하수담수호의 이용율 제고

하수담수호는 홍수관리가 어렵고 상류로부터 유입되는 오염물질 때문에 수질관리에 어려움이 있으나 수자원 확보가 용이하고 수몰지가 거의 발생하지 않기 때문에 유리하다. 하수담수호는 농업용수 공급위주로만 개발되어 이용율이 낮고 효율적인 종합관리시스템이 구축되지 못하여 최적운영이 되지 못하고 있으므로 사수위의 재검토 등 하수담수호의 용수공급능력을 최대화 할 수 있는 방안으로 검토하여 수자원 이용율을 극대화해야 할 것이다.

[3] 수자원 관리의 효율화

(1) 수자원 관련 업무의 통합 및 조정위원회 구성

여러 부처, 기관 및 지방자치단체로 다원화되어 있는 수자원 관련업무를 가능한 한 통합하고 각 부처간 물 관리업무를 조정할 수 있는 수자원 조정위원회를 구성하여 유역단위의 효율적인 수자원관리가 이루어질 수 있도록 물 관리정책 및 조직을 재검토해야 할 것이다.

(2) 용수손실량의 최소화

상수도관로의 누수량과 토사로 축조된 농업용 수로에서의 용수 손실량을 최소화할 수 있도록 가능한 한 빠른 시일내에 노후 상수도관을 교체하고 농업용 수로를 개선해야 할 것이다.

(3) 물값의 현실화 및 절수운동

유럽의 독일이나 프랑스에 비하여 약 1/5~1/7에 불과한 물 값을 현실화하여 모든 국민이 값싼 물보다는 비싸더라도 깨끗하고 신선하여 마음놓고 마실 수 있는 상수도 용수를 공급함으로써 물의 귀중함과 아끼는 마음을 가지게 하며 중수도제도를 적극 시행함으로써 물 소비량을 최소화해야 할 것이다.

[4] 환경친화적 수자원 개발

(1) 환경보전비용의 과감한 투입

외국의 사례에서 독일 남부 바이에른주 레흐강 수계에 설치된 킨사우댐의 경우 자연생태계를 보호하고 하천수질을 유지하며 친수공간을 제공하는 등 환경파괴를 최소화하기 위하여 총공사비의 21%를 환경보전비용으로 투입했으며 라인-메인-도나우 운하의 경우 운하건설에 따른 환경파괴를 최소화하기 위하여 운하의 선형을 자연선형으로 하고 습지 등을 그대로 유지하면서 총공사비의 20~25%까지 환경비용을 투자하였다. 이와 같이 수자원 개발에 따른 환경영향이 최소가 되도록 환경친화적인 수자원 개발을 해야할 것이다.

(2) 환경기능을 감안한 설계

댐 축조시에는 댐 하류사면에 식생을 조성하여 인공구조물의 차폐효과를 도모하고 여유부지는 산책공원을 조성하는 등 자연경관과의 조화가 이루어지게 하고 어도는 물론 야생동물의 이동로를 설치하는 등 생태계에 미치는 영향을 최소화해야 할 것이다. 하천정비에 있어서는 하천선형을 자연하천과 유사한 곡선형으로 하고, 나무나 자연석 등의 자연재료를 이용하여 하천환경을 자연에 가까운 형태로 조성하여 하천의 생태계 보전과 친수성의 증진, 자정능력의 향상을 기할 수 있도록 해야 할 것이다.

(3) 유역의 수자원 함양기능 증진

산림의 인위적인 관리로 수자원 함양기능을 최대한 보유하도록 하여 호우시에는 홍수조절기능과 토사유출억제기능, 갈수시에는 기저유량을 증가시키며 수질정화기능을 갖도록 하여야 할 것이다.

현재 우리나라의 산림은 대체로 임령이 20~30년생이므로 수원함양기능을 높이기 위해서는 간벌과 가지치기 등이 필요한 시기로서 우리나라 침엽수림 약 300만ha에 간벌과 가지치기 등 관리를 잘할 경우 강수량의 약 5%에 해당하는 약 57억m^3의 수자원함양이 가능하여 유효저수량이 약 4억m^3인 임하댐 14개를 새로 축조하는 것과 동일한 효과가 있는 것으로 보고되어 있다.

[5] 지하수 및 대체 수자원 개발

(1) 최적관리기법에 의한 지하수 개발 확대

우리나라의 연간 총강수량 1,267억m^3의 18%에 해당하는 228억m^3은 지하대수층으로 침투하여 지하수로 함양되기 때문에 우리나라는 연간 평상시 하천유출량 230억m^3과 같은 양의 물이 지하수로 충진되는 풍부한 지하수자원을 보유하고 있다고 할 수 있다.

지하수는 개발의 간편성과 지표수자원의 문제점 등으로 인하여 그 이용율이 크게 증가하고 있기는 하지만 1994년 12월을 기준으로 연간 지하수 이용량은 지하수 함양량의 11%에 불과한 25.7억m^3으로써 총수자원 이용량의 7.9%를 지하수가 담당하고 있다. 1994년 지하수법이 제정되기 이전에는 지하수 보호 및 보전에 관한 법률이 전무한 상태에서 무분별한 지하수 개발로 대수층의 기능저하와 지반침하의 문제를 초래하기도 하였으며 지하수오염, 오폐수관의 누출수 및 폐기물매립장에서의 침출수로 지하수오염이 문제화되고 있다. 그러므로 지하수자원을 사전에 잠재오염원으로부터 보호하고 최적규모로 개발할 수 있도록 지하수 최적관리기법을 적용하여 앞으로는 지하수 이용율을 20%정도로 확대해 나가야 할 것이다.

(2) 해수담수화기술의 지속적인 연구개발

해수담수화는 1900년대 중반 중동지역을 중심으로 본격적으로 이용되었는데 담수화의 방법으로는 증발법이 59%, 역삼투법이 33%, 전기투석법 등 기타 방법이 8%이나 역삼투법이 증가 추세에 있다. 역삼투법에 의한 담수화 비용은 1980년대 초반에는 1.5~3.0 \$/m^3, 1980년대 후반에는 0.9~2.5 \$/m^3으로 낮아져 평균 1.5 \$/m^3정도이나 막의 제조기술발달로 비용이 감소되어 1.0 \$/m^3이하로 낮아질 가능성이 있는 것으로 보고되고 있다.

우리나라의 경우 1980년대부터 수백m^3정도의 공업용수와 수십m^3정도의 섬지방 식수용으로 역삼투시설이 설치되기 시작했는데 용수단가가 고가이기 때문에 전국적인 적용은 어려우나 이상기후에 의한 가뭄에 대비하여 갈수기에 큰 문제를 겪고 있는 해안공단지역 등의 국부적인 용수공급원으로서 계속 연구개발이 필요한 사업이다.

(3) 인공강우기술의 연구개발

외국의 사례에서 미국의 경우 물부족현상이 심각한 중서부지방 10여개 주에서 매년 인공강우에 의한 수자원을 확보하고 있으며 그 외에 호주, 중국 등 14개국에서 인공강우를 시행하고 있는데 각 나라의 실험결과를 종합하면 5~20%의 강우량 증가효과를 얻고 있으며 인공강우의 단가는 물 $1m^3$당 0.1~15센트로 경제성이 매우 높은 것으로 알려져 있다.

우리나라의 경우 1963년과 1964년에 인공강우실험이 있은 후 중단되었다가 1995년부터 과학기술처 특정연구과제, 1996년에는 한국수자원공사의 지원하에 인공강우실험사업이 진행되고 있으나, 실험에 필요한 항공기, 측정장비 등이 갖추어지지 않아 효과적인 연구개발이 어려운 실정이다. 그러나, 앞으로 기상이변 또는 최근 동계기간 평균기온이 영하 3℃이상인 아열대로 전환되고 있다는 기후변화 등이 예측되고 있기 때문에 용수부족에 대비한 대체 수자원 확보방법의 하나로 연구개발이 이루어져야 할 것이다.

2.2 지속가능한 수자원 개발과 관리

1992년 6월 환경과 개발에 관한 유엔회의가 브라질의 리우에서 개최되었고『환경과 개발에 관한 리우선언』,『기후변화에 관한 유엔기본협약』,『생물학적 다양성에 관한 협약』,『전세계 산림의 경영, 보전 및 지속가능한 발전에 관한 제원칙성명』을 채택하면서 '지속가능한 개발(Sustainable Development)' 개념을 전세계적으로 추진하기로 결정하게 된다. 지속가능한 개발이란 발전으로 상징되는 개발과 환경보전을 대변하는 지속가능성이라는 두 개념을 합친 것으로 어느 쪽에도 치우치지 않고 균형있게 양쪽을 추진하지는 것을 의미한다.『환경 및 개발에 관한 세계위원회』의 "Our Common Future"라는 보고서(일명 브룬트란트 보고서)에서 최초로 개념을 정립하였으며 "미래세대의 필요를 충족시킬 능력을 저해하지 않으면서 현세대의 필요를 충족시키는 것"이라고 정의하고 있다. 이는 먼저 환경의 수용능력에는 한계가 있으며 다음으로 공평성을 들어 현재의 세대가 많이 사용하게 되면 미래의 세대는 피해를 입게되므로 그들에게 피해를 주지 않을 정도로 현재의 세대가 사용해야 한다는 것이다. 이 후 여러 사람들에 의하여 개념이 다듬어져 환경의 수용능력

(Carrying Capacity), 공평성(Distributive Justice), 배분적 효율(Allocative Efficiency)이라는 3가지 요소를 사용하여 지속가능한 개발은 정의되게 되었다.

국내에서는 동강지역이 수몰되는 영월댐 건설여부에 대한 논쟁이 일고, 미국에서는 30여년을 운영해온 Glen Canyon댐의 환원여부를 놓고 환경단체와 댐운영자간의 논쟁이 한창이다. 세계의 용수수요는 지난 세기에 약 6배가 증가하였으며, 이 증가율은 인구증가율의 2배이고 이미 세계인구의 8%는 심각한 물부족 환경에서 살고 있는데, 1997년에 보고된 자료에 의하면 멀지않은 미래에 전세계 인구의 1/4이 물부족으로 고통을 겪을 것이라는 예상을 하고 있다.

우리나라는 역사적으로 심한 가뭄과 홍수를 번갈아 겪으면서 살아왔다. 1900년을 전후하여 발생한 30여년 동안의 극심한 가뭄은 동학란 등 사회혼란을 유발시켰다. 1960년 이후 개발된 우리의 수자원시스템은 주로 1967년의 가뭄을 극복할 수 있도록 설계된 것이며, 1900년을 전후한 가뭄자료를 근거로 한 것은 아니다. 1925년 발생한 을축년 홍수는 제방과 저수지, 농경지 등 사회기반시설의 파괴를 가져왔다. 1970년대 이후 건설된 다목적댐으로 홍수방어능력이 획기적으로 개선되었다. 그러나 이러한 다목적댐들도 자료의 수집 및 적용기간이 최근의 강수자료나 홍수자료를 근거로 설계된 것이다. 만약, 최근 발생했던 1996년도 연천 지역의 홍수나 1998년도 강화도 지역의 홍수가 다목적댐 상류에서 발생하였더라면 매우 심각한 결과를 가져왔을 것이다. 이와 같이 우리나라의 수자원시스템은 매우 불안한 상황에 있다.

한편, 우리나라의 용수사용이 이미 최대한계에 근접해 있기 때문에 더 이상 용수사용량을 늘리는 것은 환경적으로 곤란하다. 우리나라는 하천유출량 중에서 평균적으로 약 40%를 취수하여 사용하고 있다. 국제연합의 보고(DPCSD, 1997)에서는 이러한 수치를 물스트레스로 정의하고 있는데, 이 값이 40%를 넘을 경우 현재 환경은 지속될 수 없으며 더욱 악화될 수밖에 없다는 진단을 내리고 있다. 그러므로 최소한의 환경이라도 유지하기 위해서는 현재보다 용수사용량을 감소시켜야 하는 시점에 와 있다.

이와 같이 환경보전을 위한 개발의 억제와 물부족, 가뭄 및 홍수를 대비한 수자원 개발의 필요성이 서로 모순되어 매우 혼란스러운 시대를 사는 우리는 지속가능한 수자원개발과 관리방법을 우리의 여건 및 상황에 맞게 정립해야하며, 이에 수자원의 지속가능한 개발과 관리에 대한 기술적인 이해를 높이기 위하여 국제연합에서 발표된 내용을 정리해 보았다.

2.2.1 수자원의 지속가능한 개발과 관리

수자원 이용에 의한 환경문제의 저변에는 자원이용에 대한 요구와 수자원시스템의 기능이 서로 상반되는 기본적인 갈등이 내재되어 있다. 환경문제란 인간이 자연에서 필요로 하는 요구나 기대와 환경시스템이 제공할 수 있는 능력의 차이를 말한다. 이 개념을 이해하기 위해서는 기능적인 측면에서 관계를 이해하는 것이 중요하다. 각 유역, 지하수, 호수와 같은 수자원시스템은 사회에 대한 여러 가지 기능을 가지고 있다. 그러나, 수자원시스템의 다양한 기능들이 올바르게 인식되지 않고 있다. 예를 들어 물이 가지고 있는 하수의 희석능력은 크게 중요성을 인식하지 못하고 있으나 하수량이 물의 희석능력을 초과하여 수질이 일정한 수준이하로 감소되면 비로소 그 기능의 중요성을 인식하게 된다.

지속가능한 수자원 개발과 관리는 수자원이 사회에 필요한 기능을 더 이상 역할을 못하는 경우가 없도록 하고자 하는 노력이며, 물의 기능들이 최저수준 이상에서 유지될 수 있도록 노력하고 물리적인 기능을 알아내는 것이다.

2.2.2 수자원시스템의 기능

각 나라마다 경제개발 수준, 문화와 종교적인 차이, 인구밀도 등과 같은 서로 다른 상황에 처해 있으므로 수자원시스템의 기능과 이점이 다를 것이다. 그러나 이는 공통된 수자원의 기능구조와 가치가 다르다는 것은 아니다. 수자원의 실질적인 기능과 잠재력의 차이를 알아야만 하는데 강이나 호수의 위락적 가치는 도로 등 사회기반시설이 열악한 지역에서는 그 가치를 상실하게 된다. 그러나 깨끗한 물과 아름다운 경치 때문에 높은 잠재력을 가지고 있다.

[표 2.7]은 물의 전반적인 구조적 기능과 예를 설명하고 있다. 이 기능은 유형적인 기능과 비유형적인 기능에 대한 차이를 나타낸다. 유형적인 기능은 수력발전이나 관개사업으로 인한 물공급과 같은 재정적 가치를 부여할 수 있다. 자연보호는 대표적인 비유형적인 가치의 예이다. 물의 희석작용은 비유형적인 가치로 생각할 수 있으나, 하수처리장을 건설하는 비용을 절감할 수 있다는 것을 고려하면 유형적인 가치가 될 수도 있다.

[표 2.7] 수자원시스템의 기능

기능	설명	사례
자급적 기능	지역사회가 물과 물에서 얻어내는 생산품들을 시장에서 구입하지 않고 직접 생산	식수, 어업, 관개용수
상업적 기능	공공기관이나 개인기업들이 물과 물에서 얻어낼 수 있는 재정적 가치가 있는 상품들을 판매	식수, 공업용수, 관개용수, 수력발전, 상업적 가치가 있는 어업
환경적 기능	규제기능 및 비소비적 가치	희석기능, 수문학적 순환의 일부, 염수침투방지, 오락 및 관광기능, 운수기능
부수적 가치	미래에 중요해질 수 있는 기능과 가치	유전적 총체의 가치
생존적 가치	다른 기능과 가치에 포함되지 않는 시스템의 비유형적 가치	자연보호

[1] 물의 자급 기능

지역사회들은 가정에 물을 공급하고 지역농사에 사용되는 수자원에 상당하게 의존하고 있다. 또한 호수나 강에서 어업활동을 한다. 이러한 수자원의 가치들은 국가경제에서 무시되거나 시장성가치나 재정적가치에 포함되지 않는 경우가 대부분이다. 그러나 수자원시스템이 생산성을 나타내지 못할 경우에는 그 결과가 경제적인 손실로 확실하게 나타날 것이며, 이는 수질의 악화로 식수를 사서 먹는 경우가 대표적인 예라고 할 수 있다.

[2] 상업적 가치

수자원의 상업적 가치는 시장성이 있거나 식수와 같은 확실한 가격과 같은 부가가치가 있기 때문에 국가경제에 포함될 수 있다. 개인기업이 상업적 목적으로 어업을 하는 경우도 상업적 가치의 예이다. 이와 같은 예들은 상업적 가치 이외에도 모두 다량의 소비성을 가진다는 공통점이 있다. 매년 지구에는 110,000km^3의 강수가 발생하고 같은 양이 다시 대기 중으로 증발한다. 그 중에서 하천으로 유출되는 물의 양은 약 40,000km^3이며, 이 중 2,100km^3은 용수로 사용되고 1,400km^3은 하수로서 하천에 다시 방류된다. 아시아지역은 세계 용수 사용의 절반에 가까운 1,145km^3을 사용하고 이 중 446km^3만이 하천에 다시 방류되는데, 그 이유는 공업용수 및 생활용수에 비하여 농업에 사용되는 물이 비교적 많기 때문이다.

수력발전은 비교적 친환경적인 에너지 생산방법이나 수자원에 미치는 환경적인 영향이 매우 크다. 증발로 인한 저수지의 물 손실 때문에 물사용자들의 공급가능량이 상당히 감소된다. 또한, 저수지와 관련된 수질악화문제는 지속가능한 수자원 개발에서 또 다른 장애물이다.

[3] 환경적 기능

하천유역은 인간의 관여가 필요 없는 여러 자연적인 기능을 가지고 있다. 이러한 환경적인 기능들은 물의 희석작용 또는 오락이나 관광기능과 같은 비소비적 사용인 소위 규제기능(Regulation Func- tion)을 말한다. 환경적 기능은 대부분 재정적 가치를 부여하기 힘들므로 규제기능들은 인공적 규제에 대한 가치를 산정하는 것과 같이 비재정적 가치를 부여할 수 있다. 예를 들면, 하수처리장의 건설비용을 들 수 있다. 오락과 관광기능들은 호텔과 낚시허가증 등으로 얻어지는 경제적 수익과 같은 기능으로 산정될 수 있다.

[4] 부수적 가치

미래는 불확실하고 멸종은 영원하다. 부수적 가치는 불확실성 앞에서 위험성의 가치를 부가하는 것을 말한다. 생명은 물이 없이 존재할 수 없기 때문에 물은 생명의 가장 기본적인 요소이다. 강, 시냇물, 호수 등은 수중생물에게 생활터전을 제공하는 일 이외에도 늪, 범람평원, 갈대밭 등과 같은 습지대들과 경계를 이루는 경우가 많다. 이러한 땅과 물이 서로 만나는 지대는 다양한 생물들이 생존하고 있다. 또한 이 부근에 인접한 지대에 서식하고 있는 다양한 동식물들의 생태계도 상당히 중요한 역할을 한다. 이러한 가치는 유전적 총체의 개념으로 설명된다. 즉 자연지역들은 계속 진화하는 유전적 물질들을 보유하고 있는데, 대부분 이러한 유전물질의 가치가 인정되지 않고 있다. 이 다양한 생물들은 변화하는 환경에 계속 적응하고 있다. 이러한 동식물들은 미래에 인근으로 이동하여 서식할 수 있으며, 인간들이 사용하고 있는 곡식이나 가축들에게 유전적 물질을 제공해 줄 수 있는 가능성도 있다. 그러므로 이러한 지역들은 국가들이 미래를 위한 최소한의 생물적 자원을 보존하는 기능을 할 수 있는 가능성이 있다.

[5] 생존가치

선진국에 살고 있는 많은 사람들은 그들이 방문하거나 사용할 의도가 없는 동식물과 그들의 서식처에 생존가치를 크게 부가한다. 그 이유는 그들의 후세 종자들에게서 어느 정도의 이익을 얻을 수 있는 가능성이 있기 때문이다. 이러한 점은 생태계와 동식물들의 자연보호 가치에서 나타나고 있다. 앞에서 설명되었듯이 수자원은 수중생물과 늪지대의 생물들에게 중요한 역할을 하고 있다. 이들의 생존가치에 대한 가치를 평가하는 것은 쉽지 않지만 일부 지역에서 생존하고 있는 동식물들을 평가하는 몇가지의 지표는 있다. 이 중에서 가장 널리 사용되는 다양성 지표는 단위면적 당 생물의 종류 수 또는 군락의 수이다. 다양성이 높은 것은 유전물질, 유기체, 종 또는 군락 등이 전문화되어 있으며 서로의 관계가 매우 복잡함을 나타낸다. 예를 들어, 아마존강에는 1,000가지 종류의 어류가 있으며, 대체로 강의 길이가 길수록 종의 수도 증가한다고 할 수 있다.

생존적 가치의 다른 기준으로는 여러 단계의 범위에서 설명될 수 있는 희귀성과 생태계의 처녀성과 관련된 자연성을 들 수 있다.

2.2.3 환경문제의 기원

환경문제는 [표 2.8]과 같이 4가지로 대별된다. 수자원 개발과 관련된 환경문제들은 이 4가지 분야 중의 하나 또는 2개 이상의 분야와 관련되었다. 예를 들어, 수력발전계획은 건설되는 저수지에 인간이 살고 있는 땅의 손실이 발생하며 이는 자연보호 정책의 시각에서 큰 손실이다. 이러한 환경에 미치는 영향 때문에 계획을 취소하라는 의견이 자주 제시되고 있다. 과거에는 이러한 이유로 계획자체가 취소되지 않았지만 일부 경우에는 설계와 운영단계에서 환경에 미치는 악영향들을 줄일 수 있도록 변형된 경우도 있다. 그러나 수자원의 기능을 상실하거나 감소시키는 환경문제들이 해결되지 않은 경우가 더 많다.

이집트의 아스완댐의 경우, 이 댐은 주어진 기능을 잘 발휘되고 있다는 점에서 문제가 없다. 물 공급문제에 있어서 과거보다 크게 향상되었고, 수력발전도 경제적이고 친환경적으로 이루어 졌다. 그러나 댐공사로 인하여 나일강유역의 비옥한 토양이 저하되었고 이를 보충하기 위하여 화학비료의 사용이 증가하였다. 또한, 지중해로 유출되는 나일강의 수량이 현저하게 감소함에 따라 나일강에서 흘러나오는 정어리의 먹이가 감소하여 지중해의 정어리 어업이 전멸하게 되었으며, 나일강 어귀의 강변침식으로 이 지역주민의 생활터전, 해변, 농경지를 파괴시키고 있다.

[표 2.8] 환경문제의 분류

환경파괴	주거지 파괴, 고립, 방해, 사막화, 수문학적 변화
천연자원의 무리한 개발	침식 및 토질저하, 재생자원의 지나친 개발, 비재생자원의 지나친 개발
오염	유독물질의 분산, 부영양화, 토양의 산성화, 기후변화, 쓰레기 증가
안전위험	공기 이동 전염병, 저수지의 지진사고위험, 화학중독

2.2.4 해결책

미래의 환경문제들은 어떻게 해결할 것인가와 이러한 문제를 해결하는데는 이득과 손실을 서로 비교하여 분석하는 방법밖에 없는가라는 문제들에 답하기 이전에 먼저 환경문제들의 원인을 더욱 상세하게 관찰해야 할 것이다. 충분히 예측할 수 있는 환경문제들에 대한 해결책을 찾지 못하는 이유는 기술적, 재정적인 측면 이외에도 사회적, 심리적 역할도 포함된다. 이러한 분야에서는 한 프로젝트의 이익과 책임을 인간과 경제분야에 공평하게 나누어질 수 있는 [표 2.9]와 같은 구조가 필요하다. 대체로 환경문제들은 그 원인이 시작된 시점과 문제가 발생되는 시점이 상당히 긴 시간차이를 두고 있으며 이는 환경문제의 책임이 다음 후세로 전가된다는 것이다. 예를 들어 저수지가 침식으로 인하여 저수지의 저류능력이 감소되는데는 수십년의 시간이 걸리며, 비용/이익 경제분석에서 사용되는 할인율 때문에 댐을 건설하는 것이 지속가능한 개발방법이 아닐지라도 합리적인 것으로 간주되고 있다.

환경책임전가의 다른 예로서 수력발전을 들 수 있다. 수력발전에 의한 하류의 지하수층 저하나 하천어귀의 염수침투문제 등과 같은 문제들은 댐 자체에서 상당히 먼 거리에서 발생한다. 이러한 불균형적인 장점과 단점의 분배는 특히 여러 나라가 개입된 경우에 해결하기가 더욱 어렵다.

수자원 프로젝트는 대체로 자국의 발전을 도모하기 위하여 이루어진다. 그러나 이는 모든 분야와 지역이 동등하게 이익을 받는다는 것이 아니다. 특히, 경제적으로 부유하지 못한 사회계층이나 경제분야들은 이러한 프로젝트의 악영향을 모두 부담하는 경우가 더 많다. 이는 수력발전 프로젝트들이 주 공업지역과 도시지역에만 에너지 공급을 지원하는 경우가 대부분이며. 댐 부근에 있는 지역사회들은 인구밀도가 낮기 때문에 수력발전에 의한 혜택을 전혀 받지 못하는 경우가 많다.

[표 2.9] 환경문제의 책임

이익	책임	사례
현재	미래	후세
수혜지역	비수혜지역	저수지 건설이 하류에 미치는 영향
수혜분야	비수혜분야	도시, 공업지역 대 농업과 어업
개인	대중	개인의 이익을 위한 대중의 손해

개인의 이익을 위한 대중의 손해라는 개념은 더욱 구체적인 설명이 필요하다. 이 개념은 환경적인 측면에서 처음 사용하였으며 개인의 이익을 위한 활동이 대중에게 악영향을 미칠

경우에는 환경적으로는 부정적인 시각으로 보여진다는 것이다. 예를 들어, 농부가 필요한 지하수 자원을 재충전되는 양보다 더 많이 사용한다면 농부의 개인적인 생산성은 증가할 수 있으나 장기적인 대중의 손실은 성취된 이익보다 더 클 수 있다.

과거에는 환경문제가 수자원시스템의 각기 다른 기능에 대한 지식이나 인식이 부족하였기 때문에 발생하는 경우가 많았다. 이익과 손실에 대한 시간적 차이와 위치의 차이에 대한 인식부족들이 환경문제에 대한 주원인이었다. 그러나 현재는 지식과 예측기능들이 현저하게 발전하였으므로 이와 같은 이유는 더 이상 합당하지 않게 되었다. 지식의 보급이 증가되었다고 해서 수자원의 지속가능한 개발이 더욱 쉬어졌다는 것은 아니다. 문제에 대한 전가는 아직도 계속되고 있고 이를 방지하기 위해서는 프로젝트의 계획단계에서부터 시행되어야 한다. 계획단계에서 환경문제의 제시는 수자원시스템 기능에 대한 관련된 모든 목록을 제시하고 이러한 기능들과 관련된 사람들을 알아내는 것이 가장 중요하다. 이러한 정보는 수자원 개발 계획의 매우 중요한 정보이며, 이러한 목록을 구성할 때는 [표 2.10]과 같은 검토 목록이 유용할 것이다.

수자원관리의 기능적 접근방법의 장점은 지속가능하고 친환경적인 물관리에 대한 목적을 파악할 수 있다는 것이다. 지속가능하고 친환경적이란 의미는 시스템이 현재와 미래를 위한 사회에 대한 기능을 제대로 발휘할 수 있는 능력을 말한다. 그러므로, 현재의 환경기능과 미래의 기능을 알아내는 것이 우선적이다. 수자원 기능의 손실은 기능에 해당되는 미래의 재정적 손실, 지역적 상업물자의 손실, 생존 및 부수가치의 손실 등을 유발하기 때문에 최대한으로 방지되어야 하므로 수자원 관리는 시스템의 다기능성을 확대시켜야 한다. 적합성분석은 이러한 기능들의 상반되는 모순을 판단하는데 도움이 될 것이다. 실질적으로는 시스템의 모든 기능을 최대한 활용할 수 있는 해결책을 찾는 것은 불가능할 것이다. 항상 시스템에 대한 요구가 변동될 수 있기 때문에 문제가 모두 해결될 수는 없다. 그러나 시스템을 각각의 기능을 가진 세분화된 소규모 시스템으로 나누는 방법은 문제의 해결책이 될 수 있다.

[표 2.10] 수자원 시스템의 요구에 대한 확인 목록

기능	사용자	시스템에 대한 요구
	자급 기능	
용수공급	지역주민	높은 수질, 지하수 재충전
어업	어민	중간수질, 홍수발생빈도
자영농업	농민	홍수발생빈도(홍수터경작시)

상업적 기능		
도시용수 공급	도시	높은 수질과 계속적인 공급
공업용수 공급	개인기업	높은/중간 수질과 계속적인 공급
관개용수 공급	관개사업기관	계절별 물공급
수력발전	전력회사	계속적인 물공급
상업성 어업	개인어업회사, 어민	중간수질과 물의 자연적인 구성
환경적 기능		
희석 기능	대부분 물 사용자들	효과적인 희석능력
수문순환의 조절	대부분 물 사용자들	극치현상의 최소화 (홍수나 가뭄)
염수침투의 방지	농민, 관개사업기관	하구에서의 연중 충분한 유출유지
오락 및 관광	도시주민과 관광객	다양하고 풍부한 생태계, 높은 수질
운수	개인기업	연중 충분한 하천 수위
부수적 가치		다양하고 풍부한 생태계, 높은 수질
생존적 가치		다양하고 풍부한 생태계, 높은 수질

예를 들면, 큰 강들은 물이 흐르고 운하로도 사용되는 두 가지 주기능을 가지고 있으며, 소규모의 강들은 오락 및 자연개발 등의 기능이 주어지고 있다. 이와 같이 하천의 크기와 중요도에 따라 사용용도에 맞는 수질조건이 정해져 있다. 예를 들어 수영이나 뱃놀이에 사용되는 수질은 주로 운하로 사용되는 하천의 수질보다 더 높은 조건을 가지고 있다. 이러한 방식도 문제가 있는데, 각각의 하천시스템들이 대부분 강어귀에서 서로 연결되어 있기 때문이다.

이와 같이 관찰된 것을 근거로 수자원 계획에 대한 목표가 [표 2.11]과 같이 설정될 수 있다.

먼저, 물수요에 대한 대립은 최대한 방지되어야 한다. 방지하는 기능의 예로서 하수처리장 건설, 강한 유독물질의 유출방지, 심한 침식현상을 방지하는 유역관리 등이 있다. 완벽한 방지가 불가능할 경우에는 완화정책을 시행하여 악영향을 최소화시켜야 한다. 저수지의 건설로 인한 임야나 농지의 손상 등과 같은 기능적인 체제변화가 불가피할 경우에는 재정적 보상으로 해결할 수도 있다. 손실된 땅과 동등한 질의 차이 있고, 절차가 올바르게 시행될 수 있을 경우에는 저수지 공사로 인한 따의 손실과 그 피해주민의 이동 등은 해당 인구의 주거이동으로 보상할 수 있다. 마지막으로 다른 해결책이 부족할 경우에는 네덜란드와 같이 수자원시스템을 기능적 여건에 따라 작은 소규모시스템으로 나누는 방법을 시행해 볼 필요가 있다.

[표 2.11] 해결책

목표	방법	해결책
다기능	적합성 분석	1. 방지 2. 완화 3. 보상 4. 기능적 분리

2.3 수자원 계획과 관리를 위한 지리정보시스템(GIS)의 활용

현재 우리 사회는 인구의 도시집중과 산업발전이 지속적으로 이루어지고 있고 이는 국민의 생활수준을 향상시키고 생활수준의 향상에 따른 용수사용량 또한 계속 증가하는 추세에 있다. 이에 대응하기 위한 수자원의 이용개발 및 공급시설의 투자계획이 활발하게 이루어지고 있으나 기본정보를 제공하는 지도와 제한된 정보를 이용한 수작업에 의해서는 계획입안기간의 장기화와 댐 수몰 및 관로부설에 따른 건설 대상지역 주민들과의 마찰이 예상되어 수자원의 개발 및 이용을 두고 갈등이 심화되어 국가적인 사업에 장애가 될 가능성이 높다. 그러므로 수자원 관련 시설물의 계획 및 설계 수행시에는 광범위한 공간에 대한 정확하고 구체적인 자료수집과 분석을 통해서만 경제적이고 합리적인 계획수립이 가능하며 이를 위해서는 각종 사회, 경제 및 기술적 관련 정보의 분석을 근거로 이 요인들을 하나의 정보체계내에 활용할 수 있도록 종합적인 통합시스템의 구축이 필요할 것이다. 본 절에서는 이와 같은 이유로 지리정보시스템(GIS)의 응용에 따른 기술적 측면과 개념적 측면에서 소개하고, GIS의 도입에 있어 고려해야 할 내용을 정리하였다.

2.3.1 수자원분야에서 GIS의 활용

[1] 수문분석

수문학의 많은 분야가 지표면의 수문과정과 관계되므로 GIS의 공간분석기능과 결합을 통해 앞으로 수문학의 발전은 가속화될 것으로 예상된다. GIS는 수문학적 모형화에 사용되는 유역의 특성을 수치적으로 나타내며 각종 수문요소들을 지배하는 지표면 자료들을 지리좌표로 표현되는 다양한 속성정보에 연결시킬 수 있다. 수문시스템에서의 속성정보로는 경사도, 경사방향, 토양, 토지이용, 토지의 피복, 토양조건 및 인공적인 구조물 등을 포함하며 도로, 하천, 행정구역 등의 인위적인 다양한 정보를 제공하기도 한다. GIS를 중심으로

한 정보의 흐름은 다음과 같다.

① 수치, 입력 갱신 : 원격 sencing, 디지털 자료, 지도, 디지털화, 검토자료 등
② 관리, 저장, 검색 : 지형도, 토지이용도, 도로도, 하천도, 행정구역도
③ 분석, 표시 : 문의와 분석, 모의, 고부가가치 지리정보 창출

수문 분야에서 지표수는 중력에 의해 높은 곳에서 낮은 곳으로 흐르는 기본원리로부터 출발하여 DEM에 의한 지형모델링을 통해 유역경계의 추출이나 유역의 분할, 지표수의 흐름방향, 유로연장 등의 결정이 이루어지며 DEM과 토양도 또는 토지이용도 등을 중첩 분석함으로써 표면의 조도, SCS지수(SCS curve number) 등의 자료 추출이 가능하다. GIS의 공간분석을 통해 만들어진 새로운 정보는 저수지 내용적 계산, 수몰면적 계산을 비롯하여 댐건설을 위한 여러 자료의 분석시에 유용하게 사용된다.

[2] 댐건설을 위한 유역조사

수자원의 확보를 위한 댐은 수자원의 제공 이외에 홍수조절을 하여 홍수피해를 줄여주기도 하지만 토지와 마을, 문화재, 자연경관을 수몰시키고 도로교통을 변화시켜 사회 및 경제적인 변화와 자연생태계를 변화시키기도 한다.

GIS는 중첩, 버퍼링, 시각화 기술을 통해 공간정보를 충분하게 분석할 수 있기 때문에 댐에서는 계획, 건설 및 운영·평가의 모든 단계에서 모델베이스와 연결하여 다양하게 활용될 수 있다. 계획단계에서는 유역의 기상, 지형, 토양, 토지이용, 지질 등의 공간정보를 GIS데이터베이스화하여 분석함으로써 수문모형과 연결하여 저수량과 수몰보상에 따른 적정 댐의 규모를 결정할 수 있으며, 토지이용, 인구분포, 산업분포, 식생분포 등의 공간정보로부터 수질 및 경제모형과 연결하여 수질 및 자연환경변화, 지역경제구조 및 내용의 변화를 예측할 수 있다. 건설단계에서는 공사재료 및 자재, 설계도면을 데이터베이스 구축하여 공정관리, 도면관리를 할 수 있다. 또한 이미 구축된 유역의 공간정보를 이용하여 운영시에도 그대로 적용하여 운영실적을 분석·평가할 수 있다. GIS의 하드웨어와 소프트웨어가 갖추어진 상태에서 가장 기본이 되는 것은 [그림 2.1]과 같은 DEM(Digital Elevation Model) 수치지형도이며 이는 특정 지역의 등고선, 수계(강, 호수 등), 교통망(도로, 철도 등), 시설물(주택, 건물 등), 산림, 경지(논, 밭 등), 행정구역 경계 등을 각종 축적에 따라 공간적 분포를 나타낸 도면이고, 수치지형도는 이러한 지형도를 전산화한 도면이다. 이를 분석하여 [그림 2.2]와 같은 유역의 경사방향도나 경사분포도를 만들어 낼 수 있다. 이와 같이 분석된 자료들은 수문모형의 기본입력자료인 유역의 지형적 특성을 서술하는 자료로

제공되며 사면경사나 경사방향의 추출은 대부분의 GIS소프트웨어가 이를 수행할 수 있는 모듈을 제공한다.

토양도는 배수특성을 나타내기 위한 것으로 양토, 사양토, 미사질양토, 식양토, 미사질식양토, 산림지 등으로 구분하여 배수성의 상태에 따라 매우 양호, 양호, 약간 양호, 약간 불량, 불량 등으로 토양을 재분류하여 사용된다. [그림 2.3]은 모래, 점토, 미사의 함량을 고려한 토양도 예이다.

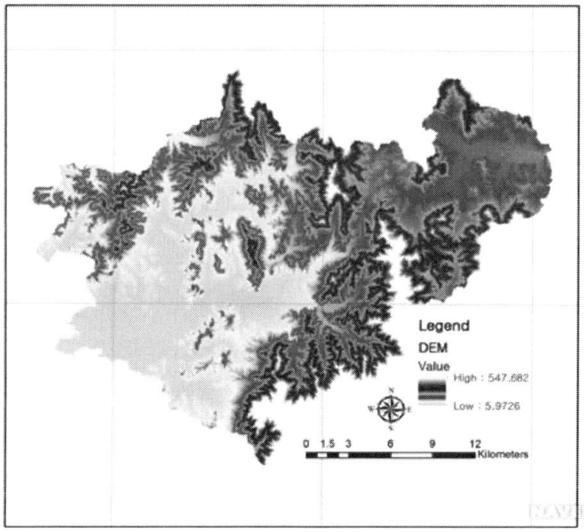

[그림 2.1] DEM 수치지형도(출처 : 대한지질학회)

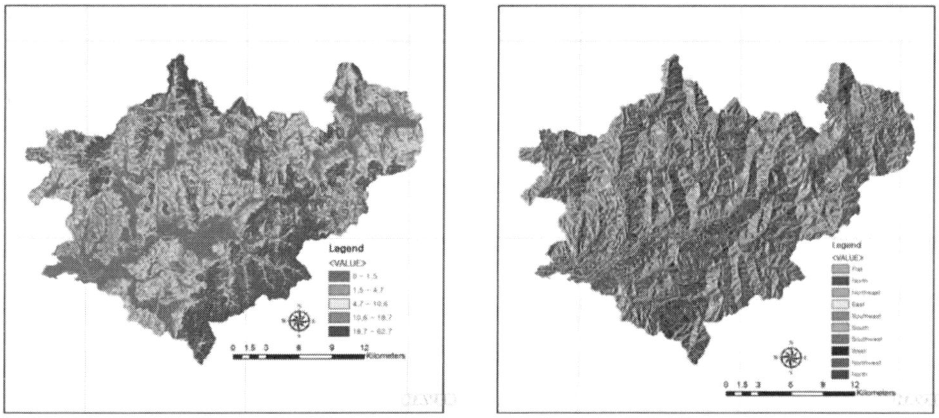

[그림 2.2] 경사도(좌) 및 경사빙향도(우)(출처 : 대한지질학회)

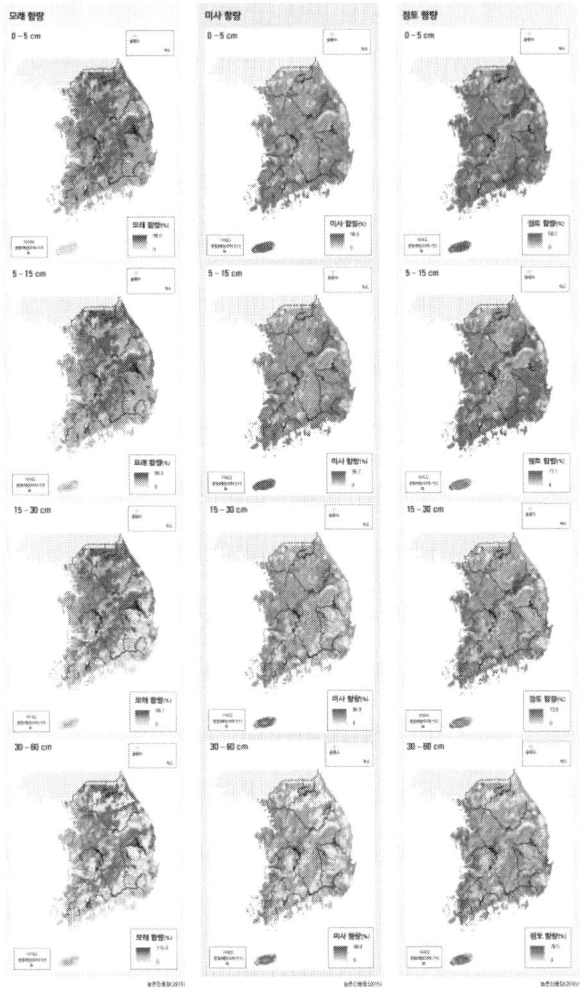

[그림 2.3] 모래, 점토, 미사의 함량을 고려한 토양도(출처 : 국토지리정보원)

인공위성 영상을 이용하는 원격탐사기법은 현지조사를 통해 자료의 획득이 어려운 지역에 적합한 기술이며 GIS와 연계를 통해 이와 같은 업무에 많이 활용되고 있다. 토양도로부터 토양공극율 및 포장용수량의 분포도를 추출할 수 있으며 토지이용도로부터는 조도계수 분포도 등을 추출할 수 있어 이들이 수문모형의 입력자료로 사용될 수 있다. [그림 2.4]는 토지이용현황을 나타낸 것으로 개발 전과 개발 후의 이용 현황을 표현한다.

수치고도모델 자료로부터 GIS의 중첩기능을 이용하여 [그림 2.5]와 같은 수몰지역도를 얻을 수 있으며 이를 토지이용도와 중첩·분석함으로써 수몰지역의 토지용도별 보상을 계산할 수 있다.

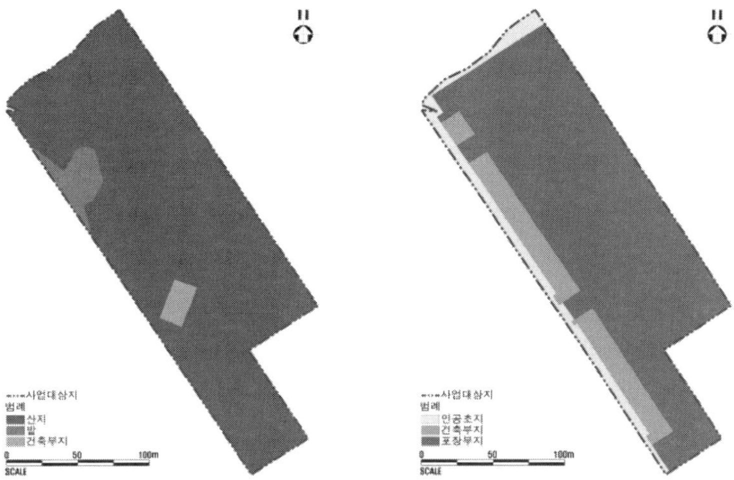

[그림 2.4] 토지이용도(개발 전 및 개발 후, 출처 : 여주지역 공장 부지조성)

[그림 2.5] 수몰 지역도(지리산 댐 건설 시, 출처 : 네이버)

2.3.2 광역상수도의 관로 및 시설계획에서의 GIS활용

[1] 광역상수도의 기술적 특성

광역상수도는 용수가 확보된 원거리에 취수원을 가지는 지역에 대해 수계변경 등의 방법으로 원수 또는 정수를 공급하기 위한 용수공급시스템으로 합리적인 건설사업비와 유지관리비를 투자하여 소비자에게 질적으로 안전하고 양적으로 충분한 물을 공급하는데 있다. 광역상수도에 의한 용수공급계통 계획의 주요공정은 취수, 도수, 정수, 송수 문제로 나뉠

수 있으나 이 중에서 도수 및 송수문제는 취수원과 급수대상지역간의 공간적 이격정도와 도송수계통이 통과하는 지형 및 공간특성에 의하여 크게 영향 받게되며 배수지로부터 공급되는 배수계통 역시 공간특성의 영향을 크게 받는 특성을 지닌다. 관로시설은 수원에서 정수장간 또는 정수장에서 배수지간의 고저차, 계획 도·송수량의 대소 및 노선의 입지조건 등을 비교검토하여 결정되며 수평 또는 연직방향의 급격한 굴곡을 피해서 설정해야 하고, 항상 최소 동수경사선 이하가 되도록 선정한다. 이와 같이 노선계획은 수언지와 정수장간, 정수장과 배수지간의 자연 및 공공 토지이용특성인 공간적 영향을 크게 받고 있으므로 실제의 노선계획 수립에 있어 다수의 대안을 수립한 후 대안의 특성을 비교 평가하여 가장 타당성이 있는 경제적인 노선계획안이 채택되어져야 한다. 광역상수도 공급계통의 기본계획 수립에서 GIS의 활용을 위해서는 무엇보다도 관련기술체계의 정립과 수리학적 안전성이 확보된 관로노선의 대안선정을 위한 반복적인 대안설정과 평가, 지형공간 분석정보와 공급계통의 수리적·경제적 평가체제와의 정보 공유성이 확보되어야 하며 각종 수치 지형공간정보의 공급 및 3차원 공간분석기능과 최종적으로는 계획의 경제성, 용수공급의 안전성 및 사회기술적 적용성 등과 같은 의사결정자의 의지가 반영될 수 있는 정보의 입력환경이 이루어져 종합적이고 합리적인 의사결정이 이루어질 수 있도록 해야 한다.

[2] 광역상수도시설의 적지 분석을 위한 종합 주제도

광역상수도의 관로가 통과하는 노선은 공사에 따른 용지확보 및 매수, 시공의 용이성과 공사 후 유지관리가 용이한 곳에 위치하도록 선정되어야 한다. 그러므로 기존시설물 또는 지형지물 등에 대한 사전 검토작업이 선행되어져야 하며, 수도시설 역시 입지선정에 부적합한 곳은 계획단계에서 배제하는 것이 바람직하다. 지리정보시스템은 이러한 작업을 용이하게 하는 공간분석기능을 가지고 있어 이를 이용하여 관로 및 수도시설에 대한 적지분석에 도입하려는 것이며 그 과정에서 단계적으로 고려되어야 할 사항들은 다음과 같다.

① 관련 법규상 규제사항 검토
② 관로노선의 통과 및 시설물입지 불가지역 검토
③ 지형적 여건을 고려한 관로노선 및 수도시설입지 대안선정
④ 선정된 노선 및 수도시설 입지에 대한 수리적, 경제적, 사회 기술적 검토를 통한 최적 대안의 선정

이외에도 관로 노선 및 수도시설의 입지 선정에는 기존 및 장래 계획된 시설 및 토지이용 구역과 지형도상의 등고선 자료가 필요하며 이들 자료를 수치화하기 위하여 국가기본도

와 도시계획도, 토지이용도 등에서 광역 상수도 계획 시 고려해야 하는 시설 및 구역 등을 검토하여 입지 선정 기준으로 설정하여야 한다. 특히 도시 계획도상에 표시된 계획시설물의 경우, 관계 법령이 되는 문화재보호법, 자연공원법, 도시공원법, 도시계획법상의 제한 사항들이 검토되어야 할 것이다.

지도상에 표시된 기존 또는 장래 계획된 지형물은 관로의 통과 및 수도시설의 적정 입지 선정 시 가능한 한 제외시켜야 할 뿐만 아니라 시공상 또는 대상 지형지물의 보호 관리를 위하여 적정거리 범위에서 이격 설치되어야 한다. 면적을 가지는 면형시설 항목은 별도의 면적을 산정하지 않아도 되지만, 점형·선형 시설항목 같은 장애물은 면적이 표현되지 않기 때문에 관로와 수도시설물의 장애가 되는 완충 영역을 표시할 필요가 있다. 이는 버퍼링을 통하여 정해주며, 점형 시설항목은 중심점에서의 거리로, 선형 시설항목은 중심선을 기준으로 양폭의 거리로 산정한다. 예를 들어, 하천망의 경우 실폭 하천은 면의 영역이 이미 설정되어 있고, 하천 지천(선형)의 경우는 버퍼링 거리를 설정함으로써 영역을 표시한다. 완충 영역에 대한 판단기준은 관로 노선의 통과, 수도시설물 설치를 위한 버퍼의 분류 기준으로 객관성있는 기준을 설정하기가 어려우며, 의사결정자의 주관에 의해 탄력성있게 조정해야 할 필요가 있다.

[3] 수도시설 및 관로 노선 적지 분석

수도시설의 적정 입지 선정을 위한 적지 분석 과정은 물리적 입지성, 사회적 입지성 및 시설 편의성 등의 3단계 분석 과정을 거쳐 다음과 같이 이루어진다.

① 기본공간정보
② 1단계(물리적 입지성) : 범위조건, 고도조건, 경사조건
③ 2단계(사회적 입지성) : 토지이용, 도시계획, 도로, 하천, 주요 시설물
④ 3단계(시설편의성) : 정수장 면적, 도로와의 접근성
⑤ 정수장 선정

이와 같이 물리적 입지성으로부터 지형 공간의 특성을 고려하여 입지로써의 적합도를 평가하는 단계에서 사회적 입지성 분석으로 대상 지역의 토지이용, 도시계획, 도로, 하천 및 주요 시설물과의 사회적 관계성에 의한 입지의 적정성을 평가한다. 물리적 및 사회적 입지성에 의하여 정수장의 적지 가능지가 선정되면, 선정된 적지가능지역에 대하여 정수장 시설용량에 따른 정수장면적과 도로와의 접근성을 고려한 시설편의성을 분석하여 정수장을 선정하게 된다.

광역상수도계획에 있어 가장 중요한 시설물 중의 하나로 정수장을 들 수 있는데 계획관로노선의 설정은 정수장의 수와 그 위치에 따라 크게 달라진다. 정수장의 입지 선정시 고려되는 지형적인 항목은 고도조건, 경사조건을 들 수 있으며 탐색공간에 대하여 이 두 가지 조건을 가장 잘 만족시키는 곳을 GIS의 중첩기능을 이용하여 선별한다.

종합 주제도 개념을 도입한 관로계획 노선설정을 위한 대상지역의 적지분석은 설정된 지형지물별 완충지역기준에 의하여 실시하게 되며 완충영역의 설정기준에 의한 종류별 조합에 따라 화면출력시 각 코드에 따라 화상의 색을 구분함으로써 시스템을 구성할 수 있다. 관로노선 적지분석을 위해서는 기본정보중 점형·선형공간정보에 대하여 완충영역 분석기준에 의해 완충영역분석을 실시하고 분석결과를 중첩시킴으로써 관로노선 선정을 위한 새로운 주제도를 작성한다.

이와 같은 과정을 통하여 GIS기법을 활용한 수도시설 및 관로노선 대안의 입력 및 3차원 지형정보를 추출하면 정수장 적지선정을 위한 종합 주제도를 얻을 수 있다. 여기서 종합 주제도는 취수장과 배수지의 정보에 영향을 받는다.

관로노선의 적지는 도로 및 주요시설물에 대한 완충영역분석이 주요기반으로 사용되며 관련정보를 종합하여 새로운 정보를 생성할 수 있고 이를 참고로 관로노선의 입력을 용이하게 할 수 있을 것이다.

GIS의 분석기법을 이용한 각종 공간분석결과는 3차원 공간상에서 중첩하여 확인하고자 하는 경우에는 사용자 인터페이스를 사용하여 화상출력된 대상공간의 수치지도를 보면서 확대하여 해당영역을 지정하여 특정지역에 대한 3차원 화상출력이 가능하다. 3차원 화상이 출력되면 이용자의 요구에 사용자인터페이스를 이용하여 각도, 고도 등을 바꿀 수 있고, 원하는 관점에서 관로노선대안과 참고 수치지도정보를 3차원 중첩하여 확인할 수 있다. 3차원 지형은 TIN정보를 사용하지만 화면에 출력되는 형태는 격자구조를 가지며 해상도의 조절은 각 격자가 차지하는 단위거리를 입력함으로써 수행되며 값이 작을수록 정밀한 지형을 출력할 수 있다.

이와 같이 GIS는 수문분석 및 모형, 상·하수도 관로계획 및 관리뿐만 아니라 하천, 댐 저수지의 수질관리 및 각종 용수관리 등 그 응용의 폭이 점차 확대되어 가고 있다. 그러나 수자원의 이용과 개발을 위한 GIS의 활용을 위해서는 아직까지 기본적인 여건의 조성에서부터 실질적인 자료의 구축까지 많은 문제들이 있다. GIS는 수자원계획 및 관리에 필요한 정보를 효율적으로 저장하고 분석할 수 있는 도구로서 앞으로 그 기반과 필요한 재원이 확보되어 소프트웨어 및 하드웨어가 갖추어지고 전문인력이 배출되면 점차 해결이 가능할 것으로 생각된다.

2.4 미래사회와 수자원

인구와 시설물의 고밀도화, 고가화, 토지공간의 도시적 이용증대, 국가간의 교류증대, 새로운 주거형태의 등장과 같은 사회구조의 변화와 지구환경의 변화 등에 따른 수자원의 요구증대와 수자원의 부족문제를 총체적으로 분석하여 검토함으로써 예측 가능한 미래사회에서 발생할 수 있는 수자원 이용상의 문제점을 분석하여 그 대책을 수립하는데 필요한 개념을 정리하는 것이 필요하다.

2.4.1 미래의 도시

현대의 도시는 급속한 성장과 과밀한 인구집중, 도시의 광역화, 농촌지역에 비하여 상대적으로 협소한 지역에 많은 생활기반시설이 존재하는 문제점을 안고 있다. 이러한 문제들로 인하여 장기적인 대책으로 여러 도시에서 도시조성계획이 시험되고 있으나 토지소유제도, 개인의 소유권보호의 우선, 지가상승 등으로 인하여 종합적인 토지이용계획의 실현이 구조적으로 어려운 상황이다.

보편적인 미래도시는 이미 설치된 도시기반구조를 활용하지 않으면 막대한 중복투자가 되므로 교통이 편리한 도심부가 최적지가 될 수 있다. 다음으로는 공장과 도시시설은 지하공간에 수용하고, 지상은 주거와 집무시설로 활용하는 것을 생각할 수 있다. 현재의 토지소유 등의 법률에 반하지 않으면서 도심부의 대규모 재개발을 실현하는 방법은 여러 제안이 있으나 대표적인 인공지반도시와 초고층집합도시를 간단하게 소개한다.

인공지반도시란 기존도시의 상부 50m정도에 넓은 인공지반을 순차적으로 구축하는 것으로 인공지반상에 기존 시가지 중 거주 및 집무시설만을 이동시킨다. 도시의 기반시설과 공장 등은 인공지반의 하부에 잔류시킨다. 이와 같이하면 토지를 두 배로 확대한 효과를 얻을 수 있고, 상부에는 풍부한 녹지공간과 수로가 있는 환경을 만들고 하부는 유통로의 확충과 주차공간 등의 확보가 가능하다. 실제 공사는 블록단위로 수평적으로 전개가 가능하므로 조건이 갖추어진 지역부터 순차적으로 실시할 수 있다.

초고층집합도시란 높이가 1,000~2,000m정도의 거대한 초고층 건물을 건설하고 그 내부에 주거 및 집무공간을 모두 수용하는 것을 말한다.

이 두 가지 방안은 그대로 실시하는데 문제점이 많으나 기술적으로는 가능한 일이고 도심부 재개발에 의한 미래도시 조성의 수단으로 유효할 것이다.

2.4.2 초절수 사회

과거부터 물의 사용량은 문명의 척도로 인식되어 왔으며, 사용수량이 많을수록 문명이 발달한 도시라는 평가를 받아왔다. 현재 개발도상국에서는 위생적인 생활환경을 위하여 물 사용량을 증대시키는 방향으로 다양한 개발노력과 시설조정이 이루어지고 있으나, 선진국에서는 물 수요의 증대에 비하여 수자원 개발이 미치지 못하므로 물의 사용량을 감소시키는 노력이 한창이다. 이러한 점을 고려할 때 미래도시에서는 초절수형 사회구축이 근본적인 기조가 되어야 할 것이다. 도시의 고밀도화에 의해 수자원이 부족해질 것은 명백하고 절수의 필요성이 절실해질 것이기 때문이다.

절수에서 간과해서는 안될 중요한 것은 필요량의 제한이 아니라 위생상의 한계로서 최소수량을 고려하여 물의 유효이용을 우선으로 해야 한다는 것이다. 물의 용도에 우선순위를 정하여 위생적 환경을 확보하는 일을 제 1목표로 하고, 물의 적정배분과 다단계이용 등을 고려하여 절수를 철저하게 실행하는 일이 필요하다는 것이다. 초절수형의 사회를 실현하기 위해서는 급배수 위생설비시스템의 근본적인 변경을 고려해야 하는데, 이는 기존의 방식이 값싼 물을 전제로 한 것이기 때문이다. 물의 다목적이용을 추구하는 것은 당연한 일이고, 물의 순환이용을 적절하게 실시하는 것과 동시에 물의 대체물 등을 이용하는 것으로 필요수량과 배수량을 감소시키는 것을 생각할 수 있다. 그러나 초절수사회라도 수변의 존재는 인간생활의 윤택함을 주는 곳으로 확보할 필요가 있으며, 이를 위해서는 기존의 수변과 물이용의 계통을 분리하는 것보다는 일관된 순환안에서 물의 유효이용과 적정배분을 실현하는 일을 연구, 개발해야 한다.

2.4.3 물의 조절

앞 절에서 언급한대로 미래에는 물의 유효한 이용과 적정배분의 문제가 절실한 과제로될 것이다. 즉, 물의 배분에 대한 조절이 필요할 것이다. 예를 들어 상수도배관망의 수압관리의 경우 수압의 불균일에 의한 물배분의 불공평현상이 나타나는 한편 수압개선에 의해 수압이 증가됨에 따라 필요없이 물을 버리게 되는 사례도 있다. 수도의 수압부족은 수조를 설치하는 등 건물별 개별시스템을 도입하는 결과를 가져와 위생관리가 불충분해질 위험이 존재하게 되었다. 이와 같은 경우 지금까지는 수도법에 의해 간이 전용수도로서 관리되어져 왔지만 불충분한 것으로 나타나 현재는 고압 급배수시스템이 기술적으로 검토되고 있다.

수도뿐만 아니라 지역차원의 물조절도 필요한데, 이 경우 물의 양뿐만 아니라 수질과 수온의 조절도 고려되어야 한다. 수량의 조절로는 진공화장실과 같은 일정유량판을 사용한 첨두사용수량의 절감 사례를 들 수 있다. 배수된 수량의 재활용성에 대한 효율화를 위하여 용도별로 등급을 정해 각각에 적합한 수질의 물을 공급함에 따라 물처리비용을 저감시키고자 하는 다원급수를 도입하기 위해서는 수량과 수질을 조절하는 것이 필요하다.

수온의 조절로는 열혼합형 온수혼합 수탑의 사례를 들 수 있고, 미래에는 인공지능제어와 같은 기술로 더욱 정확한 온도의 조절과 조작의 간편성이 가능할 것이다.

2.4.4 물의 대체물

물의 성질과 물을 이용하는 용도를 정리해 보면 다음과 같다. 인간 등 생물이 음료로 이용하는 물이나 바다, 하천, 비 등 지구의 물환경을 대신할 것은 없다. 그러나, 물의 용도면에서 대체품의 이용사례는 여러 가지가 있다. 옷 세탁에서 드라이크리닝과 같이 화학약품을 이용하거나, 스포츠나 관상용으로서의 물은 가상현실과 화상처리기술의 활용에 의해 물을 느끼게 할 수 있으며, 환경조정용으로서도 물을 사용하는 것이 많지만, 프레온이나 공기와 화학물질에 의한 냉매나 열원(축열)에 의한 것도 많다. 산업 및 운송용으로서는 수력발전, 주운 등이 있지만 풍력과 태양발전, 자동차와 비행기의 이용이 있다.

2.4.5 지구환경과 물

1970년대 이후 공해방지에 대한 사람들의 강한 관심과 국가, 지방자치단체 및 민간기업의 강력한 공해방지 대책과 자원절약, 에너지 절약 대책들이 시행되면서 직접 생명을 위협하는 공해는 많이 해소된 편이나 분명한 것은 오염은 광역화 및 다양화되고 있다. 지구환경문제라고 불리우는 것으로 일반적으로는 다음과 같은 성질들을 나타내고 있다.

① 극히 광역적인 영향을 받는 것
② 영향과 회복에 장기간의 시간을 필요로 하는 것
③ 각각의 지구환경문제가 상호 관계되어 있는 것 등

이와 같은 이유로 지구환경문제의 어느 것도 물환경과 관련되지 않는 것이 없다. 이러한 성질을 가진 지구환경문제들을 보다 구체적으로 구분하면 다음과 같다.

① 오존층의 파괴
② 지구의 온난화
③ 산성비

④ 열대림의 감소
⑤ 사막화
⑥ 개발도상국의 공해문제
⑦ 야생생물의 감소
⑧ 해양오염
⑨ 유해폐기물의 경계 이동

그러나, 프레온가스에 의한 오존층의 파괴와 이산화탄소에 의한 온난화가 발생하였기 때문에 지구환경문제는 대기환경문제로 취급하도록 되었다.

지구환경문제 중 가장 심각한 것은 온난화 문제라고 판단된다. 이산화탄소, 메탄, 아산화질소 등의 온난화 가스가 증대됨에 따라 지상의 평균기온이 21세기 중에 1.5~4.5도 정도 증가한다고 예측하고 있다. 온난화가 직접 영향을 미치는 것으로 수자원문제가 있다. 우리나라에 눈이 없어지거나, 건조해져 수원의 고갈이 예상되며, 수도권에서는 만성적인 물 부족문제로 고통을 받게될 것이다. 온도상승에 의하여 만내와 호수의 부영양화가 진행되어 수질이 악화될 것으로 예상된다.

이와 같이 예측 가능한 미래사회에서 물 문제를 분석하여 문제점을 도출하고 그 대책을 수립할 때 가져야 할 기본적인 개념을 정리하여 물 문제를 해결하는데 알아야 할 사항을 정리해 보았으며 물 문제를 자연 친화적인 개념으로 해결 방안을 찾아야 할 것이다.

되짚어 보기

제2장 수자원

1. 대한민국이 물 부족 국가로 분류가 되는 사유를 설명하시오.

해설 우리나라의 연평균강우량은 세계평균강우량의 1.3배에 해당하는 1,274mm로서 비교적 풍부한 편이나, 인구 1인당 강수량은 세계평균값의 1/11에 불과한 2,900m^3로 매우 적은 상태

2. 댐 축조로 발생하는 환경문제를 3가지로 대별 하면 어떠한 환경에 영향을 미치는가?

해설 1. 자연환경 2. 생활환경 3. 사회경제환경

3. 댐 축조로 발생하는 환경문제에서 자연환경의 변화 4가지를 쓰고 간단하게 설명하시오.

해설 1. 기상변화 2. 지형변화 3. 생태계 변화 4. 수리수문학적 특성 변화

4. 댐 축조로 발생하는 환경문제에서 자연환경의 변화에서 기상변화 3가지를 쓰고 간단하게 설명하시오.

해설 1. 기온 2. 안개일수 및 상대습도 3. 일사량

5. 대한민국 수자원 개발 방향 5가지는?

해설 1. 신규 수자원의 최대한 개발 2. 기 개발 수자원의 이용율 극대화
3. 수자원 관리의 효율화 4. 환경친화적 수자원 개발
5. 지하수 및 대체 수자원 개발

6. 대한민국 수자원 개발 방향에서 신규 수자원의 최대한 개발에 대한 3가지 방안을 쓰고 간단하게 설명하시오.

> **해설** 1. 다목적댐의 개발 2. 개발규모의 최대화 3. 최소 10년 후를 목표로 한 신규 수자원 개발

7. 대한민국 수자원 개발 방향에서 지하수 및 대체 수자원 개발에 대하여 3가지를 쓰고 간단하게 설명하시오.

> **해설** 1. 최적관리기법에 의한 지하수 개발 확대 2. 해수담수화기술의 지속적인 연구개발
> 3. 인공강우기술의 연구개발

8. 수자원시스템의 기능 및 가치 5가지를 쓰고 간단하게 설명하시오.

> **해설** 1. 물의 자급적 기능 2. 상업적 기능 3. 환경적 기능 4. 부수적 기능
> 5. 생존적 기능

9. 환경문제를 4가지로 대별하면 어떠한 것이 있는가?

> **해설** 1. 환경파괴 2. 천연자원의 무리한 개발 3. 오염 4. 안전 위험

10. 미래 사회와 수자원에서 미래의 도시에서 도심부의 대규모 재개발을 실현하기 위한 2가지 방법을 쓰고 간단하게 설명하시오.

> **해설** 1. 인공 지반 도시 2. 초고층 집합도시

제3장
재난의 이해 및 자연 재난

3.1 재난

3.1.1 재난의 이해

인류의 역사는 재난의 역사라고 해도 과언이 아닐 것이다. 우리나라도 예외 없이 전 세계의 여러 나라들이 재난으로 인하여 생명이나 재산을 잃기도 한다. 재난(disaster)의 어원을 분석하면 dis는 어원상 분리, 파괴, 불일치를 의미하고 aster는 라틴어로 astrum 또는 star라는 의미이므로 diasater는 별의 분리 또는 별이 파괴되거나 행성의 배열이 맞지 않아 생기는 대규모의 갑작스러운 불행이라는 의미로 해석할 수 있다. 즉, 하늘로부터 비롯된 인간의 통제가 불가능한 해로운 영향을 의미하는 재난은 태풍, 홍수, 지진과 같은 대규모의 천재인 자연재해를 지칭하는 것이지만, 최근에는 때때로 대규모 인적 재난의 피해가 자연재해를 능가함에 따라 “disaster”는 자연재해와 인적 재난을 포괄하는 개념으로 받아들여지게 되었다. 재난은 대체로 예측할 수 없이 갑작스럽게 발생하며, 여러 공공 기관과 개인 자원조직들의 즉각적이고 통제된 합리적인 대응 활동과 신속한 복구 활동이 요구되는 일련의 사건을 말한다.

인류는 이에 굴하지 않고 재난을 극복하기 위하여 즉, 재난으로 인한 피해를 최소화 또는 저감 시키기 위하여 재난에 대한 예방, 대비, 대응 및 복구를 위하여 노력해 왔다. 19세기까지 재난은 주로 태풍, 홍수, 가뭄, 지진, 해일, 화산폭발 등과 같은 자연 재난을 의미하였다. 그러나 20세기 이후 고도화된 산업사회에 따라 과학기술의 발달로 인한 화재, 폭발, 수질 및 해양오염, 교통사고 등과 같은 인위적인 재난이 자주 발생하게 되었으며, 최근 건축물의 대형화 및 고층화, 밀집된 도시의 시설 및 거주지 등으로 그 피해 규모도 점차 커지고 있다.

과거에 발생한 재난의 경우 각각의 개인이 저지른 부주의한 실수 등으로 발생하여도 사회 전체에 미치는 영향은 그리 크지 않았다. 그러나 최근에는 개인의 부주의 나 실수가 대형 재난으로 이어지는 경우가 자주 발생하게 되었다. 현재 재난은 대규모 정전 사태, 물류대란, 불법파업, 전염병, 테러 등과 같은 사회적 재난이 자연 재난이나 인적 재난과 연계 또는 동시에 발생하는 복합적인 재난의 특성을 나타내고 있다.

한편, 최근 지구온난화와 같은 기후환경의 변화에 따른 극한적인 자연 재난의 발생 또는 새로운 형태의 재난 발생이 증가하고 있다. 이러한 지구환경의 변화와 이와 연관된 새로운 형태의 재난은 대규모 인명피해와 경제적인 피해가 발생할 수 있다는 것을 우리에게 알리는 일종의 경고일 것이다.

한편, 이러한 재난으로 인하여 재해를 겪고 있지만 국민의 안전에 대한 인식은 그리 높지 않다고 할 수 있으며, 국민의 안전을 책임지는 정부는 과거의 임시방편적이고 사후에 복구 위주의 재난 대책에서 장기적이며 예방적인 재난 대책으로 노력 중이지만 아직도 많은 문제점이 반복적으로 되풀이되고 있다.

3.1.2 재난의 개념

현재와 같은 글로벌하고 고도로 발달한 사회에서 재난의 개념을 단순하게 정의하기는 어렵다. 여기에는 전문가들의 견해와 경험 등에 따라 재난의 개념과 분류가 다르며, 재난과 유사한 용어로 인한 의미가 혼용되어 혼란스럽기 때문이다. 이와 같은 사유로 각각의 나라마다 재난에 대한 개념이 다양하게 정의되고 있는데, 재난의 개념은 시대적인 배경과 그 시대 사회의 환경에 따라 적용되는 재난의 범위가 다르기 때문이다. 문명의 발달과 인명피해를 최대한 저감 시키려는 최근의 경향은 재난의 범위를 넓히고 있다. 대한민국의 경우 법률상에 따라 재난의 개념이 다양하게 정의되고 있으며, 현재에도 통일된 개념이 부재인 실정이다. 결론적으로 재난의 개념은 시대적 배경 및 그 사회의 환경에 따라 다르게 판단되는 상대적인 개념이라 할 수 있다. 즉, 사회적인 관심도에 따라 규모가 작은 사고나 사건이 재난으로 판단되거나 그 반대의 경우도 있기 때문이다.

재난의 개념은 상기와 같이 각 나라의 기관, 관련법, 전문가 등에 따라 차이를 보이고 있는데, 대한민국의 경우 시대적 배경과 사회적 환경의 변화에 따라서 재난에 대한 개념이 변화하고 있으며, 현재 법률상의 정의에도 재난에 대한 개념이 단순화 및 통일화가 되지 않은 상태이다.

이러한 현황을 고려하여 먼저 각 나라 재난의 정의를 정리하면 다음과 같다.

① 대한민국 : 재난 및 안전관리기본법 제3조 제1호에서 "재난"이라 함은 국민의 생명 · 신체 및 재산과 국가에 피해를 주거나 줄 수 있는 것으로서 가목은 태풍. 홍수. 호우, 강풍, 풍랑, 해일, 대설, 가뭄, 지진, 황사. 적조 그 밖에 이에 준하는 자연현상으로 인하여 발생하는 재해, 나목은 화재. 붕괴, 폭발, 교통사고, 화생방사고, 환경오염 사고 그밖에 이와 유사한 사고로 대통령령이 정하는 규모 이상의 피해, 다목은 에너지, 통신, 교통, 금융, 의료, 수도 등 국가기반체계의 마비와 전염병 확산 등으로 인한 피해 등을 말하는데, 이는 자연재해를 포함한 대부분의 재해를 재난으로 포함하고 있다. 한편 자연재해대책법 제2조 제1호에서는 "재해"라 함은 재난 및 안전관리기본법 제3조 제1호의 규정에 의한 재난으로 인하여 발생하는 피해를 말하고, 제2호에서 "자

연재해"라 함은 재난 및 안전관리기본법 제3조 제1호의 규정에 의한 재해 중 태풍. 홍수, 호우, 강풍, 풍랑, 해일, 조수, 대설, 가뭄. 지진(지진해일을 포함한다), 황사 그 밖에 이에 준하는 자연현상으로 인하여 발생하는 재해를 말하며, 제3호에서 "풍수해"라 함은 태풍, 홍수, 호우, 강풍, 풍랑, 해일. 조수, 대설 그밖에 이에 준하는 자연현상으로 인하여 발생하는 재해를 말한다. 또한 재해경감을 위한 기업의 자율활동 지원에 관한 법률에서는 태풍, 홍수, 호우, 강풍, 풍랑, 해일, 대설, 가뭄, 지진, 황사, 적조 그밖에 이에 준하는 자연현상으로 인하여 발생하는 재해인 자연재해만을 재난으로 한정하고 있다.

② 미국 : 연방재난관리청(Federal Emergency Management Agency, FEMA)에서 재난은 정부의 일반적인 관리 절차나 지원으로는 대처할 수 없는 인적 및 물적 손해를 발생시키는 사건을 말한다. 재난은 대체로 갑작스럽게 발생하지만, 재난에 대응 과정에서는 다수의 정부 및 공공 기관과 민간 부문들의 즉각적이며 자발적인 노력이 필요하다.

③ 일본 : 재해대책기본법 제2조 제1항에서 재난은 태풍, 호우, 폭설, 홍수, 해일, 지진, 쓰나미(지진해일), 화산폭발, 그 밖의 예상하지 못한 자연현상 또는 대규모 화재, 폭발 기타의 원인에 의해 생기는 피해를 말한다.

④ 유엔개발계획(United Nations Development Programme, UNDP) : 재난은 사회의 기본조직 및 정상 기능을 와해시키는 갑작스러운 사건으로 재난의 영향을 받는 사회가 외부의 도움 없이 극복할 수 없고 정상적인 능력으로 처리할 수 있는 범위를 벗어나는 것으로 사회 간접시설 생활수단의 피해를 일으키는 단일 또는 일련의 사건을 말한다.

상기와 같이 재난에 관한 정의에서 비록 그 차이가 약간 있으나 일반적인 공통 사항을 정리하여 정의한다면 다음과 같다.

재난이란 '자연적 혹은 인위적 원인으로 생활환경이 급격하게 변화하거나 그 영향으로 인하여 단기간 생명과 재산에 큰 피해를 주는 현상'이다. 즉, 인간의 생명과 재산의 보존이 불가능할 정도로 생활환경을 위협하는 상황이 발생하는 사고나 상태를 말한다.

3.1.3 재난의 분류

재난은 발생 원인이나 사회에 미치는 영향, 규모, 발생 장소 등 다양한 기준에 따라 분류하여 그 유형을 구분할 수 있다. 재난의 유형은 재난 발생원인, 발생 장소, 재난의 대상, 재난의 영향, 재난 발생과정과 그에 따른 진행 속도 등의 기준에 의하여 분류할 수 있다.

재난의 발생 원인에 의한 분류로는 자연재난, 인적재난, 사회적 재난이 있으며, 발생 장소에 의한 분류로 육상재해, 해상재해, 광역재해, 국가적 재해, 피해(진행)속도에 의한 분류로 만성재해, 급성재해, 재난의 규모에 의한 분류로 사적(개인)재해, 공공(사회적) 재해가 있다.

그러나 이러한 재난의 유형 분류는 재난 발생에 대한 원인을 기준으로 크게 두 가지 범주로 나눌 수 있다. 첫째는 재난의 고전적 의미인 인간의 통제 범위를 넘어서 인간으로서는 어쩔 수 없이 자연으로부터 해로운 영향을 입는 피해를 의미한다. 둘째는 재난의 현대적 의미인 자연재난을 제외한 인간에 의해서 발생하는 모든 피해를 포함하여 재난으로 간주하는 것이다.

현대 사회는 기술의 발전과 사회구조가 다양화됨으로 인하여 재난의 유형은 사회 전 영역에 걸쳐 새로운 유형의 재난이 등장하고 있으며, 재난의 규모가 확대되고 가속화되고 있다. 또한 기술의 발전과 함께 도시화 현상이 발생하면서 건축물이 대형화되고 복합화, 고도화되어 가는 추세로 인하여 자연재난의 피해보다 상대적으로 인적 재난의 피해가 급속히 증가하고 있다. 즉, 자연 재난과 기술적 재난 또는 인적 재난으로 대별 되는 것이다.

최근에는 문명의 발전과 함께 인적 요인에 의한 대형 사고가 중요시되면서 테러 및 전쟁, 전염병으로 인한 사회적 재난까지도 포함되는 개념으로 정립되고 있다. 다시 말하면 근대사회에서 현대 사회로 발전하면서 재난의 개념은 지속적으로 변화하고 있다는 것이다.

재난의 분류를 법적으로 살펴보면 재난 및 안전관리기본법에서는 재난을 인적 재난, 자연 재난, 사회적 재난으로 분류하고 있다. 과거에는 재난을 발생 원인에 기초하여 자연현상에 의한 것은 자연재해, 인위적 속성에 의한 것은 인적재 난으로 구분하였다. 인적 재난에는 화재, 붕괴, 폭발, 교통사고, 화생방사고, 환경오염 사고 등이 있고, 자연재해에는 태풍, 홍수, 호우, 폭풍, 해일, 폭(대)설, 가뭄, 지진, 황사, 적조 등이 있다.

복구책임에 있어서는 인적 재난은 피해원인자(보상 및 배상)에게 있고 자연재해의 경우 방재책임자(국가시설 : 국가, 지방시설: 지방차지단체, 개인시설: 개인)에게 그 책임이 있다. 단 '재해구호 및 재해복구 비용 부담 기준 등에 관한 규정'에 따라 국가가 일부 보조 및 지원한다. 대규모 재난 발생 시 재난 사태 선포 및 특별재난지역을 선포할 수 있다.

그러나 실체적 측면에 초점을 두는 경우에는 관리체계의 일원화를 가능하게 하기 위한 의미에서 자연현상이든 인위적 속성이든 사회적 현상에 의한 것이든 용어 통일의 필요성이 제기되었다. 이에 재난 및 안전관리기본법에서는 자연재해와 인적 재난으로 구분하지 않고 재난으로 용어를 통일하고 있다. 이는 현재의 사회적 환경이나 과학기술 수준에서 예상하지 못했던 새로운 유형의 재난 발생 시에도 유연하게 대처할 수 있도록 확대 일원화한 것으로 이해할 수 있다.

3.1.4 재난의 특성

일반적으로 재난에 대한 특성을 정리하면 다음과 같다.

① 실질적인 위험이 크더라도 그것을 체감하지 못하거나 방심한다.
② 본인과 가족과의 직접적인 재난으로 인한 피해 외에는 무관심하다.
③ 시간과 기술・산업 발전에 따라 발생빈도나 피해 규모가 다르다.
④ 인간의 노력이나 철저한 관리에 의해 상당 부분 근절(예방)시킬 수 있다.
⑤ 발생과정은 돌발적이며 강한 충격을 지니고 있으나, 같은 유형의 재난 피해라도 형태나 규모, 영향범위가 다르다.
⑥ 재난 발생 가능성과 상황변화를 예측하기 어렵다.
⑦ 고의든 과실이든 타인에게 끼친 손해는 배상의 책임이 있다.

이러한 일반적인 특성을 바탕으로 재난의 특성을 크게 세 가지로 나눌 수 있다.

첫째 가장 큰 특성은 불확실성으로 어떤 행동이 어떤 종류의 결과를 초래할 것인지는 알지만 실제로 그러한 상황이 일어날 확률은 알지 못하는 상태를 말한다. 그리고 위험이 재해로 연결될지, 또 언제, 어디서, 누구에게, 얼마나 큰 재해로 나타날지를 아무도 예측할 수 없는 것으로, 더욱이 복잡한 기술 및 산업사회로 이행될수록 이러한 불확실성은 기하급수적으로 커지게 된다. 특히 현대 사회의 재난은 복합적인 원인으로 발생하는 자연 재난과 인적 재난의 복합된 재난의 증가로 인해 위험에 대한 불확실성이 더욱 증대되고 있다.

둘째, 복잡성으로서 재난 자체의 복잡성과 재난 발생 후에 관련된 기관들의 관계에서 야기되는 복잡성으로 나누어 살펴볼 수 있다. 우선 재난 자체 복잡성의 경우 재난의 강도, 규모, 그리고 최초의 발생 사건과 관련된 다른 재난의 발생으로 나누어볼 수 있다. 또한 재난 발생 이후 관련기관들의 관계에서 비롯되는 복잡성도 있다. 예방 활동 단계에서와는 달리 재난 발생 이후 복수의 기관이 참여하게 되고, 그에 따라 관련기관들의 권한 설정, 역할 분담, 조정의 문제가 발생한다.

셋째, 상호작용성은 재난의 발생 원인은 하나의 원인에 기인하지 않으며 재난의 결과 또한 단일한 피해를 주지 않고 상호작용으로 피해를 주는 것이다. 재난이 발생한 경우 재난

자체와 피해 주민 및 피해지역의 기반 시설이 서로 영향을 미치면서 여러 가지 사건이 전개될 수 있다. 재난이 일어나 기반 시설 기능이 마비되면서 피해 주민이 대피하고, 대피 지역에 연쇄적으로 경제적・정신적 피해가 발생하며, 복구에 필요한 경제적 손실과 인력 등 다양한 상호작용이 일어난다는 것이다.

[표 3.1] 자연 재난 및 인적 재난의 특성 비교

특성	자연적 재난	인위적 재난
발생과정	돌발적	돌발적
충격 정도	강력	강력
피해의 가시성	통상 재난으로 인한 피해로 환경의 손상 초래	통상 가시적으로 피해가 나타나지 않는 경우 있음
예측 가능성	어느 정도의 예측 및 경고 가능	예측 불가능
상황의 전환점	구별이 가능한 전환점 존재하며, 이 시점 이후 시간 경과에 따라 상황이 개선되는 경향이 있음	분명한 전환점이 존재할 수도 있으나, 유독물질 사고의 경우 시간 경과에 따라 상황이 호전되지 않을 수 있음
통제에 대한 인식	통제 불가능으로 인식	통제 가능한 것으로 인식
영향의 범위	통상 재난의 희생자에 국한	직접 피해를 받지 않은 사람에게도 영향
영향의 지속성	비교적 단기간	단기간 또는 장기적 지속, 화학 및 유독물질 사고의 경우 장기적 영향

3.1.5 우리나라 재난의 특성

우리나라는 1990년대 이후 빈번하게 발생하는 대형 재난 사고에 대해 그 원인으로 한국적 특수성이 크게 작용하였다고 지적되고 있다. 한국적 특수성으로는 근대화의 파행성, 한국 특유의 폭증 사회, 왜곡된 발전 등이 언급된다. 서구사회는 대부분 장기간에 걸쳐 정상적으로 근대화되고 발전했지만 우리나라는 그렇지 않았기 때문에 대형 재난 사고가 일어난다는 것이다.

여기에 한국의 후진적인 행정조직 및 위험 관리체계가 사회를 위험에 빠트렸다는 논리로 제도를 운용하는 개인 혹은 조직의 부패나 부실 공사, 부주의나 과실, 관리 소홀, 즉 인재가 언급되었다. 결국 재난관리의 체계화된 제도화만이 동시다발적으로 발생하는 재난사고를 해소할 수 있는 해결책이라 할 수 있는 것이다. 또한 재난관리의 실패 원인에 대한 파악과 행정적. 기술적 안전대책의 강화가 있었음에도 연이어 대형 재난 사고가 발생한다는 사실이 후진적 행정조직 및 관리체계의 문제라 할 수 있다. 따라서 우리는 근대화의 이면적 측면을 자기 반성하려는 위험사회의 문제의식에 대해 고찰할 필요가 있으며. 한국적 재난의 특성을 '이중적 복합위험사회'라는 개념으로 접근하고자 한다. 산업화와 정보화를 동시에 겪으면서 전통과 근대 그리고 탈근대를 동시에 경험하고 있는 우리 사회에 만연한 사고와 위험 요소를 표현하고 부각시키는데 '이중적 복합위험사회'의 적실성이 있다.

이 개념을 통해 우리는 예측 가능한 환경과 재난의 위험 그리고 재난방지 부분의 불충분한 투자, 열악한 재난관리 수준 등에서 드러나는 우리나라 고유의 위험 요소를 포착할 수 있다. 우리나라만의 고유한 위험 요소를 정리한 한국적 재난의 특징은 다음과 같다.

- 오로지 앞만 보고 질주하는 사고방식이 우리 사회에 팽배하였다. 이는 특정 사건이나 사태의 불확실한 측면을 세심히 살피거나 남을 배려하는 관점을 무시하고, 수단 방법을 가리지 않고 목표를 성취하려는 태도가 부실을 가져오고 대형 재난을 일으키는 주요 원인이 되었다.
- 대한민국은 압축 성장한 근대화로 사회의 주요 초점은 바로 현재의 성장이므로 '미래에 대한 무관심'이 위험한 사회로 가는 배경이 되었다. "근대화와 경제적인 성장"이라는 최우선적 목표를 성취하기 위해서는 우리의 현재 모습이 단편적으로 관찰될 수밖에 없었다. 이러한 근본적인 인식의 결함이 있었기에 미래에 대한 투자라고 할 수 있는 안전한 사회를 구축하는 부문에 대한 투자는 상대적으로 소홀하게 되었다.
- 기후 및 생태계의 위기는 비교적 서구와 우리의 경험이 많은 유사성을 보이고 있는데, 기후 및 생태계의 위기는 전 지구적이고 전체 인류와 직접적인 연관성을 가지며, 대한민국은 발전과 성장에만 몰두한 결과 이제는 자연의 반격을 받는 '기후 및 생태적 위험사회'가 도래한 것으로 판단된다.
- 대한민국은 다양한 형태의 재난이 존재하는 것이 현실인데, 대부분의 이러한 안전사고 및 재난은 거의 모두가 '인재'였다. '빨리 빨리', '앞만 보고 달리는'이라는 사고관으로 발생한 참사가 대부분이며, 이는 입축적 성장 및 근대화 패러다임을 가질 수밖에 없는 발전의 어두운 부분이며, 우리나라 재난의 특성이자 한 단면이라고 지적할 수 있다.

3.1.6 우리나라 재난의 요인

우리나라의 재난 발생 원인과 현상들은 사회경제 발전 과정에서 자연히 발생한 것이 아니라 정부의 강력한 개입에 영향을 받은 부정적 형태로 나타나게 되었다는 것이다. 이 과정에서 부정적 형태의 재난 요인 혹은 현상들이 발생했다. 이와 같은 부정적 형태의 행정적・정치적 요인을 정리하면 다음과 같다.

- 압축적 근대화는 국가의 시장 육성 및 지원을 위해 사회 전반에 대한 강력한 통제를 행사한 개발독재에 힘입어 수행되었던 것으로 판단된다.
- 집중된 권력과 그에 기반을 둔 규제와 통제는 세계시장의 다국적 기업들과의 경쟁에서 열악한 경제적 조건을 극복하기 위해 저임금, 건설공사의 기간 단축 등 비용 절약 위험성이 높은 전략으로 유도되었다.
- 기업은 안전을 우선시하기보다 비용을 우선으로 하였고, 국가는 최단시일에 선진국으로 진입하려는 것에 집착하여 위험관리에는 상대적으로 소홀하였다.
- 정부 내의 정책 결정에 있어서 관료조직은 강압적 권력에 의해 시민사회의 감시와 견제로부터 보호되어 있었기 때문에, 관료들은 자신이 내린 결정이 미칠 부정적인 결과를 고려하지 않고 현재의 이익을 위해 결정하는 경향이 있었다.

즉, 압축적 근대화 패러다임이란 단기간의 경제적 성취를 위하여 강력한 국가가 지배자를 통해 국민의 자율과 참여를 배재한 채, 국민을 동원한 발전 모델이라고 할 수 있다. 이 패러다임은 대체로 인간의 삶의 질에는 큰 관심을 기울이지 않는 경향이 있는데, 국민이 느끼는 행복감과 같은 삶의 질적인 측면들이 고려되고 측정되기 이전에 수치상으로 정해진 목표를 달성하는 것이 우선적 과제로 설정되기 때문이다. 이러한 상황에서 국민의 안전 문제에 대한 인식은 낮은 단계에 머물러 있게 되고 사후 대책에 치중하게 되는 요인이라고 할 수 있다.

3.2 재난관리

3.2.1 재난관리의 개념

재난관리란 위험과 불확실성의 본질적 속성을 지니는 재난의 발생을 예방하고 위험을 최소화하며, 발생한 재난에 대하여 신속하고 효과적으로 대응하고 최대한 빠르게 정상 상태로 복구하기 위한 모든 측면을 포함하는 총체적인 개념으로서 재난의 잠재적 원인(위험)과 재난의 진행, 그리고 재난으로 인한 결과(피해)를 관리하는 것을 말한다. 재난은 발생 원인이나 규모에 상관없이 우리의 생활과 사회에 영향을 주어 원래의 기능과 질서가 무너지는 피해로 나타난다. 그러므로 재난관리의 피해 규모는 물론 이러한 사회적 파급효과와 현상까지 고려하여 인간존엄성을 포함한 국민의 복지와 삶의 수준 향상에 밀접하게 연관된 복합적인 개념으로 다루어져야 하며, 재난으로부터 국민의 신체, 생명과 재산을 최우선으로 보호하는, 즉 재난의 예방・대비. 대응 및 복구를 위하여 행하는 모든 활동을 재난관리라고 정의할 수 있다. 재난관리 체계는 다음과 같이 정리할 수 있다.

[1] 완화와 예방(mitigation & prevention)

재난 발생의 원인과 조건을 찾아내어 이를 없애기 위하여 활동한다.

- 각각의 시설 및 재난 유형과 취약 요인을 분석한다.
- 재난의 기준을 검토하고 정비한다.
- 관련 제도를 개선한다.
- 재난 관련 전문인력을 확충하고, 교육 시킨다.
- 강화된 재난 기준을 적용한다.

[2] 대비와 계획(preparedness & planning)

재난이 발생했을 경우를 대비하여 작업을 갖추며 계획을 수립한다.

- 재난에 관련된 정보를 공유한다.
- 대비계획에 대한 교육과 훈련을 한다.
- 대응 물자 및 장비를 사전비축하고 관리한다.
- 관련기관 협조체계를 구축한다.
- 민간의 참여를 활성화 한다.
- 데이터베이스를 구축한다.
- 긴급 지원체계를 구축한다.
- 비상근무 태세를 유지한다.

[3] 대응(response)

재난 발생 시 대응 과정에 대한 체계적인 계획을 수립하여 실행한다.

- 재난 현장에 대한 정보를 공유한다.
- 현장의 초동 조치를 시행한다.
- 현장지휘소를 설치하여 운영한다.
- 일원화된 지휘체계를 유지한다.
- 민관군 협조하에 긴급구조 및 응급 지원을 수행한다.

[4] 복구(recovery)

복구 및 재발 방지를 위해 노력한다.

- 배상 및 보상과 같은 단기 수습 대책을 시행한다.
- 복구계획 수립하고 시행(시설 및 이용자)한다.
- 종합평가를 통한 재난관리 체계를 개선한다.

재난관리의 과정은 재난의 생애주기(Life Cycle)에 따라 예방 및 완화, 준비 또는 대비, 대응 그리고 복구의 4단계 과정으로 분류된다. 이러한 네 단계의 과정은 상호 단절된 과정이 아니라 상호 순환적 성격을 갖고 있으며, 완화 · 예방, 대비 · 계획, 대응, 복구의 과정은 시간적 활동 순서로써 각 과정의 활동 결과와 내용은 다음 단계의 활동에 영향을 미친다. 최종 복구 활동의 결과 및 노력 그리고 경험은 최초의 완화 단계의 활동으로 순환되어, 장기적인 재난관리 전체 과정이 하나의 관리체계 속에서 각각의 고유한 기능을 지니는 하위 체제로서 작용하게 되고, 이 네 가지 과정이 통합 정리될 때 효과적인 재난관리가 이루어질 수 있다. 재난관리 단계별 주요 활동을 정리하면 [표 3.2]와 같다.

3.2.2 재난관리의 유형

재난관리는 재난유형별 관리방식의 분산관리방식과 모든 재난에 대해 통합적으로 관리하는 통합관리방식으로 구분된다.

[표 3.2] 재난관리 단계별 주요 활동

구분	단계	주요 활동
재난 발생 이전	완화 단계	위험성 분석 및 위험지도 작성, 건축법 제정과 정비, 조세 유도 재해보험, 토지이용관리, 안전관련 제정 및 정비 등
	준비 단계	재난대응계획 수립, 비상경보체계 구축. 비상통신망 구축, 유관기관 협조체제 유지, 비상자원의 확보 등
재난 발생 이후	대응 단계	재난대응계획의 시행, 재해의 긴급대응과 수습, 인명구조 구난활동 전개, 응급의료체계 운영. 환자의 수용과 후송, 의약품 및 생필품 제공 등
	복구 단계	잔해물 제거, 전염병 예방 및 방역 활동, 이재민 지원, 임시거주지 마련, 시설복구 및 피해보상 등

[1] 분산관리방식

- 풍수해, 폭설, 화재, 지진, 낙뢰, 폭발, 환경오염 등 재난의 유형별 다른 대응 방식을 설정하여 관리한다.
- 재난유형별로 계획된 재난 대응에 따라 책임기관도 각각 배정한다.
- 재난 발생 시 재난 대응 관련기관의 중복적인 대응으로 과잉 대응의 문제가 발생하여 현실적으로 재난 대응의 효율성이 낮은 방식이다.
- 우리나라에서는 분산관리방식을 유지하며, 일본, 중국도 이 방식을 유지한다.

이 방식의 장점 및 단점을 정리하면 다음과 같다.

- 다수의 부처 및 관련기관이 동원된다.
- 소관 부처 및 관련기관에 해당하는 재난에 대해서만 책임진다.
- 활동 범위는 재난유형별 특정 재난에만 해당한다.
- 정보 전달체계에 혼란이 일어날 수 있다.
- 재원 관리에서 중복되고, 과잉 및 누락 등과 같이 복잡성을 보인다.
- 재난 대응에 소방 외 대응조직이 없다.

[2] 통합관리방식

- 미국 연방위기관리청(FEMA ; Federal Emergency Management Agency)의 창설 근거로 제시되었다.
- 완화, 준비, 대응. 복구 활동의 단계로 재난에 대한 통합적 관리를 말한다.
- 통합적인 재난관리를 위해 재난정보의 통합적인 관리를 강조한다.

이 방식의 장점 및 단점을 정리하면 다음과 같다.

- 소수 부처 및 관련기관이 동원된다.
- 통합 관리되므로 모든 재난에 대하여 책임진다.
- 활동 범위는 재난 관련 모든 관리 활동에 해당한다.
- 재난정보관리가 효율적이다.
- 재원 관리가 간소하다.
- 재난 대응에 소방 외 통합적 지휘 통제가 용이하다.

3.2.3 재난관리의 단계

재난관리 체계는 중앙정부와 지방정부의 재난 대책기관과 함께 교통, 소방, 건설 및 응급의료서비스 등 다양한 조직을 통해 재난관리 기능을 수행하게 된다. 재난 발생과정에 따른 재난관리 단계는 일반적으로 시간의 흐름에 따라 예방, 대비, 대응, 복구의 4단계로 나뉘며, 각 단계에서 영역이 확대되기 때문에 재난관리의 전 과정에서 구성원들 간의 신속한 정보교환과 협조 등이 매우 중요하다.

[1] 예방 단계

재난의 예방 단계는 인간의 활동에 따른 인적·기술적 재난에 대하여 발생원인 및 가능성을 원천적으로 제거하고, 사전에 위험 자체를 막을 수 없는 자연적 재난에 대하여 취약한 요소를 사전에 제거하기 위한 대책이다. 그러므로 예방 단계는 자연 재난과 인위 재난으로부터 인간의 생명과 재산을 보호하기 위한 장기적 완화 또는 제거 대책을 수립하는 제반 활동을 수행하는 단계를 말한다. 재난 예방 정책의 세 가지 주요 목표는 다음과 같다.

첫째, 하천의 제방이나 방파제 등의 구조물을 설치하여 피해를 막거나 저감 시키는 방법으로 재해로 인한 위험의 성질을 변화시키려는 것이다.

둘째, 건물의 높이를 규제하거나 홍수방지시설의 설치를 통해 위험지역에 거주하는 주민과 시설을 보호하려는 방법으로 피해 우려가 있는 취약성을 감소시키려는 것이다.

셋째, 토지 사용 및 인구집중을 규제함으로써 위험지역에 대한 이용을 제한하려는 방법으로 재해위험에 대한 주민들의 노출을 감소시키려는 것이다.

이러한 예방 단계는 장기적이고 일반적인 재난감소 문제를 다루는 활동이기 때문에 주로 지역사회가 앞으로 직면하게 될 재난을 극복할 수 있는 능력을 증진시키는데 초점을 두고 있으며 재난의 종류에 따라 목표가 변화한다는 특징이 있다.

예방 활동 단계는 개인, 기업, 지방자치단체와 정부 등이 각자의 분야에서 최선을 다할 때 최대의 성과를 얻을 수 있다. 개인은 각 가정에서 전기 및 가스시설 사용 시 주의 사항 등을 숙지하고, 각종 안전 규칙을 준수하여 안전 생활을 몸소 실천할 수 있도록 해야 한다. 또한 기업은 안전 관련 법률에 의거 건축물 등 시설을 건설하고 재난 발생 시 기업의 중요한 정보 손실을 방지하기 위한 구체적인 업무 연속성 관리 등 대안을 수립해야 한다. 지방자치단체와 정부는 항상 위험 요소들을 파악하여 그에 대한 대비 대책을 마련하고 대국민 상황별 안전교육을 실시하며, 소방대상물에 대한 철저한 소방 검사와 화재 영향평가, 교통

영향평가, 환경영향평가 등 각종 안전 규제 정책을 실행해야 한다.

[2] 대비 단계

재난 대비 단계는 재난에 대비하여 필요한 비상계획을 수립하고 훈련을 통해 재난 대응 능력을 강화하는 단계이다. 재난이 발생하였을 때 이에 대한 대비를 개선 시키고 재난 이후의 활동을 평가할 수 있도록 비상시 효과적인 대응능력을 향상시키기 위한 사전 준비 활동을 말한다. 대비 단계는 다음과 같은 활동들로 구분할 수 있다.

첫째, 재난 발생 시 재난 대응 정책을 집행하는 과정에서 활용하게 될 중요 자원들을 미리 확보한다. 구체적으로 재난 대비를 하는 경우 자원의 신속한 배분이 가능해야 하는데 이를 위해서는 재난 우선순위 체계를 설정하는 것이 필요하다.

둘째, 재난 발생지역 내외부에 있는 다양한 재난 대응 기관들의 사전 동의를 확보한다. 이와 함께 효과적으로 대비 단계의 정책을 집행하기 위해서는 먼저 준비 단계의 정책에 대한 지역주민들의 적극적인 지지와 참여를 유도하고, 사전에 재난계획을 수립하여 이에 대한 준비를 하는 것이 필요하다.

셋째, 재난으로 인한 재산상의 피해를 줄이고 주민들의 생명을 보호할 재난 대응 활동가들을 훈련시킨다.

넷째, 재난 대응 계획을 사전에 개발하고 재난을 관리하는 데 필요한 계획이나 경보체계 및 다른 수단들을 준비하는 일련의 활동이다.

지역사회가 재난에 대해 적절하게 준비하지 못하는 이유는 준비의 필요성을 인식하지 못하기 때문이다. 그러므로 재난의 대비나 계획에 대한 지역사회의 거부감을 극복하는 방안을 마련하는 것이 중요한 과제가 되고 있다. 또한 재난과 관련한 정보의 수집과 분석이 체계적이고 포괄적이며 지속적으로 이루어질 수 있도록 해야 하며, 이를 바탕으로 재난의 정도를 판단하고 향후 발생 가능한 재난에 대한 예측과 대비가 이루어질 수 있도록 해야 한다.

[3] 대응 단계

재난 대응 단계는 재난 발생 직전과 직후 또는 재난이 진행되고 있는 동안에 행해지는 인명구조, 긴급 복구 활동을 총칭하는 개념으로 재난 발생 시 재난관리의 총체적 차원에서 재난을 파악·대응하는 통합 관리체계 확립을 통해 피해복구와 원조를 제공해야 한다. 대응 단계는 완화 단계와 준비 단계로 구분하여 상호 연계하여 더 이상의 피해가 발생하지 않도록 복구 단계에서 발생할 수 있는 문제들을 최소화시키는 재난관리의 행동을 말한다.

재난 발생 시 관리체계의 신속한 대응을 하기 위해서는 재난 발생 관리 인력의 절차가 간소해야 하며, 전문요원들이 전문적인 현장 처리가 필요하다. 이는 전문성과 조직성을 기반으로 현장의 위기 싱황을 어느 정도 수습한 후 복구에 있어서도 신속하고 조직적인 활동이 요구된다. 대응조직은 인명을 보호하고 피해의 확산을 막기 위해서 재난에 전문적인 지식 및 기술을 갖추어야 하며 재난 현장에서의 위협 요소가 무엇 인지 파악하고, 향후 재난이 어떻게 진행되는지를 예측해야 한다.

[4] 복구 단계

복구 단계는 재난이 발생한 직후부터 피해지역이 재난 발생 이전의 상태로 회복될 때까지 지원을 제공하는 지속적인 활동으로 피해지역의 원상복구를 위한 원조 및 지원활동을 말한다.

복구 단계는 단기적 응급 복구와 장기적 원상복구로 구분하는데, 단기적 응급 복구는 이재민들이 최소한의 생활을 할 수 있도록 임시 통신망 구축, 임시주택 건설, 쓰레기 처리, 전염병 통제를 위한 방제 활동 등이 해당된다. 이때 복구절차는 최대한 간소화하며 자연재난의 경우 해마다 집중적으로 악순환되는 재난이 발생하지 않도록 정보화에 힘써야 한다. 이러한 재난과 관련된 다양한 자료들을 통해서 사전에 재난을 예측 및 판단할 수 있기 때문이다. 장기적으로는 재개발계획과 도시계획 등의 과정을 거쳐 재난 발생 이전의 상태로 회복하는 것으로 향후 발생할 재해의 영향을 줄이거나 재발을 방지할 수 있는 좋은 기회가 되어 위기관리의 첫 단계인 재해 예방과 완화 단계가 순환적으로 연결된다는 점을 알 수 있다.

복구 단계는 모든 재난관리 과정과 순환적이고 상호작용적이며, 복잡한 특징 안에서 진행됨을 감안할 때 효과적인 국가재난관리 체계가 되기 위해서는 각 단계별 통합적, 협동적 구조를 동시에 갖추어야 한다. 이러한 통합적, 협동적 구조를 위한 정보 수요에 효과적으로 대응하기 위해 데이터베이스를 구축하고 이를 효과적으로 활용할 수 있는 전문화된 정보처리 역량을 갖추어야 한다.

3.3 자연 재난의 이해

3.3.1 자연 재난의 개념

자연 재난(natural disaster)이란 자연현상으로 인하여 발생하는 재해를 말하며, 다양한 형태의 원인과 결과에 따라 여러 가지 자연 재난으로 나눌 수 있다. 우리나라 자연 재난은 태풍, 홍수, 호우, 폭풍, 해일, 폭설, 가뭄, 지진, 황사, 적조 그 밖에 이에 준하는 자연현상으로 인하여 발생한 피해로 정의하고 있다. 인간은 자연 재난을 극복하며 인류문명을 발전시켜 왔으며, 본능적으로 재난을 극복하기 위하여 행동하였다. 태풍이나 호우를 피해 동굴에 들어갔고 우물을 파서 가뭄에 대처하였으며 병충해 등 질병을 극복하기 위하여 약초를 먹었다. 이러한 자연 재난은 불가항력적인 요소를 지니고 있어 인위적으로 완전히 근절시킬 수는 없다. 그러나 재난 발생을 사전에 예측하여 이에 따른 예방, 대비 조치와 방어 및 보호 시설물의 구축 등 재난이 발생하였을 시의 신속한 복구 대책 수립으로 피해를 최소화하고 피해 확대를 방지하기 위한 노력을 함으로써 재해를 최소화하거나 막을 수 있다.

3.3.2 자연 재난의 발생

자연 재난은 크게 두 가지 현상에 의하여 발생하는데 그 하나는 기상현상이고 다른 하나는 지구의 지질작용이다. 그러므로 자연 재난은 지진 및 화산 활동 등에 의한 지질재난과 기상 요인에 의한 기상재난으로 구분된다. 우리나라의 경우 대부분 발생하는 자연 재난은 기상현상에 의해 발생하는 기상재난에 해당한다.

기후의 온난화 현상이 21세기를 전후하여 발생함에 따라 극단적인 건조나 호우가 발생하고 있으며 엘니뇨현상에 따른 가뭄이나 홍수의 발생 가능성이 높아졌다. 최근 자연 재난 발생 증가의 근본적인 원인으로 지구 전체의 기후 온난화가 지적되고 있으며 그에 따른 경제적 피해 또한 증가하고 있다.

자연 재난을 유형별로 살펴보면 1980년대 중반 이후에는 홍수 관련 재난 이 가장 빈번하게 발생하였고 다음으로는 태풍, 가뭄, 지진, 화산 활동 등의 순으로 발생빈도가 나타난다. 그러나 사망자는 지질재난(지진, 화산, 쓰나미(지진해일))이 가장 많이 발생하였으며, 다음으로 가뭄. 홍수, 태풍, 산사태 순서이다. 재산의 피해는 태풍, 홍수, 지진, 가뭄, 산사태의 순서로 피해가 많이 발생하였다.

3.3.3 우리나라의 자연 재난

우리나라 역시 자연 재난의 발생빈도가 꾸준히 증가하고 있으며 피해 또한 계속 증가하고 있다. 우리나라의 경우 전 국토의 70% 이상 이 산지로 구성되어 있어 강우 발생 시 유출량이 급속하게 하류부 하천으로 도달하기 때문에 자연 재난 중에서도 태풍이나 호우 등으로 인한 홍수 재해의 위험성이 가장 크게 나타난다. 또한 지질 상태도 대부분 화강암과 편마암으로 구성되어 있으므로 수목의 생장이 어려워 강우 발생 시 산사태가 발생할 가능성도 크다. 이에 따라 기상학적 요인에 의해 강수량이 집중되는 6월~9월 사이에 홍수 피해가 자주 발생하였다.

그러므로 국가는 자연 재난으로부터 국민의 안락한 삶을 보장하기 위하여 피해의 잠재력 증가를 억제하는 대책과 다각적인 재해방지사업 및 사후 복구계획 등을 수립하여야 한다. 또한 국민은 개인 적으로도 이러한 재난의 발생 원인이 무엇이며 재난 예방 및 대비법, 재난 발생 시 대응 및 대처법, 행동 요령을 숙지하여 피해를 예방하고 최소화해야 한다.

자연 재난의 발생은 특정 지역의 지형 및 기후적인 환경과 매우 밀접한 관계가 있다. 특정한 자연환경은 특정한 자연 재난을 매년 발생시키고 있으며, 다음 절에서는 태풍, 홍수, 가뭄 등 다양한 자연 재난의 기본적인 이해와 유형별 자연 재난에 대하여 정리하였으며, 자연 재난 유형 중에서 우리나라에 자주 발생하고 영향이 크며 수자원과 관련된 홍수와 가뭄은 4장과 5장에서 상세하게 정리하였다.

3.4 유형별 자연 재난

3.4.1 태풍

태풍은 세계기상기구(WMO)에서 열대저기압 중 중심 부근의 최대풍속이 33m/s 이상인 것을 태풍(TY), 25~32m/s인 것을 강한 열대 폭풍(STS), 17~24m/s인 것을 열대 폭풍(TS), 그리고 17m/s 미만인 것을 열대저압부(TD)로 구분하여 정의한다. 우리나라와 일본에서도 태풍을 이와 같이 구분하지만, 일반적으로 최대풍속이 17m/s 이상인 열대저기압 모두를 태풍이라고 한다. 태풍의 발생과 특징을 정리하면 다음과 같다.

- 대체로 수온이 27' 이상의 해면에서 발생한다.
- 대기의 상태가 따뜻하고, 수증기가 많고, 매우 불안전할 때 발생한다.
- 우리나라의 경우 주로 7~10월에 발생한다.
- 중심 부근에 강한 비바람을 동반한다.
- 보통 육지에 상륙하면 속도가 느려지고 위력이 급속히 감소한다.
- 태풍 발생 초기에는 대체로 서북진하다가 북상하면서 편서풍을 타고 북동진한다.
- 강한 폭풍우의 범위는 중심에서 200~500km 정도이며 중심으로 갈수록 기압은 하강하고 풍속은 증가하나 중심 부근에는 바람과 구름이 없는 지역인 '태풍의 눈'이 위치한다.

[그림 3.1] 태풍(매미, 2003년)

3.4.2 호우

일반적으로 많은 비가 오는 것을 호우의 정의라 할 수 있는데, 강우 등과 같은 의미로 사용된다. 단시간에 많은 비가 오는 것을 집중호우라고 하고 반드시 단시간에 한하지 않고 총강수량이 많은 것을 호우라고 하며, 홍수 및 침수 등의 피해를 발생하게 하는 정도의 많은 비를 의미한다, 우리나라의 호우는 주로 여름철 장마 전선에서 나타나는 경우가 많고 태풍이 올 경우에도 호우를 동반한다.

[그림 3.2] 2023년 7월 15일, 폭우로 완전히 물바다가 된 논밭의 모습

호우는 다음과 같이 종류를 구분하기도 한다.

- 장마 : 여름철 우리나라에 정체전선의 형태로 머물면서 장기간 비를 내리거나 흐린 날씨가 지속될 때를 말한다.
- 집중호우 : 보통 시간당 강우량이 30mm 이상이거나 일강우량이 80mm 이상일 경우를 말한다.
- 국지성 집중호우 : 시간당 강우량이 최고 80mm 이상의 비가 짧은 시간에 직경 5km 정도의 좁은 지역에 퍼붓는 강우를 말한다.
- 게릴라성 집중호우 : 장기간 빠른 속도로 비구름대를 진행시키며 동시다발적으로 넓은 지역에 강우가 내리는 현상을 말한다.

우리나라 호우의 발생과 특징으로 우리나라의 집중호우는 고온 다습한 북태평양 고기압과 차고 습한 오호츠크해 저기입이 충돌하는 동안 형성되는 적란운(뇌운)에 의해 발생한다. 장마전선이나 태풍은 기압과 고기압 가장자리의 불안정으로부터 발생하기도 하며, 오호츠크기단과 북태평양기단이 정체되어 넓은 지역에 강우가 발생한다. 호우 발생 시에는 한랭전선(찬 공기)과 온난전선(더운 공기) 형태가 번갈아 가며 나타난다. 찬 공기가 소규모로 접근해 북태평양기단과 충돌하기도 한다.

호우의 통보는 다음과 같다.

- 호우주의보는 24시간 강우량이 80mm 이상 예상되고 재해가 일어날 우리가 있을 때 통보된다.
- 호우경보는 24시간 강우량이 150mm 이상 예상되고 재해가 일어난 우려가 있을 때 통보된다.

3.4.3 홍수

[그림 3.3] 홍수로 대피하는 주민들

홍수는 강이나 하천의 물이 범람하여 주변 지역에 침수 피해 등을 입히는 재해로 정의할 수 있다.

홍수의 발생과 특징으로 단기간의 집중호우나 장기간 지속적으로 내리는 강우의 결과로 발생하며, 봄에 기온이 급격히 상승하여 겨울철에 쌓였던 눈이 일시에 녹을 때에도 발생한다. 우리나라의 경우, 우기에 해당하는 3개월간(7~9월)의 강수량은 평균 약 720mm로 연평균강수량의 약 60%를 차지하며, 여름철 강우는 장마전선이 정체할 때, 온대성저기압이 이동하여 울 때, 그리고 태풍이 내습할 때 많이 발생하는데, 특히 큰 피해가 발생하는 홍수는 태풍과 연관 되어 있다. 홍수 시 유수는 파괴력이 크므로 큰 재해를 일으키는데, 나일강과 같이 홍수 시 범람으로 유기물이 운반되어 비옥한 농경지를 만들어주는 장점도 있다. 한편 하천의 중상류부에 다목적댐을 건설하여 홍수를 저장함으로써 하류부 홍수량을 감소시키고 농경지와 도시 및 공업시설에 용수를 공급하는 예방 대책도 있다.

3.4.4 낙뢰

낙뢰를 정의하면 다음과 같다.

[그림 3.4] 2023년 7월 11일 광주 북구

- 번개의 종류 가운데 구름과 대지 사이에서 발생하는 방전현상
- 벼락이라고도 칭하며 번개와 천둥을 동반하는 급격한 방전현상
- 공중에 대전한 전기와 지면에 유도된 전기 사이에서 순간적으로 방전하는 현상
- 여름철 적란운 속에는 수많은 물방울과 얼음 알갱이들이 있고, 또 그 안에는 양전기와 음전기들이 있는데, 이 구름 속에 있는 양전기와 음전기 사이에서 발생하는 불꽃 방전현상
- 천둥이란 번개가 공기 중을 이동할 때 번개가 가지고 있는 매우 높은 열로 인해 공기가 급격히 팽창하게 되는데, 이때 그 공기가 팽창하는 힘을 이기지 못해 터지면서 나는 소리를 말한다.

낙뢰의 특징은 다음과 같다.

- 강한 소나기를 내리고 우박을 동반하는 경우도 있으며 낙뢰는 주로 적란운 안에서 발생한다.
- 낙뢰 방전이 일어나려면 적란운 안에 물방울과 빙정이 공존하여 비가 내리는 조건을 만족시켜야 한다.
- 적란운의 가장 윗부분이 -20℃ 정도까지 도달했을 때 발생한다.
- 적란운이 발달하려면 대기가 상당히 두꺼운 층에 걸쳐 불안정해야 하며, 여기에 수증기의 보급이 적당해야 발생한다.
- 산악지대에서 낙뢰가 발생하기 쉬운 이유는 지형 조건으로 상승기류가 만들어지기 때문이다.

낙뢰의 원인인 뇌운은 다음과 같다.

- 천둥, 번개, 즉 방전의 발생 원인이 되는 가장 보편적인 구름을 뇌운이라고 한다. - 뇌운은 전기로 충전되어 있고 대체로 상단부는 양전하를 띤 얼음결정을 이루고 하단부는 음전하를 띤 물방울로 구성되어 있다.
- 뇌운 속의 전하 축적에 의한 불꽃 방전으로 낙뢰가 자주 나타나며 강한 소나기가 내린다.

3.4.5 강풍

강풍은 태풍이나 발달한 저기압 등의 영향으로 바람이 매우 강해 심각한 피해를 발생시키는 기상 상태로 정의할 수 있으며, 기상특보 측면에서 볼 때 육상에서 부는 강한 바람(최대풍속 13.9m/s)을 말한다.

[그림 3.5] 강풍

바람이란 공기의 흐름을 말하며 공기는 압력의 차이가 생기면 압력이 높은 곳에서 낮은 곳으로 이동하여 같은 압력을 만들려는 성질이 있다. 풍속은 바람이 고기압에서 저기압으로 향해서 이동하는 공기의 속도를 말하며, 풍향은 바람이 불어오는 방을 말한다.

바람의 종류는 다음과 같다.

- 무역풍 : 위도 5^0~30^0 지역의 지상 1.5km보다 낮은 곳에서 연중 적도를 향해 부는 바람을 말한다.
- 편서풍 : 위도 30^0~60^0의 중위도지방에서 고위도의 저압대로 부는 바람을 말한다. 우리나라는 대체로 편서풍 영향권에 속한다.
- 북서 계절풍과 남동 계절풍 : 계절에 따라 바람의 방향이 바뀌는 바람으로 우리나라의 경우 겨울철에는 시베리아대륙의 차갑고 건조한 고기압이 발생하여 강력한 북서 계절풍이 불고, 여름철에는 북태평양의 따뜻하고 습한 고기압이 발생하여 남동 계절풍이 분다.
- 해풍과 육풍 : 낮과 밤을 경계로 바람의 방향이 바뀌는 바람으로 낮에는 육지가 바다보다 열을 빨리 흡수하여 공기가 더워지므로 바다에서 육지로 바람이 부는데 이를 해풍이라 하며, 반대로 밤에는 육지가 바다보다 냉각되는 속도가 빨라 육지에서 바다로 바람이 부는데 이를 육풍이라 한다.

3.4.6 풍랑

풍랑은 바람과 물결을 아울러 이르는 말로 해상에서 바람이 강하게 불어 일어나는 물결로 정의할 수 있다. 대체로 바람으로 인해 해수면이 거칠어지고 높아져서 삼각형을 이루는 경우가 많으며, 바람에 따라 미세한 파도가 나타나다가 풍속이 1~2m/s 이상이 되면 보통 풍랑이라고 하는 파도가 된다. 풍속에 따른 풍랑의 종류는 다음과 같다.

- 풍속 23.3cm/s 이하는 고기비늘 모양의 세파가 나타나며 이것을 표면장력파라고 한다.
- 풍속 1~2m/s 이상은 보통 풍랑이라 하며 중력파로 변하고 파의 마루가 점점 뾰족해 진다.
- 풍속 3~5m/s는 백파라고 하며, 풍속 10m/s 이상이 되면 해면에 거품이 나타나고 거품에 줄이 생긴다.
- 풍속 20m/s 이상이 되면 물안개가 펼쳐진다.

풍랑과 너울의 차이는 다음과 같다.

- 풍랑은 파고가 10m 이상, 파장이 200m 정도이다.
- 너울은 어느 해역에서 발생한 풍랑이 다른 지역으로 전파된 물결인데, 너울은 풍랑과 달리 봉우리가 둥글고 비교적 규칙적이며 파장이 긴 것은 300~400m 이상이다.
- 풍랑과 너울을 총칭하여 파랑이라고 한다.

[그림 3.6] 풍랑

3.4.7 산사태

산사태는 산의 일부를 이루고 있는 암석이나 토양 등 지표상의 지반재료가 경사면을 따라 급격하게 무너져 내리는 현상으로 정의할 수 있다. 산사태는 태풍이나 장마철에 주로 급경사지에서 발생한다.

[그림 3.7] 2023년 7월 강원지역 산사태

산사태의 원인으로 집중호우 등 지하수위가 상승하는 경우와 경사도가 높은 하천과 계곡의 사면 하부가 침식되는 경우 및 풍화가 심한 지질 상태와 지진의 진동에 의해 지반이 약해지는 경우 발생한다.

산사태로부터 안전한 지역은 비교적 평탄한 지역으로 경사각의 급격한 변화가 없는 지역과 경사의 정상에서 떨어져 있는 봉우리의 정상이나 기울어진 면, 단단하고 이음부가 없는 암반으로 과거에 이동된 적이 없는 암반 지역이 해당한다.

산사태 위험이 있는 지역은 과거에 산사태가 발생한 이력이 있는 지역, 암석이 화강암이나 편마암으로 이루어진 지역, 토양층이 서로 다른 이질 지층이거나 모래질 및 부식토로 형성된 지역, 급경사지보다는 중간 정도의 경사를 지닌 산지 지역, 뿌리가 깊은 활엽수림보다 뿌리 깊이가 얕은 침엽수림 지역, 골짜기의 길이가 긴 지형이나 상류는 넓고 하류는 좁은 지형이 이에 해당한다.

3.4.8 가뭄

가뭄은 장기간 비가 내리지 않아 메마른 날씨로 일반적으로는 평균 이하의 강수량이 지속적으로 보이는 현상을 말한다. 가뭄은 크게 기후학적, 기상학적, 수문학적, 농업적 가뭄으로 분류하는데, 상세한 사항은 5장에 설명된다. 가뭄의 분류는 다음과 같다.

[그림 3.8] 2023년 전라남도 지역 가뭄

- 기후학적 가뭄 : 사용 가능한 물로 전환된 강수량이 기후학적 평균에 미달하는 것 의미한다.
- 기상학적 가뭄 : 강수량을 중시한다는 점에서 기후학적 가뭄과 같으나 강수량 외에 증발량, 증산량 등을 고려한다는 점에서 차이가 있으며 각 나라별 상황에 따라 정의가 다르게 적용된다.
- 수문학적 가뭄 : 흔히 단순한 물 부족 현상을 수문학적 가뭄이라 하기도 하며 수문학적 가뭄은 가뭄이라고 하기보다는 물 부족이라 함이 타당하다.
- 농업적 가뭄 : 농작물 성장에 필요한 토양수분이 확보되지 못하는 것을 의미하므로 토양수분에만 의존하여 결정된다.

3.4.9 폭염

폭염이란 매우 심한 더위를 뜻하며 불별 더위라고도 하는데, 국가나 지역에 따라 차이가 있지만 대체로 섭씨 30^0 이상의 더위가 지속되는 현상을 말한다.

폭염의 발생은 다음과 같은 원인으로 설명되고 있다.

- 지구온난화 : 온실가스 배출 증가에 따른 지구온난화로 향후 100년간 최대 섭씨 6^0 이상 상승할 것으로 전망한다.

- 엘니뇨 현상 : 엘니뇨 해류에 의한 태평양의 에너지 분포와 대기 흐름 변화로 북태평양 고기압이 수축 또는 팽창되면서 발생하는 이상기후 현상을 말한다.
- 티벳 고원의 적설량 : 아시아 대륙의 서쪽에 위치한 티벳 고원의 적설량과 우리나라 여름철 기온이나 강수량은 밀접한 상관관계가 있다.
- 열섬현상 : 콘크리트나 아스팔트 구조물은 낮의 태양열에 쉽게 달구어지며 밤에 열을 서서히 방출하는 현상으로 다른 지역보다 건축물이 밀집되어 있는 도심지역에 많은 영향을 준다.

'사상 최악 폭염' 1일 지역별 최고기온

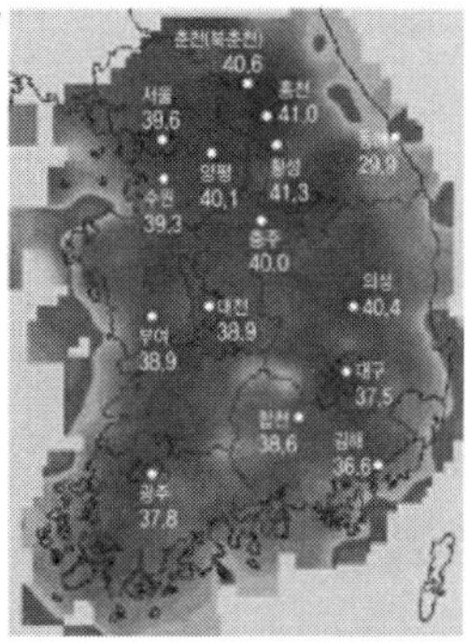

[그림 3.9] 2018년 폭염

폭염의 영향으로 극심한 더위는 탈수 및 과열을 일으켜 열사병을 유발하며 장기간 지속될 경우 사망에 이르게 된다. 특히 어린이나 노인, 질병이 있는 사람, 약물 및 알코올중독자 등은 더욱 취약하므로 특별한 관리가 필요하다.

3.4.10 황사

황사는 중국이 건조해지면서 고비사막, 타클라마칸사막 등 중국과 몽골의 사막 지대 및 황하 상류 지대의 흙먼지가 강한 상승기류를 타고 3,000~5,000m 상공으로 올라가 초속 30m 정도의 편서풍에 실려 우리나라로 날아와서 지면 가까이 내리는 현상을 말한다. 황사 알갱이 크기는 10~1,000μm까지 다양하고, 1,000μm의 입자는 황사라 하고 10μm의 입자는 황진이라 한다. 우리나라에서는 주로 3~4월에 관측되며 "아시아 먼지"라고 하기도 한다.

[그림 3.10] 2024년 경상북도지역 황사경보 '주의' 단계

황사는 특히 급속한 공업화로 아황산가스 등 유해 물질이 많이 배출되고 있는 중국을 경유하면서 오염물질이 섞여 건강에 영향을 미친다. 황사가 발생하면 석영(실리콘), 카드뮴, 납, 알루미늄, 구리 등이 포함된 흙먼지가 대기를 황갈색으로 오염시켜 대기의 먼지량이 평균 4배나 증가한다.

3.4.11 지진

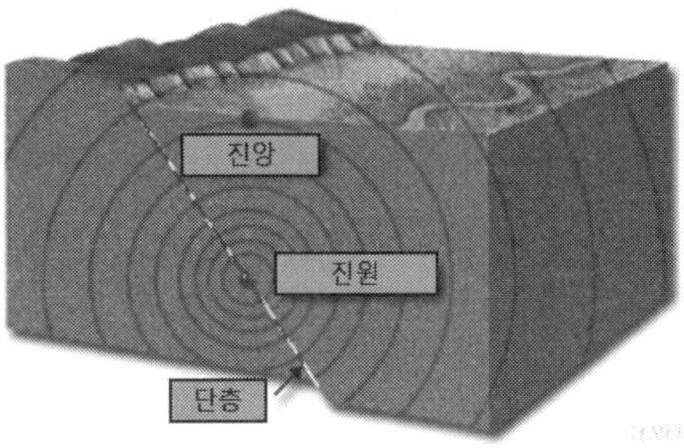

[그림 3.11] 지진관련 용어(진원, 진앙, 단층)

지구 내부에 지각변동이 발생하면 그 충격으로 발생한 에너지가 순간적으로 방 출되면서 그 에너지의 일부가 지진파의 형태로 사방으로 전파되어 지표면까지 도달하여 지반이 흔들리는 현상을 지진이라고 한다. 지진이 발생하면 진원과 진앙이 언급되는데, 진원은 지진이 발생할 때 지반의 파괴가 시작된 위치로 지진파가 발생한 지점이고, 진앙은 진원의 바로 위 지표면의 지점을 말한다.

지진의 규모와 진도는 다음과 같이 정의된다.

- 지진의 규모 : 지진으로 방출되는 에너지를 지진계로 측정한 크기를 말한다.
- 진도 : 지진으로 인해 땅이나 사람 또는 다른 물체들이 흔들리고 파괴되는 정도를 미리 정하여 등급으로 나타낸 것을 말한다.

지진 재해의 영향은 다음과 같다.

[그림 3.12] 2024년 8월 일본 규모 7.1 지진

- 지반의 진동 : 지진의 가장 중요한 1차 효과이다.
- 단층 작용과 지반 균열 : 단층 작용으로 지반에 균열이 발생하면 단열 부위 주변으로 피해가 확산하며, 주로 소규모의 지진에 해당함.
- 여진 : 지진 직후 발생하는 작은 지진으로 피해가 확산한다.
- 화재 : 지진에 의한 2차 영향으로 심각한 피해가 발생한다.
- 산사태 : 급경사 지역 등에서 절벽의 붕괴, 토석류의 급속한 유동을 말한다.
- 액상화 : 지반이 전단강도를 상실 액체와 같이 유동하여 침하가 발생하는 현상이다.
- 지반고 변화 : 침강 및 융기와 같은 지반의 연직 변화를 말한다.
- 해일 : 해저지진의 2차 영향으로 쓰나미(지진해일)라고 한다.

3.4.12 해일

해일은 바다에서 높은 파도가 밀려오는 현상으로 지진이나 폭풍, 화산폭발, 빙하의 붕괴 등으로 인하여 바다의 큰 물결이 육지로 갑자기 넘쳐 들어오는 현상을 말한다.

해일의 종류는 다음과 같다.

[그림 3.13] 2013년 일본 지진해일

- 지진해일 : 해저지진이나 해저화산의 폭발 또는 해저 산사태 등이 발생하면 그 파동으로 인한 긴 파도가 해안에 밀려오는데 이를 지진해일(쓰나미)이라 한다. 지진해일은 육지에 가까이 밀려올수록 파도가 높아져(연속방정식 등) 해안지방에 큰 피해를 준다.
- 폭풍해일 : 태풍이나 저기압 중심에 접근할 때 고기압과 저기압의 차이로 인하여 강한 바람이 해안을 향해 불어오면 해안지대의 해면이 높아져 일어나는 해일이다.
- 빙하해일 : 빙하의 붕괴로 발생하는 해일이다.

해일의 특성을 정리하면 다음과 같다.

- 해일의 주기는 보통 십여 분에서 수십 분이며 파장은 수백km에 달한다.
- 평균 수심이 약 4,000m인 태평양을 진행하고 있을 때 파장이 깊이의 20배 이상 되므로 해일은 장파를 유지한다.
- 해일의 이동속도는 깊이가 약 4,000m일 때 시속 약 720km에 달한다.
- 해안에 가까워지면 바다 수심이 얕아져 속도가 감소하고 파도의 앞부분이 느려지므로 뒷부분이 따라와 에너지가 좁은 범위로 압축되면서 해면이 높아진다. 그러므로 먼바다에서는 잘 느끼지 못하던 파도가 해안에서는 높이가 수십 미터의 큰 파도가 되는 것을 알 수 있다.

3.4.13 대설

대설은 대체로 24절기 중 21번째 절기로 소설과 동지 사이의 절기에 매우 많이 오는 눈을 의미한다. 즉 대설은 연중 눈이 가장 많이 내리는 절기로 음력 11월, 양력으로는 12월에 해당한다. 그러나 이는 중국 화북지방의 기후를 기준으로 한 것으로 우리나라의 경우 눈이 많이 내리지 않은 경우도 많으며, 우리나라의 경우 12월보다 오히려 1월이나 2월에 평균적으로 더 많은 눈이 내린다.

[그림 3.14] 2016년 강원지역 대설

대설의 원인으로는 저기압이 우리나라를 통과할 때 남풍으로 유입된 온습한 수증기가 차가운 공기와 만나는 저기압의 북동쪽에서 주로 많은 눈이 내린다. 특히 동해안 지방은 지형적 영향으로 동해상의 수증기가 유입되며 많은 눈이 내리는데, 영동지방의 경우 태백산맥을 넘는 습윤한 공기와 동해의 찬 북동 기류가 만나 대설의 원인이 된다. 한편, 시베리아 고기압이 확장하며 한파가 몰려올 때 매우 찬공기가 서해상의 따뜻한 해수면 위를 지나면서 낮은 눈구름들이 발달하고 북서풍을 따라 서해안과 전라도 지역으로 밀려와 해안지방을 중심으로 지속적인 눈이 내린다.

대설의 영향과 피해로 대설은 교통을 정체 또는 마비시키므로 운송과 유통 등의 업종에 영향을 주고, 비닐하우스 등의 상대적으로 취약한 구조물을 훼손하여 농가에 피해를 준다. 또한, 비닐하우스 이외의 각종 구조물 붕괴에 따른 재산 피해와 인명피해를 발생시키기도 한다.

대설의 통보는 다음과 같이 구분한다.

- 대설주의보 : 24시간 신적설량(특정한 기간에 새로 내려 쌓인 눈의 깊이)이 5cm 이상 예상될 때 통보된다.
- 대설경보 : 24시간 신적설량이 20cm 이상 예상될 때 통보되는데, 다만 산지는 30cm 이상 예상될 때 통보된다.

3.4.14 한파

한파는 저온의 한랭기단이 위도가 낮은 지방으로 몰아닥쳐 급격한 기온의 하강을 일으키는 현상으로 우리나라는 서고동저의 전형적인 겨울형 기압배치에 있을 때 북서 계절풍이 강하게 불고 영하의 추운 날씨가 전국에 몰아닥쳐 한파 현상이 발생한다.

[그림 3.15] 2019년 1월 미국 영하 50도 한파

한파의 원인으로는 지구온난화로 북극에 이상

고온현상이 나타나면서 제트기류가 약해지고 그 결과 북극의 한기가 시베리아 지역으로 이동하면서 발생하는데, 북극해의 이상고온으로 우랄산맥 일대에 따뜻한 고기압이 형성되었고 이러한 고기압 때문에 대기의 흐름이 굽이치면서 만들어진 강한 기압골이 공기를 우리나라로 끌어내린다.

한파의 통보는 다음과 같다.

- 한파주의보 : 아침 최저기온이 전날보다 10℃ 이상 하강하여 3℃ 이하이고 평년값보다 3℃가 낮을 것으로 예상될 때, 아침 최저기온이 -12℃ 이하가 2일 이상 지속될 것이 예상될 때, 급격한 저온현상으로 중대한 피해가 예상될 때 통보된다.
- 한파경보 : 아침 최저기온이 전날보다 15℃ 이상 하강하여 3℃ 이하이고 평년값보다 3℃가 낮을 것으로 예상될 때, 아침 최저기온이 -15℃ 이하가 2일 이상 지속될 것이 예상될 때, 급격한 저온현상으로 광범위한 지역에서 중대한 피해가 예상될 때 통보된다.

되짚어 보기

제3장 재난의 이해 및 자연 재난

1. 재난의 정의를 간단하게 설명하시오.

해설 재난이란 '자연적 혹은 인위적 원인으로 생활환경이 급격하게 변화하거나 그 영향으로 인하여 단기간 생명과 재산에 큰 피해를 주는 현상'이다. 즉, 인간의 생명과 재산의 보존이 불가능할 정도로 생활환경을 위협하는 상황이 발생하는 사고나 상태를 말한다.

2. 자연 재난 및 인적 재난의 특성을 비교하여 설명하시오.

해설 자연 재난 및 인적 재난

특성	자연적 재난	인위적 재난
발생과정	돌발적	돌발적
충격 정도	강력	강력
피해의 가시성	통상 재난으로 인한 피해로 환경의 손상 초래	통상 가시적으로 피해가 나타나지 않는 경우 있음
예측 가능성	어느 정도의 예측 및 경고 가능	예측 불가능
상황의 전환점	구별이 가능한 전환점 존재하며, 이 시점 이후 시간 경과에 따라 상황이 개선되는 경향이 있음	분명한 전환점이 존재할 수도 있으나, 유독물질 사고의 경우 시간 경과에 따라 상황이 호전되지 않을 수 있음
통제에 대한 인식	통제 불가능으로 인식	통제 가능한 것으로 인식
영향의 범위	통상 재난의 희생자에 국한	직접 피해를 받지 않은 사람에게도 영향
영향의 지속성	비교적 단기간	단기간 또는 장기적 지속, 화학 및 유독물질 사고의 경우 장기적 영향

3. 재난관리 개념을 설명하시오.

해설 재난관리란 위험과 불확실성의 본질적 속성을 지니는 재난의 발생을 예방하고 위험을 최소화하며, 발생한 재난에 대하여 신속하고 효과적으로 대응하고 최대한 빠르게 정상 상태로 복구하기 위한 모든 측면을 포함하는 총체적인 개념으로서 재난의 잠재적 원인(위험)과 재난의 진행, 그리고 재난으로 인한 결과(피해)를 관리하는 것을 말한다.

4. 재난관리의 과장을 설명하시오.

해설 재난관리의 과정은 재난의 생애주기(Life Cycle)에 따라 예방 및 완화, 준비 또는 대비, 대응 그리고 복구의 4단계 과정으로 분류된다. 이러한 네 단계의 과정은 상호 단절된 과정이 아니라 상호 순환적 성격을 갖고 있으며, 완화·예방, 대비·계획, 대응, 복구의 과정은 시간적 활동 순서로써 각 과정의 활동 결과와 내용은 다음 단계의 활동에 영향을 미친다. 최종 복구 활동의 결과 및 노력 그리고 경험은 최초의 완화 단계의 활동으로 순환되어, 장기적인 재난관리 전체 과정이 하나의 관리체계 속에서 각각의 고유한 기능을 지니는 하위체제로서 작용하게 되고, 이 네 가지 과정이 통합 정리될 때 효과적인 재난관리가 이루어질 수 있다.

5. 재난관리의 방식을 두 가지로 구분하여 설명하시오.

해설 재난관리는 재난유형별 관리방식의 분산관리방식과 모든 재난에 대해 통합적으로 관리하는 통합관리방식으로 구분된다.

[1] 분산관리방식

- 풍수해, 폭설, 화재, 지진, 낙뢰, 폭발, 환경오염 등 재난의 유형별 다른 대응 방식을 설정하여 관리한다.
- 재난유형별로 계획된 재난 대응에 따라 책임기관도 각각 배정한다.
- 재난 발생 시 재난 대응 관련기관의 중복적인 대응으로 과잉 대응의 문제가 발생하여 현실적으로 재난 대응의 효율성이 낮은 방식이다.
- 우리나라에서는 분산관리방식을 유지하며, 일본, 중국도 이 방식을 유지한다.

이 방식의 장점 및 단점을 정리하면 다음과 같다.

- 다수의 부처 및 관련기관이 동원된다.
- 소관 부처 및 관련기관에 해당하는 재난에 대해서만 책임진다.
- 활동 범위는 재난유형별 특정 재난에만 해당한다.
- 정보 전달체계에 혼란이 일어날 수 있다.
- 재원 관리에서 중복되고, 과잉 및 누락 등과 같이 복잡성을 보인다.
- 재난 대응에 소방 외 대응조직이 없다.

[2] 통합관리방식

- 미국 연방위기관리청(FEMA ; Federal Emergency Management Agency)의 창설 근거로 제시되었다.
- 완화, 준비, 대응. 복구 활동의 단계로 재난에 대한 통합적 관리를 말한다.
- 통합적인 재난관리를 위해 재난정보의 통합적인 관리를 강조한다.

이 방식의 장점 및 단점을 정리하면 다음과 같다.
- 소수 부처 및 관련기관이 동원된다.
- 통합 관리되므로 모든 재난에 대하여 책임진다.
- 활동 범위는 재난 관련 모든 관리 활동에 해당한다.
- 재난정보관리가 효율적이다.
- 재원 관리가 간소하다.
- 재난 대응에 소방 외 통합적 지휘 통제가 용이하다.

6. 재난 예방 단계를 설명하고 예방 정책의 주요 목표를 설명하시오.

해설 재난의 예방 단계는 인간의 활동에 따른 인적·기술적 재난에 대하여 발생원인 및 가능성을 원천적으로 제거하고, 사전에 위험 자체를 막을 수 없는 자연적 재난에 대하여 취약한 요소를 사전에 제거하기 위한 대책이다. 그러므로 예방 단계는 자연 재난과 인위 재난으로부터 인간의 생명과 재산을 보호하기 위한 장기적 완화 또는 제거 대책을 수립하는 제반 활동을 수행하는 단계를 말한다. 재난 예방 정책의 세 가지 주요 목표는 다음과 같다.
첫째, 하천의 제방이나 방파제 등의 구조물을 설치하여 피해를 막거나 저감 시키는 방법으로 재해로 인한 위험의 성질을 변화시키려는 것이다.
둘째, 건물의 높이를 규제하거나 홍수방지시설의 설치를 통해 위험지역에 거주하는 주민과 시설을 보호하려는 방법으로 피해 우려가 있는 취약성을 감소시키려는 것이다.
셋째, 토지 사용 및 인구집중을 규제함으로써 위험지역에 대한 이용을 제한하려는 방법으로 재해위험에 대한 주민들의 노출을 감소시키려는 것이다.

7. 재난 대비 단계에 대하여 간단하게 설명하시오.

해설 재난 대비 단계는 재난에 대비하여 필요한 비상계획을 수립하고 훈련을 통해 재난 대응능력을 강화하는 단계이다. 재난이 발생하였을 때 이에 대한 대비를 개선시키고 재난 이후의 활동을 평가할 수 있도록 비상시 효과적인 대응능력을 향상시키기 위한 사전 준비 활동을 말한다.

8. 재난 대응 단계에 대하여 간단하게 설명하시오.

해설 재난 대응 단계는 재난 발생 직전과 직후 또는 재난이 진행되고 있는 동안에 행해지는 인명구조, 긴급 복구 활동을 총칭하는 개념으로 재난 발생 시 재난관리의 총체적 차원에서 재난을 파악・대응하는 통합 관리체계 확립을 통해 피해복구와 원조를 제공해야 한다. 대응 단계는 완화 단계와 준비 단계로 구분하여 상호 연계하여 더 이상의 피해가 발생하지 않도록 복구 단계에서 발생할 수 있는 문제들을 최소화시키는 재난관리의 행동을 말한다.

9. 복구 단계에 대하여 설명하고, 두가지로 구분하여 설명하시오.

해설 복구 단계는 재난이 발생한 직후부터 피해지역이 재난 발생 이전의 상태로 회복될 때까지 지원을 제공하는 지속적인 활동으로 피해지역의 원상복구를 위한 원조 및 지원활동을 말한다.

복구 단계는 단기적 응급 복구와 장기적 원상복구로 구분하는데, 단기적 응급 복구는 이재민들이 최소한의 생활을 할 수 있도록 임시 통신망 구축, 임시주택 건설, 쓰레기 처리, 전염병 통제를 위한 방제 활동 등이 해당된다. 이때 복구절차는 최대한 간소화하며 자연재난의 경우 해마다 집중적으로 악순환되는 재난이 발생하지 않도록 정보화에 힘써야 한다. 이러한 재난과 관련된 다양한 자료들을 통해서 사전에 재난을 예측 및 판단할 수 있기 때문이다. 장기적으로는 재개발계획과 도시계획 등의 과정을 거쳐 재난 발생 이전의 상태로 회복하는 것으로 향후 발생할 재해의 영향을 줄이거나 재발을 방지할 수 있는 좋은 기회가 되어 위기관리의 첫 단계인 재해 예방과 완화 단계가 순환적으로 연결된다는 점을 알 수 있다.

10. 자연 재난에 대하여 간단하게 개념과 정의를 설명하시오.

해설 자연 재난(natural disaster)이란 자연현상으로 인하여 발생하는 재해를 말하며, 다양한 형태의 원인과 결과에 따라 여러 가지 자연 재난으로 나눌 수 있다. 우리나라 자연 재난은 태풍, 홍수, 호우, 폭풍, 해일, 폭설, 가뭄, 지진, 황사, 적조 그 밖에 이에 준하는 자연현상으로 인하여 발생한 피해로 정의하고 있다.

11. 자연 재난은 크게 두 가지 현상에 의하여 발생하는데 이를 간단하게 설명하시오.

해설 자연 재난의 발생은 기상현상과 지구의 지질작용으로 발생한다. 즉 자연 재난은 지진 및 화산 활동 등에 의한 지질재난과 기상 요인에 의한 기상재난으로 구분된다. 우리나라의 경우 대부분 발생하는 자연 재난은 기상현상에 의해 발생하는 기상재난에 해당한다.

12. 태풍의 정의를 간단하게 설명하시오.

해설 태풍은 세계기상기구(WMO)에서 열대저기압 중 중심 부근의 최대풍속이 33m/s 이상인 것을 태풍(TY), 25~32m/s인 것을 강한 열대 폭풍(STS), 17~24m/s인 것을 열대 폭풍(TS), 그리고 17m/s 미만인 것을 열대저압부(TD)로 구분하여 정의한다. 우리나라와 일본에서도 태풍을 이와 같이 구분하지만, 일반적으로 최대풍속 이 17m/s 이상인 열대저기압 모두를 태풍이라고 한다.

13. 태풍의 발생과 특징을 간단하게 설명하시오.

해설
- 대체로 수온이 27' 이상의 해면에서 발생한다.
- 대기의 상태가 따뜻하고, 수증기가 많고, 매우 불안전할 때 발생한다.
- 우리나라의 경우 주로 7~10월에 발생한다.
- 중심 부근에 강한 비바람을 동반한다.
- 보통 육지에 상륙하면 속도가 느려지고 위력이 급속히 감소한다.
- 태풍 발생 초기에는 대체로 서북진하다가 북상하면서 편서풍을 타고 북동진한다.
- 강한 폭풍우의 범위는 중심에서 200~500km 정도이며 중심으로 갈수록 기압은 하강하고 풍속은 증가하나 중심 부근에는 바람과 구름이 없는 지역인 '태풍의 눈'이 위치한다.

14. 우리나라 호우의 발생과 특징을 간단하게 설명하시오.

해설 우리나라의 집중호우는 고온 다습한 북태평양 고기압과 차고 습한 오호츠크해 저기입이 충돌하는 동안 형성되는 적란운(뇌운)에 의해 발생한다. 장마전선이나 태풍은 기압과 고기압 가장자리의 불안정으로부터 발생하기도 하며, 오호츠크기단과 북태평양기단이 정체되어 넓은 지역에 강우가 발생한다.

15. 호우의 통보를 간단하게 설명하시오.

해설 - 호우주의보는 24시간 강우량이 80mm 이상 예상되고 재해가 일어날 우리가 있을 때 통보된다.
- 호우경보는 24시간 강우량이 150mm 이상 예상되고 재해가 일어난 우려가 있을 때 통보된다

16. 홍수의 정의와 발생을 간단하게 설명하시오.

해설 강이나 하천의 물이 범람하여 주변 지역에 침수 피해 등을 입히는 재해로 정의할 수 있다. 홍수의 발생과 특징으로 단기간의 집중호우나 장기간 지속적으로 내리는 강우의 결과로 발생하며, 봄에 기온이 급격히 상승하여 겨울철에 쌓였던 눈이 일시에 녹을 때에도 발생한다.

17. 강풍의 정의를 간단하게 설명하시오.

해설 태풍이나 발달한 저기압 등의 영향으로 바람이 매우 강해 심각한 피해를 발생시키는 기상상태로 정의할 수 있으며, 기상특보 측면에서 볼 때 육상에서 부는 강한 바람(최대풍속 13.9m/s)을 말한다.

18. 풍랑과 너울의 차이를 간단하게 설명하시오.

해설 - 풍랑은 파고가 10m 이상, 파장이 200m 정도이다.
- 너울은 어느 해역에서 발생한 풍랑이 다른 지역으로 전파된 물결인데, 너울은 풍랑과 달리 봉우리가 둥글고 비교적 규칙적이며 파장이 긴 것은 300~400m 이상이다.
- 풍랑과 너울을 총칭하여 파랑이라고 한다.

19. 산사태의 정의를 간단하게 설명하시오.

해설 산의 일부를 이루고 있는 암석이나 토양 등 지표상의 지반재료가 경사면을 따라 급격하게 무너져 내리는 현상으로 정의할 수 있다. 산사태는 태풍이나 장마철에 주로 급경사지에서 발생한다.

20. 가뭄을 분류하고 간단하게 설명하시오.

해설
- 기후학적 가뭄 : 사용 가능한 물로 전환된 강수량이 기후학적 평균에 미달하는 것을 의미한다.
- 기상학적 가뭄 : 강수량을 중시한다는 점에서 기후학적 가뭄과 같으나 강수량 외에 증발량, 증산량 등을 고려한다는 점에서 차이가 있으며 각 나라별 상황에 따라 정의가 다르게 적용된다.
- 수문학적 가뭄 : 흔히 단순한 물 부족 현상을 수문학적 가뭄이라 하기도 하며 수문학적 가뭄은 가뭄이라고 하기보다는 물 부족이라 함이 타당하다.
- 농업적 가뭄 : 농작물 성장에 필요한 토양수분이 확보되지 못하는 것을 의미하므로 토양수분에만 의존하여 결정된다.

21. 폭염의 발생 원인을 쓰고 간단하게 설명하시오.

해설
- 지구온난화 : 온실가스 배출 증가에 따른 지구온난화로 향후 100년간 최대 섭씨 6° 이상 상승할 것으로 전망한다.
- 엘니뇨 현상 : 엘니뇨 해류에 의한 태평양의 에너지 분포와 대기 흐름 변화로 북태평양 고기압이 수축 또는 팽창되면서 발생하는 이상기후 현상을 말한다.
- 티벳 고원의 적설량 : 아시아 대륙의 서쪽에 위치한 티벳 고원의 적설량과 우리나라 여름철 기온이나 강수량은 밀접한 상관관계가 있다.
- 열섬현상 : 콘크리트나 아스팔트 구조물은 낮의 태양열에 쉽게 달구어지며 밤에 열을 서서히 방출하는 현상으로 다른 지역보다 건축물이 밀집되어 있는 도심지역에 많은 영향을 준다.

22. 지진의 규모와 진도의 정의를 간단하게 설명하시오.

해설 - 지진의 규모 : 지진으로 방출되는 에너지를 지진계로 측정한 크기를 말한다.
- 진도 : 지진으로 인해 땅이나 사람 또는 다른 물체들이 흔들리고 파괴되는 정도를 미리 정하여 등급으로 나타낸 것을 말한다.

23. 해일의 종류를 쓰고 간단하게 설명하시오.

해설 - 지진해일 : 해저지진이나 해저화산의 폭발 또는 해저 산사태 등이 발생하면 그 파동으로 인한 긴 파도가 해안에 밀려오는데 이를 지진해일(쓰나미)이라 한다. 지진해일은 육지에 가까이 밀려올수록 파도가 높아져(연속방정식 등) 해안 지방에 큰 피해를 준다.
- 폭풍해일 : 태풍이나 저기압 중심에 접근할 때 고기압과 저기압의 차이로 인하여 강한 바람이 해안을 향해 불어오면 해안지대의 해면이 높아져 일어나는 해일이다.
- 빙하해일 : 빙하의 붕괴로 발생하는 해일이다.

24. 대설의 통보에 대하여 설명하시오.

해설 - 대설주의보 : 24시간 신적설량(특정한 기간에 새로 내려 쌓인 눈의 깊이)이 5cm 이상 예상될 때 통보된다.
- 대설경보 : 24시간 신적설량이 20cm 이상 예상될 때 통보되는데, 다만 산지는 30cm 이상 예상될 때 통보된다.

25. 한파 현상을 설명하시오.

해설 한파는 저온의 한랭기단이 위도가 낮은 지방으로 몰아닥쳐 급격한 기온의 하강을 일으키는 현상으로 우리나라는 서고동저의 전형적인 겨울형 기압배치에 있을 때 북서 계절풍이 강하게 불고 영하의 추운 날씨가 전국에 몰아닥쳐 한파 현상이 발생한다.

제4장
홍수

4.1 우리나라에서 과거 발생한 대홍수

4.1.1 1980년대 이전

(1) 1920년

중부지방에 7월 초부터 강력한 장마전선의 영향 등으로 7월 상순 내내 강우를 기록하였으며, 7월 7일에는 110.4mm를 기록하였다. 이외의 날들도 20~50mm의 강우가 연이어 내렸기 때문에 큰 홍수 피해가 발생하였다. 이후 7월 중하순에 접어들면서 다시 서울지역에 7월 19일의 일강수량이 104.0mm로 7월 초만큼의 강우를 기록하였다. 7월 하순은 큰 더위 없고 비도 거의 내리지 않는 평범한 여름 날씨를 보였지만 8월이 시작되면서 엄청난 폭우가 내리기 시작, 8월 1일부터 3일까지 535.7 mm의 강우가 집중되었다. 8월 2일에는 서울에서 일강우량이 354.7mm를 기록하여 서울의 일강수량 순위 역대 1위에 올랐으며 공식 기록으로는 무려 100년 이상 깨지지 않고 있다. 하지만 2022년 중부권 폭우 사태로 인해 서울 동작구에서 381mm의 강수량을 찍으며 기록(비공식)을 경신했다.

4.1.2 1980년대

1980년대에는 1981년, 1984년, 1987년, 1989년에 홍수가 발생하였으며, 이 중에서 1984년과 1987년 중부지방 대홍수를 간략하게 정리하면 다음과 같다.

(1) 1984년

중부지방에 정체전선으로 인하여 3일 동안 중부지방에 집중호우가 발생하였다. 1984년 8월 비구름을 몰고 한반도에 상륙한 태풍 '준'이 8월 31일부터 9월 2일까지 서울과 경기도, 강원도 등 중부지역에 시간당 50 mm의 집중호우를 뿌렸다. 9월 1일 하루만에 서울에 268.2 mm의 비가 내려 이 당시 기상 관측 이래 서울 1일 최고 강수량 기록을 경신했다. 또한 속초에도 이 때 3일간 650 mm의 비가 내리는 등 중부지역을 비롯한 전국 대부분 지역에 집중호우가 쏟아졌다. 중부권 곳곳에서 200 mm가 넘는 폭우로 건물, 도로, 지하시설, 농경지 침수와 산사태가

[그림 4.1] 1984년 서울 풍납동 홍수 피해

발생했다.

당시 소양강댐은 한계 수위가 198m인데 이때의 폭우 사태로 197.79m까지 수위가 올랐다고 한다. 콘크리트 댐이라면 댐 월류가 발생되어도 어느 정도 안정성이 있으나, 소양강댐은 자갈과 모래를 활용한 사력댐이므로 수위가 한계치를 초과하는 순간 댐 전체가 붕괴되어 댐의 저류수가 서울 등 수도권으로 유입될 수 있는 위험성이 있었다.

(2) 1987년

1984년에 이어 3년만에 중부지방에서 집중호우가 발생하였다. 1987년 7월 27일에 서울과 인천을 중심으로 수도권 곳곳에서 200mm가 넘는 집중호우가 쏟아졌는데 서울은 294.6mm, 인천이 302.5mm의 강우량으로 결국 수압을 못 이긴 중랑천, 안양천, 탄천 등 인근 지류 하천의 수문과 옹벽이 붕괴되면서 범람했다. 이는 1945년 해방 이후 처음으로 찾아온 가장 강력하고 혹독했던 홍수로 기록되어 있다. 그러나 수도권 치수시스템의 부실함과 기상예보의 오보 등으로 피해가 가중되었다는 대표적인 인재(人災)로도 꼽힌다.

1925년 을축년 대홍수 이후 약 60년 만에 한강 수위가 10m를 넘었고 그 결과 서울을 비롯한 수도권 지역들은 흙탕물로 가득한 물바다가 되고 말았다. 특히 풍납동, 성내동, 망원동 등은 웬만한 집이 대부분 침수되었다.

실제로 한강이 범람하여 영등포역과 용산역 일대까지 물이 가득 차올랐었는데 당시 잠수교는 13.70 m란 수위를 기록했는데 이 기록은 지금까지 깨지지 않고 있다. 이 홍수로 20만여 명의 이재민이 발생했는데 그 중 서울에서만 10만여 명의 이재민이 발생했다. 인명피해는 사망 189명, 실종 150명. 또한 침수된 주택의 수는 2만 채를 훌쩍 넘어섰다.

당시 가장 큰 문제점은 서울의 치수 시스템이 주먹구구식으로 부실하였다는 점과 기상예보가 예측에 실패한 점이었다. 특히 7월 27일 5시부터 1시간 동안 50mm에 가까운 폭우가 쏟아졌는데 그때까지 서울에는 어떠한 기상특보도 발효되지 않았고 집중호우가 발생하고 난 후 호우경보가 발령돼 논란이 되었다. 수도권뿐만 아니라 충청권, 강원권도 폭우가 내렸는데, 특히 충남 서천에서는 600mm가 넘는 기록적인 강수량을 가록하였다.

4.1.3 1990년대

1990년대에는 1990년, 1991년, 1995년, 1996, 1997, 1998, 1999년에 홍수가 발생하였으며, 1995년이후로 매년 발생하였던 것을 알 수 있다. 이 중에서 1990년, 1996년, 1998년 대홍수를 간략하게 정리하였고, 1995년 대홍수 사례는 다음 절에서 상세한 분석을 통한 사항을 정리하였다.

(1) 1990년

1990년 서울의 연강수량이 역대 1위(2,355mm)를 보였는데, 6~7월 장마에도 집중호우가 발생하였지만 특히 9월의 집중호우가 크게 발생하였다. 1990년 9월 중국에 상륙한 제17호 태풍 '도트'가 서울 상공을 통과하는 저기압과 연결되면서, 9월 9~11일에 걸쳐 한강을 중심으로 한 중부지방에 집중호우가 내렸다. 이 기간에 경기도 수원시에는 529.5mm, 이천군에는 581.2mm의 강우량이 기록되었다. 주로 경기 남부를 중심으로 해서 집중호우 피해가 발생했다.

[그림 4.2] 1990년 9월 서울 홍수 피해

가장 큰 피해는 한강 하류 부근 경기도 고양군 일대에서 발생했다. 원래 고양 일대는 수도권에서도 손꼽히는 저지대라서 여름이 되면 홍수 피해가 잦은 지역이었는데 이 당시 폭우로 한강의 수위가 기록적 수준으로 높아지면서 고양군 지도읍 신평리(現 고양시 덕양구 신평동)의 한강 제방이 무너지는 바람에 평야 지대에 위치한 능곡과 일산(신도시 개발 이전의 옛 일산) 등은 물론 서울 지하철 3호선 구파발역까지 물에 잠겨 5만 명 이상의 이재민이 발생하였다.

한강의 일부 지류에서도 홍수가 발생하여 안양천 쪽의 광명시와 왕숙천 쪽의 구리시 등 수도권 곳곳이 침수 피해를 입었다. 왕숙천에서 많은 양의 부유물이 떠내려와 당시 건설 중이던 강동대교를 덮쳐, 교량 일부가 유실되는 피해를 입기도 했다. 당시 붕괴되었던 고양군 지역의 한강 제방을 견고하게 복구하면서 고양과 파주 등 경기도 서북지역 개발에 대비하고자 제방 위에 간선도로를 지었는데 이것이 현재의 자유로다.

(2) 1996년

1996년 7월 26~28일에 걸쳐 경기도 북부(파주시, 연천군 등)와 강원도 북부(철원군, 화천군, 춘천시, 인제군 등)에 집중호우가 쏟아졌다. 심지어 북한 지역의 황해남도, 황해북도, 강원도도 거의 궤멸적인 피해를 주었다. 철원군의 경우 7월 26~27일 단 2일만에 492.8mm의 집중호우가 쏟아졌다. 전방 군부대 쪽에 많은 피해가 발생하였는데, 특히 군부대가 있는 곳은 대체로 계곡부에 위치하여 다수의 군부대 막사가 산사태로 매몰되는 참사가 발생하였으며, 사망·실종된 군인 수만 60여 명에 달했다.

또한 집중호우가 한탄강과 임진강으로 흘러들었고, 한탄강 하류에 있던 작은 규모의 연천댐이 붕괴되면서 임진강 하류의 문산 일대에 피해를 주었다. 저지대에 시가지가 있던 문산은 약 3m 깊이로 침수되었고, 시가지 전체가 거의 초토화되는 피해를 입었다. 붕괴된 연천댐은 철거되었고, 현재는 그보다 약간 상류에 훨씬 더 큰 규모의 한탄강댐을 건설하였다.(2016년 완공). 다만 댐이 완공될 때가 되니 이번엔 몇 년째 극심한 가뭄이 이어지고 있어서 본래 홍수조절만을 위해 건설되는 댐의 용도를 가뭄 대비도 가능한 다목적댐으로 변경해 달라는 요구가 있었다.

(3) 1998년

1998년 7월 31일 지리산 집중호우로 인한 참사로 시간당 100mm가 넘는 폭우가 오면서 당시 홍수 피해의 시작을 알렸다. 수도권에선 7월 31일부터 이후 8월 한 달 내내 집중호우가 끊임없이 계속되었고, 200mm 이상 비가 쏟아져서 수도권에 엄청난 비 피해가 발생했다. 특히 그 중에서 서울의 경우, 8월 8일에는 무려 332.8mm의 강우량을 기록하는 등 약 13일간 거의 매일 강우가 발생하였다. 특히 8월 8일에는 집중호우로 1987년 이후 11년만에 서울의 3대 하천인 중랑천, 안양천, 탄천이 범람하였고 한강이 범람 위기에 놓이는 등 서울을 비롯해서 수도권 도시내에 침수와 산사태 피해가 잇달았다. 1998년 8월 서울의 누적 강수량은 1237.8mm이며 평년값으로 서울의 1년 강수량과 유사한 수준이었다. 또한 이외의 달도 강우가 잦으며 일조시간도 적어 이 해 서울의 연 강수량은 2349.1mm로 역대 2위이다. 1998년의 폭우 피해는 9월의 태풍 예니의 피해와 함께 사망 및 실종 324명, 재산 피해 1조 2487억 원을 기록했다. 당시의 집중호우는 특히 좁은 지역에 시간당 100mm에 가까운 엄청난 집중호우가 단시간 쏟아지는 특징을 보여 게릴라성 집중호우라는 신조어를 낳기도 했다.

4.1.4 2000년대

2000년대에는 2000년, 2001년, 2002년, 2006년에 홍수가 발생하였다. 이 중에서 2002년, 2006년 대홍수를 간략하게 정리하였다.

(1) 2002년

2002년 8월 3일부터 8월 8일까지 중부지역에 기록적인 폭우가 내려 수많은 피해가 발생했는데 그중에서 8월 집중호우는 강원도의 피해가 가장 컸다. 원주는 305.0 mm라는 기록적인 수치의 집중호우가 내려 가장 막대했으며 영서 지역에서 도로, 건물, 지하 시설, 농경지에 대한 침수가 많이 발생했다. 더군다나 영서 지역은 산이 높고 험준하여 이에 따른 산사태로 도로가 막히는 바람에 교통마비가 발생하였다. 이후 태풍 루사로 인해 대관령에 721.5mm, 강릉에 870.5mm의 집중호우로 영동 지역에 피해 주는 등 강원도에서 집중호우로 피해를 입은 지역이 많았다.

[그림 4.3] 2002년 태풍 루사 피해

(2) 2006년

2006년에는 7월에 집중호우가 발생하였으며, 12일에 경기 고양 주교에는 무려 399.0mm, 같은 날 서울에도 226.5mm의 집중호우가 발생하였다. 이후에도 서울 기준 15일 69.0mm, 16일 241.0mm, 27일 195.0mm, 28일 88.0mm 등 한달 내내 집중호우가 계속되었다. 서울의 월강수량은 1,014.0mm로, 2000년대 들어 월강수량 중 두 번째로 많았다. 또한, 이 기간 일조시간은 서울 기준 34.3시간에 불과했다.

4.1.5 2010년대 이후

2010년대 이후에는 2010년, 2011년, 2014년, 2016, 2017, 2018, 2020, 2021, 2022, 2023, 2024년에 집중호우 및 홍수가 발생하였다. 이 중에서 2010년, 2024년 홍수를 간략하게 정리하였다.

(1) 2010년

중부지방, 특히 서울지역을 기준으로 과거 1990년, 1998년 수준의 엄청난 폭우가 내렸고 연강수량이 기록적으로 크게 나타났다. 2010년 9월 추석 무렵에는 앞서 서술한 1984년, 1990년 수준의 폭우가 내렸는데, 2010년은 엘니뇨 모도키라는 변종 엘니뇨로 인하여 2010년 1월 이후 5월까지 심한 이상 저온이 이어지고 잦은 비로 일조시간이 부족했다. 남부지방에서는 7월 초중순에 집중호우가 시작되었으며, 2010년 8월 한 달 동안 서울지역은 거의 매일 비가 내려 강우 일수가 무려 24일로 1, 3, 8, 9, 17, 19, 21일을 제외하고 모두 강우가 기록되었다. 이후 태풍 므란티가 소멸된 온대저기압의 영향으로 2010년 9월 9일부터 12일까지 4일 동안 쉬지 않고 특히 야행성으로 강한 폭우가 내렸다. 한강이 다 잠겨서 잠수교도 통제되고 밤마다 집중호우가 내렸으며, 특히 강화도는 9월 9일에 250mm가 내렸다. 12일에는 남부 지방으로 비구름이 내려가면서 남부 지방에 가을 호우로 농사 피해를 주었다. 이후 9월 21일 낮부터 수도권지역에 갑작스런 집중호우가 내려 큰 침수 피해가 발생했다. 주로 서울, 인천, 경기도 부천 등 수도권 남서부 지역에서 집중호우가 시작되어 수도권 전역으로 확산되었고, 광화문 광장, 강남역 등 주요 도심지에서도 큰 침수 피해가 속출하였다. 서울 전 지역에서 시간당 100mm가 넘는 등 이날 하루 259.2 mm의 집중호우가 내렸다. 당시 기준 9월 강수량으로는 1907년 관측 시작 이래 가장 많은 비가 내린 것으로 기록되었다.

(2) 2024년

2024년에는 6월부터 정체전선이 좁은 지역에 강우가 집중되는 양상을 보였으며, 이로 인해 같은 지역이어도 강우량 차이가 극단적으로 큰 경우가 매우 많았다. 단기간에 많은 비를 퍼붓는 것이 특징인 게릴라성 집중호우로 시간당 100mm이상 강우량이 기록되었다. 장마기간동안 특히 중부권 경기북부를 중심으로 매우 큰 강우량이 기록되었는데, 경기 파주에는 900.9mm, 철원 803.0mm, 강화 641.6mm 등이 기록되었다. 특히 파주는 7월 17~18일 단 이틀 동안 무려 600.9mm 가 쏟아졌다. 서울도 장마기간 강우량이 627.8mm로 평년보다 매우 컸으며, 7월 강수량도 557.3mm을 기록하며 평년보다 약 35%가량 더 많았으며 이로 인한 침수피해가 컸다.

4.2 1995년 중부지방 홍수

우리나라의 홍수 사례 특히 과거(1980년대 ~1990년대) 중부지방 대홍수 사상은 1984년 8월과 1990년 9월, 1995년 8월에 발생하였다. 1995년 8월 중부지방 대홍수에 대한 한국건설기술연구원 수자원연구실에서 발간한 내용을 근거로 우리나라의 홍수사상에 대한 사례를 정리하였다.

4.2.1 강우

당시 우리나라는 지난 1995년 7월말까지 1994년 여름에 극심한 더위와 함께 전국적으로 가뭄이 심화되고 있었으며, 주로 영호남 지역에 국한되었던 가뭄이 중부지방까지 확산되어

한강은 예년의 73%, 금강은 예년의 54%에 해당하는 강우량을 보이고 있었다. 그러나, 8월 중순 이후, 특히 8월 23일부터 내린 집중호우는 한강을 비롯한 금강, 안성천, 삽교천 등 중부지방에 큰 홍수 피해를 가져왔다. 일부 지역에서는 이 기간에 내린 강우량이 7월까지의 강우량을 초과하기도 하였고, 보령지역에서는 최대 일강우량이 362mm에 달하기도 하였다.

[그림 4.4]는 8월 23일부터 27일까지의 강우 상황을 도시한 것으로, 지역적으로 보면 보령을 비롯한 금강하류, 삽교천, 안성천 유역에 400mm이상의 집중호우가 내렸으며 북한강 일원에 400mm, 남한강 일원에 300mm 안팎의 강우를 보였고 영호남 지역은 100mm미만의 강우가 내렸다. 특히, 이 기간에 포항 등지에는 비가 전혀 오지 않아 대조적인 모습을 보였으며, 이들 지역은 1994년에 이어 지속적인 가뭄 피해를 입고 있다. 1995년 초부터 7월까지 한강유역에 내린 강우량은 521mm에 불과하였으나, 호우기간인 8월 17일부터 27일까지 11일 동안에 내린 강우량은 554mm로서 7월까지의 강우량을 초과하였다. 금강유역의 경우는 7월까지의 강우량이 401mm이었으나 호우기간의 강우량이 337mm로서 7월까지의 강우량의 84%에 해당된다. 특히 보령 지역에서 23일부터 26일까지 4일동안 내린 비의 양은 624mm를 기록하였다.

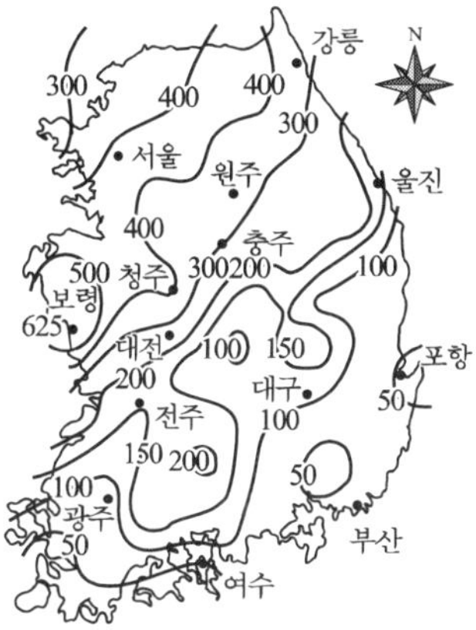

[그림 4.4] 강우현황(1995년 8월 23일~27일)

집중호우의 원인은 중부지방에 정체되어 있던 기압골에 기인하며, 8월 20일까지 한반도에 걸쳐 있던 기압골은 북한 지방에 많은 비를 뿌리고 다소 소강상태를 보이다가 다시 23일에 서해를 중심으로 발달하여 24일부터 26일까지는 한반도에 정체되었다. 이처럼 장기간 기압골이 움직이지 않고 정체되었던 이유는 오오츠크해 기단과 북태평양 고기압이 한반도 주변에 계속 머물렀기 때문이다. 예년의 경우, 북태평양 고기압은 8월 중순부터 세력이 약해지면서 남하하여 남부지방에 비를 내려야 하지만 금년은 북태평양 고기압의 세력이 강해 한반도 주변에서 움직이지 않고 있었다. 특히 비가 가장 많이 왔던 8월 25일의 경우를 보면 한반도의 북쪽과 남쪽에 고기압 세력이 대치하여 있고 기압골이 중부지방에 걸쳐 있으며, 제7호 태풍인 재니스가 북상하고 있는 것을 알 수 있다. 이번 집중호우의 위력을 크게 한 것은 태풍의 영향도 있었는데, 태풍 재니스는 8월 27일 해주지방으로 상륙하여 직접적인 피해를 입히지는 않았지만 태풍이 북상하면서 중부지방에 걸쳐 있던 기압골에 수증기를 공급하여 집중호우 기간에 많은 비가 오게 되었다.

[표 4.1] 중부지방의 7월까지 누가강우량과 집중호우 기간의 강우량 비교(기상청)

유역	1월 ~ 7월	8월22일 ~ 27일	8월17일 ~ 27일
한강	521mm	375mm (72%)	554mm (106%)
금강	401mm	230 mm (57%)	337mm (84%)

중부지방에 큰 피해를 입힌 집중호우는 8월 23일부터 27일까지 5일 동안에 내린 것이며, 특히 24일과 25일에 집중적으로 내렸다. 그러나 이러한 집중호우가 발생하기 직전인 19일과 20일에 걸쳐서 중부지방에는 100mm 이상의 선행강우가 내렸으며 안성천과 삽교천 유역에는 235mm의 강우가 있었다. 이 비로 인하여 유역은 충분히 젖어 있었는데 미토양보전국(SCS, Soil Conservation Service)에서 기준으로 하고 있는 선행토양함수조건(AMC, Antecedent Soil Moisture Condition)으로 표현하자면 AMC-Ⅲ에 해당하여 동일 강우에 대한 유출이 크게 발생할 수 있는 조건을 갖추게 되었다. 이러한 상황에 다시 22일부터 27일까지 한강은 375mm, 금강은 230mm, 안성천과 삽교천은 429mm의 비가 내려서 많은 피해가 발생하였다. 집중호우기간의 유역별 지점별 강우량을 [표 4.2]에 나타내었다. 이 기간 동안에 가장 많은 비가 온 날을 지점별로 보면 한강 유역 25일(107mm), 금강 유역 25일(108mm), 안성천/삽교천 23일(163mm). 소양강댐 24일(133mm), 충주댐 25일(123mm), 보령 25일(362mm), 청주 25일(293mm), 서산 23일(236mm), 부여 25일(197mm), 아산 25일(193mm) 등이다. 이 중에서 청주 지역에 내린 일강우량 293mm는 한국확률강우량도(건설부, 1988)에 따르면 재현기간 100년에 해당하는 매우 큰 값이며, 보령 지역의 362mm도 재현기간 50년에 해당하는 양이다.

[표 4.2] 중부지역의 집중 호우 현황(기상청) [단위:mm]

유역	8월 17일 ~ 21일	8월 22일 ~ 27일
한강	179	375
금강	107	230
안성천/삽교천	235	429
소양강댐	197	407
충주댐	113	284
대청댐	65	136

4.2.2 수위 및 유출

[1] 한강 주요 지점의 수위

■ **인도교(한강대교, 한강본류)지점**

1995년 6월 당시 홍수 시 인도교(한강대교)지점의 수위 변화는 [그림 4.5]와 같다. 인도교지점의 수위는 한강 홍수의 규모를 나타내는 지표가 되기 때문에 관심도가 높은 지점이다. 수리학적으로 인도교지점은 유량의 크기에 따라 서해 조위의 영향을 받기 때문에 매우 복잡한 흐름 형태를 보인다.

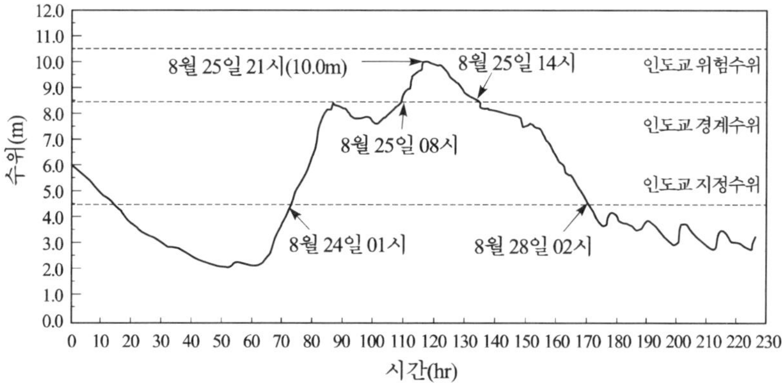

[그림 4.5] 1995년 8월 20일~30일 홍수 시 인도교지점의 수위변화

그림에서와 같이 홍수 시 인도교 수위는 경계수위인 8.5m를 훨씬 넘어 순간적으로 위험수위인 10.5m에 근접하여 시민들이 침수 피해를 우려하였으나, 수위는 10.0m 첨두를 보인 이후로 감소하였다. 이와 같은 수위변화를 과거 대표적인 두 개의 홍수사상(1984년 8월 홍수와 1990년 9월 홍수)과 비교하면, 1990년 9월 홍수 시 인도교의 첨두수위 11.27m, 1984년 8월 홍수 시 첨두수위 11.03m 등과 비교해 보면 이번 홍수의 첨두수위는 10.0m로 최대수위는 아니나, 1970년대 이후 4번째 크기의 홍수에 해당한다. 인도교 지점의 최대수위는 [표 4.3]과 같다. [표 4.3]에서 유의해야 할 것은 이러한 단순한 수위의 비교가 반드시 홍수의 크기를 대변할 수 있는 것은 아니라는 것이다. 유역의 상황이 변하지 않는다면 이러한 수위비교는 큰 의미가 있겠지만, 댐과 같은 거대한 하천구조물이 설치되고 유역의 상황도 많이 달라진 상황에서는 큰 의미를 가지지 못할 수도 있다. 한강 유역에는 1985년에 충주댐이 건설되었기 때문에 이 시점을 기준으로 홍수의 크기를 산정하는 것이 더욱 타당하다 하겠다. 이러한 상황에서 보면 이번 홍수는 1990년 9월 홍수에 이어 두 번째로 큰 홍수이다.

[표 4.3] 인도교 지점의 최대수위

순위	발생년월일	수 위(m)	유량 (톤/초)
1	25.7.18	12.26	34,400
2	90.9.11	11.27	30,500
3	72.8.19	11.24	30,000
4	84.9. 2	11.03	29,000
5	65.7.16	10.80	26,000
6	66.7.26	10.78	25,900
7	36.8.12	10.56	24,400
8	40.7.21	10.41	23,600
9	35.7.23	10.17	22,100
10	36.8.29	10.15	22,000
11	20.7. 9	10.10	21,000
12	95.8.25	10.00	27,100
13	20.8. 2	9.86	20,400
14	22.7.30	9.80	20,100
15	40.9. 4	9.60	19,000

■ 여주대교(남한강) 지점

여주대교는 남한강의 수위 변화를 대표하는 지점이며 부근에 여주군 여주읍이 인접하여 위치하고 있으므로 홍수예보에서 매우 중요한 지점이다. 홍수 시 여주대교의 수위는 위험수위인 9.5m를 훨씬 넘어 8월 25일 18시에는 10.6m까지 상승하여 하천 인근에 많은 침수피해가 발생하였다. 과거 1984년 8월 홍수와 1990년 9월 홍수 시의 여주대교 수위를 이번 홍수와 비교하면 [그림 4.6]과 같은데 1995년 8월 홍수 시 발생한 수위가 사상 최대임을 알 수 있다.

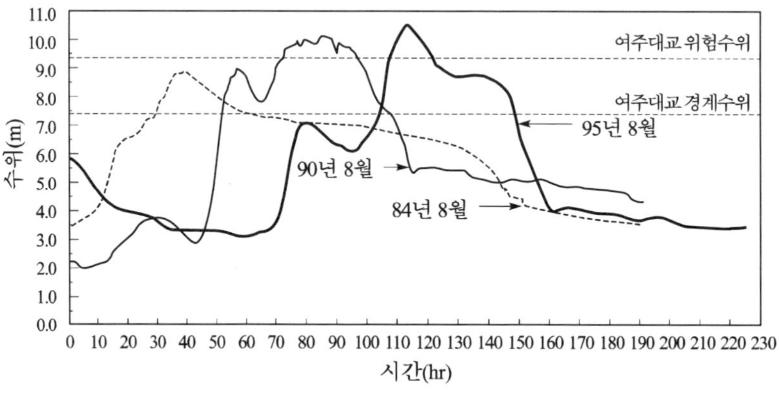

[그림 4.6] 여주대교의 1995년 홍수와 과거 홍수사상 비교

■ 청평댐(북한강) 지점

청평댐은 북한강 수계의 많은 댐 중 최하류의 댐으로서 청평댐 방류량은 북한강 수계의 홍수를 파악할 수 있는 하나의 기준이 될 수 있다. 1995년 8월 홍수 시 나타난 청평댐의 방류량과 과거 홍수 시 나타난 방류량을 비교하면 [그림 4.7]과 같다.

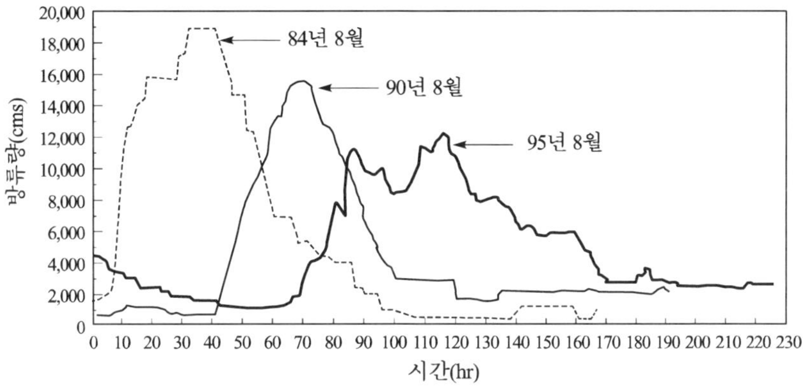

[그림 4.7] 청평댐의 1995년 홍수와 과거 홍수사상 비교

[그림 4.7]에서 알 수 있는 바와 같이 북한강 수계는 남한강과는 달리 이번 홍수의 규모가 비교적 크지 않음을 알 수 있다. 즉, 남한강의 유출은 [그림 4.6]에서 보는 바와 같이 사상 최대였으나 북한강의 유출은 과거 홍수보다 작게 나타났다는 것이다. 또한 그림에서 특이한 사항은 1984년과 1990년 홍수 시에는 단일 첨두가 형성되어 첨두유량이 컸었지만 이번 홍수 시에는 상류댐의 조절에 의해 두 번의 첨두가 형성되어 과거 홍수보다 작아졌다는 것이다.

■ 잠수교(한강본류) 지점

잠수교의 수위는 인도교와 더불어 홍수예보 시 매우 중요한 역할을 한다. 잠수교는 많은 차량이 통행하고 있기 때문에 침수될 경우 직접적인 홍수위험보다는 일반시민들이 차량 통행의 불편으로 인한 간접적인 피해가 큰 지점이다. 그러므로 잠수교의 침수와 부상은 홍수예보에서 매우 중요한 역할을 한다. 이번 홍수 시 나타난 잠수교 수위와 과거 홍수 시의 수위를 비교하면 [그림 4.8]과 같다.

잠수교 지점의 첨두수위는 과거 두 홍수보다 작지만 침수시간은 1984년 홍수 시 112시간, 1990년 홍수 시 72시간인데 비해 100시간으로 매우 길었다. 또한 잠수교의 수위는 침수나 부상 시 서해 조위영향을 받기 때문에 예보 시 많은 어려움이 있다. 1976년부터 1994

년까지 잠수교는 총 47회 침수되어 연평균 2.6회 정도 침수된 바 있다. 1995년에는 8월 31일까지 모두 4회 침수되어 예년 평균을 넘어섰다.

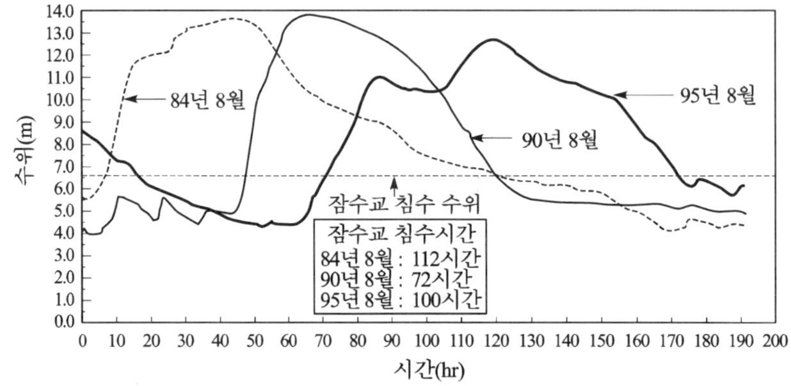

[그림 4.8] 잠수교의 '95년 홍수와 과거 홍수사상 비교

[2] 한강 각 지점의 수위 및 댐 방류량 변화 양상

■ 한강본류 각 지점의 수위 변화 양상

한강본류의 잠수교, 인도교, 전류 지점의 수위 변화와 인천의 조위를 비교하면 [그림 4.9]와 같다.

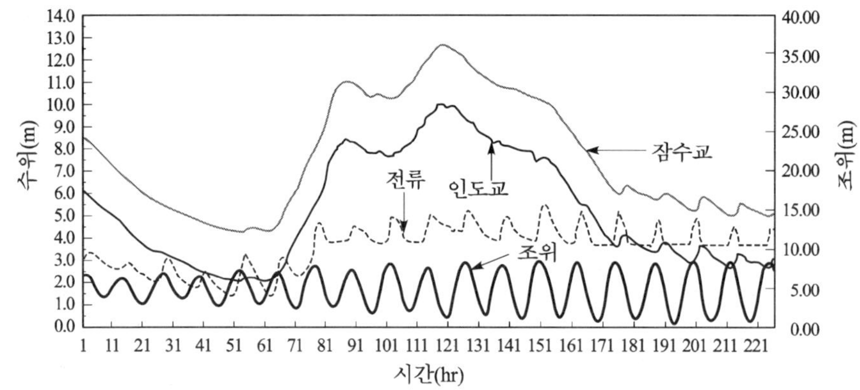

[그림 4.9] 1995년 홍수 시 한강본류의 수위와 인천 조위의 비교
(8월 21일 01:00 ~ 8월 30일 10:00)

[그림 4.9]를 통해 홍수 시 조위의 영향을 알 수 있는데 유량이 클 때에는 인도교나 잠수교는 거의 조위의 영향을 받지 않지만, 잠수교의 수위가 6.0m 전후가 되면 조위의 영향을 받아서 수위가 규칙적으로 상승과 하강을 반복하고 있다. 반면에 한강본류의 최하류단인

김포(임진강 합류전 지점)에 설치된 전류 수위표는 인도교나 잠수교가 조위의 영향을 받지 않는 큰 유량에서도 많은 조위 영향을 받고 있음을 알 수 있다. 이와 같은 양상은 상류에서 내려오는 홍수량의 크기와 조위의 크기에 의해 조위의 전파 정도가 결정되기 때문에 항상 일정한 것은 아니지만 본류의 유량이 작을 경우에는 인도교나 잠수교가 많은 영향을 받고 있음을 나타낸다.

■ **남한강 유역 각 지점의 수위와 충주댐 방류량 변화 양상**

남한강 유역 각 수위표 지점의 수위와 충주댐 방류량을 비교하여 보면 [그림 4.10]과 같다. [그림 4.10]에서 특이한 사항은 충주댐 방류량과 여주지점 수위의 변화 양상에 많은 차이가 있다는 것인데 충주댐에서 방류를 시작하기 전에 이미 여주지점 수위는 일차 첨두에 도달하였으며 충주댐에서 방류량이 최대가 되기 전에 이미 최대수위에 도달한 것이다. 이러한 수위변화 양상은 달천, 섬강, 청미천 등 남한강의 주요 지천에서 유입되는 유입량이 매우 컸다는 것을 의미한다. 실제로 각 지천의 수위 변화를 살펴보면 문막(섬강)과 달천지점에서 충주댐의 방류가 시작되기 전에 상당한 유출이 발생하였고 그 이후에도 많은 유출이 발생하여 여주지점의 수위를 상승시켰음을 알 수 있다. 또한 여주지점의 수위가 최대수위가 되는 시기를 피해서 적절히 충주댐의 방류량을 조절한 효과도 포함되어 있다.

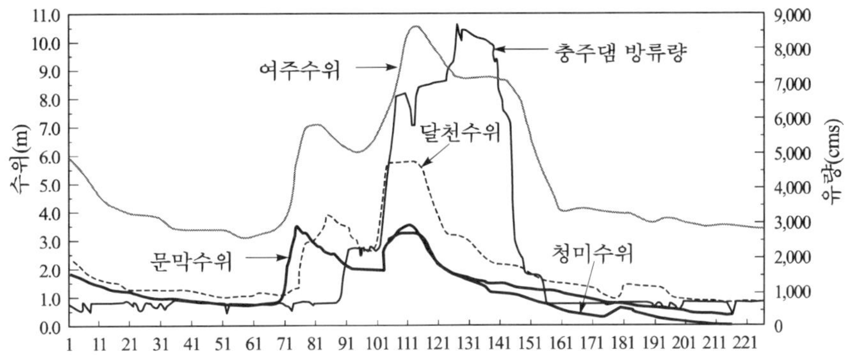

[그림 4.10] 1995년 홍수 시 남한강 유역 수위와 충주댐 방류량 변화

■ **북한강 유역 댐의 방류량 변화 양상**

북한강 유역의 주요 댐인 화천, 소양강, 청평댐의 방류량을 살펴보면 [그림 4.11]과 같다. 특이한 사항은 청평댐에서는 두 번의 첨두가 형성되었으나 소양강댐과 화천댐에서는 각각 한번의 첨두가 형성된 것이다. 이는 화천댐과 소양강댐의 방류시간과 첨두 방류시간

을 다르게 댐을 운영함으로써 청평댐에서는 두 번의 첨두가 발생하였고 첨두방류량은 작아진 것이다.

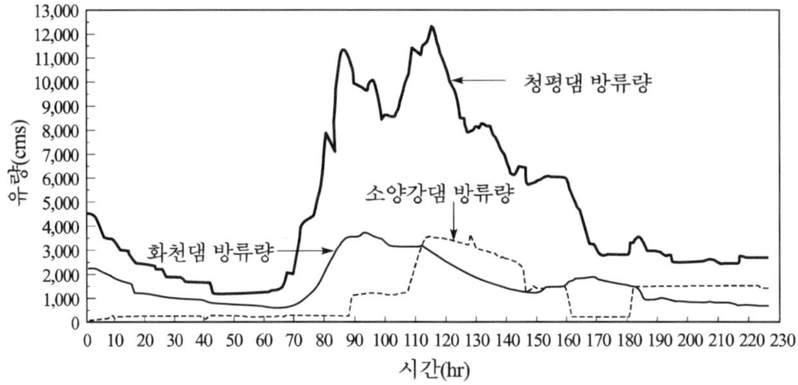

[그림 4.11] 1995년 홍수 시 북한강 유역 댐의 방류량 변화 양상

[3] 한강 유역의 유출

■ 한강 주요 지점의 유출

남한강의 여주지점, 북한강의 청평댐, 그리고 한강본류 인도교지점의 유량을 나타내면 [그림 4.12]와 같다. 인도교지점에서는 최대 27,000CMS, 청평댐 지점에서는 최대 12,000CMS, 그리고 여주 지점에서는 최대 18,000CMS정도의 유출이 발생하였다.

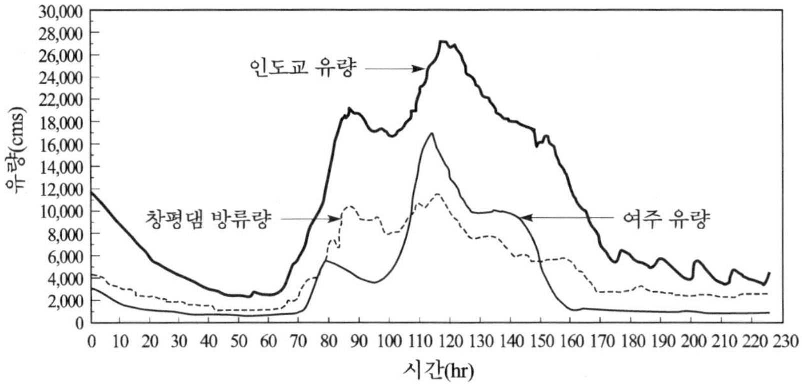

[그림 4.12] 1995년 홍수 시 남한강, 북한강, 한강본류의 유출
(8월 21일 01:00 ~ 8월 30일 10:00)

■ 팔당댐을 통한 한강 수계의 유출

팔당댐은 한강수계에서 가장 하류쪽에 위치하는 댐이고 남한강과 북한강에서 내려오는

물이 모두 합해지는 곳이기 때문에 이 지점의 방류량은 한강 전체의 홍수를 대표할 수 있는 지점이다. 이 지점을 통해서는 홍수 때마다 엄청난 유량이 흘러가는데 이번 홍수 시 나타난 팔당댐 방류량과 누가방류량을 살펴보면 [그림 4.13]과 같다.

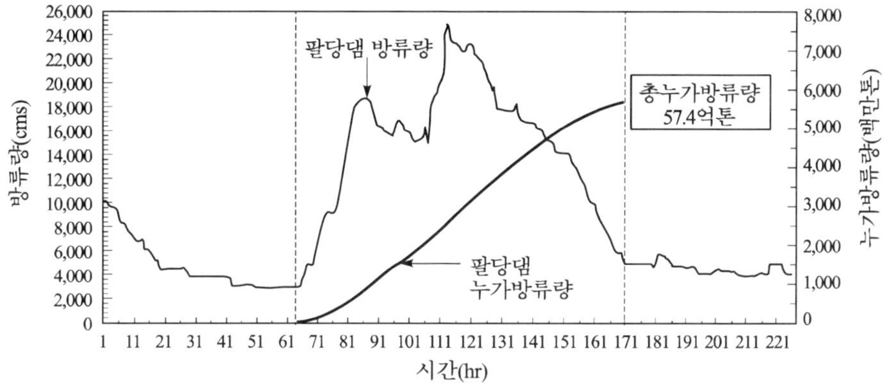

[그림 4.13] 1995년 홍수 시 팔당댐 방류량과 누가방류량

1995년 홍수 시 팔당댐의 최대방류량은 25,000CMS이며 8월 23일 15시부터 8월 28일 03시까지 108시간 동안 팔당댐을 통해 방류된 총방류량은 57억 4천만톤이었다.

[4] 금강 주요 지점의 수위

1995년 홍수로 가장 많은 피해가 발생한 유역은 금강 유역이다. 금강 주요 수위표 지점에서는 대부분 위험수위를 넘어서는 최대수위를 기록하였다.

■ 석화(미호천) 지점

석화지점은 미호천과 금강이 합류하기 전의 지점으로서 충남 조치원 부근이다. 미호천 유역에 많은 강우가 발생하여 석화지점의 수위는 위험수위 8.0m를 넘어 8월 25일 15시에는 8.96m의 최대수위를 기록하였다.

■ 공주(금강 본류) 지점

공주지점은 금강 홍수예경보의 주요 지점으로서 이 지점의 수위는 금강의 홍수규모를 나타내는 하나의 기준 수위가 될 수 있다. 이 지점의 수위도 8월 25일 19시에는 위험수위인 8.5m에 도달하였다. 상류에 위치한 대청댐의 방류없이 공주지점에서 홍수위가 위험수위를 넘은 것은 매우 드문 경우로서, 이번 홍수 시 미호천 등 지류에서의 유입량이 본류의 홍수위에 큰 영향을 끼친 것을 알 수 있다.

■ 규암(금강 본류) 지점

규암지점은 비교적 금강 하류에 위치한 지점으로서 이 지점의 수위도 8월 25일 21시에는 위험수위인 9.0m를 넘어 최고 10.12m의 수위를 기록하였다.

[5] 금강 주요 지점의 유출

금강 주요 지점의 수위를 수위-유량 관계곡선을 이용하여 환산한 결과는 [그림 4.14]와 같다. 석화지점에서는 최대 5,000CMS, 공주지점에서는 최대 5,700CMS, 규암지점에서는 최대 8,700CMS의 유량을 기록하였다.

[6] 안성천 주요 지점의 수위

안성천 유역은 형산강과 더불어 1994년에 중소 규모의 하천으로서는 처음으로 홍수 예경보 시스템이 개발되었으나 수문관측소 공사 미완료로 아직 이용되지는 않고 있다.

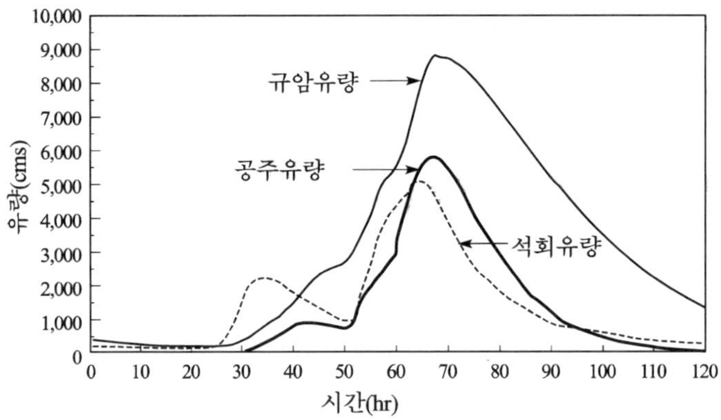

[그림 4.14] 1995년 홍수 시 금강 주요 지점의 유출 (8월 23일 0:00 ~ 8월 27일 23:00)

■ 동연교(안성천) 지점

동연교 지점은 안성천을 대표할 수 있는 주요 수위표 지점으로 진위천과 안성천이 합류되기 전 진위천 지점에 설치되어 있다. 이번 홍수로 이 지점의 수위는 8월 24일 02시에는 위험 수위인 7.5m를 넘어 최고 7.6m의 수위를 기록하였다.

4.2.3 홍수통제 및 댐 조작

[1] 홍수통제

■ **기준홍수위(건설부령 제 532호, 1993년 7월 16일 고시)의 의미는 다음과 같다.**

① 지정홍수위

'지정홍수위'라 함은 홍수 발생 가능성에 주의가 필요한 수위로서, 계획홍수량의 100분의 20에 해당하는 유량이 흐를 때의 수위 또는 1년에 평균 2회나 3회 정도의 횟수로 도달하는 수위를 말한다.

② 경계홍수위

'경계홍수위'라 함은 수위가 더 이상 상승하면 제방·수문·교량 등에 대한 경계가 필요한 수위로서, 계획홍수량의 100분의 50에 해당하는 유량이 흐를 때의 수위 또는 2년이나 3년에 1회 정도의 횟수로 도달하는 수위를 말한다.

③ 위험홍수위

'위험홍수위'라 함은 경계홍수위를 초과하여 제방·수문·교량 등에 대한 붕괴의 위험이 예상되는 수위로서, 계획홍수량의 100분의 70에 해당하는 유량이 흐를 때의 수위 또는 5년 내지 10년에 1회 정도의 횟수로 도달하는 수위를 말한다.

■ **한강 유역의 홍수통제 상황**

한강 유역에서 홍수통제 지점으로 사용되는 수위표 지점은 남한강의 여주대교 지점과 한강본류의 인도교지점이다. 이번 홍수 시 이 두 지점의 최대수위와 발생일시, 그리고 기준홍수위는 [표 4.4]와 같다.

[표 4.4] 홍수통제 지점의 기준홍수위

지점	최대수위		기준수위 (m)				
	발생일시	수위(m)	지정홍수위	경계홍수위	위험홍수위	계획홍수위	인근 제방높이
인도교	8.25 21:00	10.00	4.5	8.5	10.5	13.4	16.5
여주대교	8.25 18:00	10.60	5.0	7.5	9.5	10.5	12.3

[표 4.4]에서 알 수 있듯이 이번 홍수로 인도교지점의 수위는 경계수위를 훨씬 초과한 10.0m의 최고 수위를 기록하였으며 여주대교 지점의 수위는 위험수위를 초과한 10.60m의 최고 수위를 기록하였다. 이에 따라 건설교통부는 이들 지역에 홍수주의보와 홍수경보를

발령하였는데 그 내역은 [표 4.5]와 같다. 여주대교 지점의 수위는 사상 최고로서 8월 25일에는 여주군 일대 10만명의 주민들에게 대피령이 내려져 2천여 명이 인근 여주 실내체육관으로 대피하였다. 한강 유역에 내려진 홍수주의보 및 홍수경보의 내역은 [표 4.5]와 같다.

[표 4.5] 한강 유역의 홍수경보 발령 내역

구분	발령일시	기준점(대상지역)
홍수주의보	8.24 05:00	여주(남한강 유역)
	8.24 10:00	인도교(한강하류연안)
홍수경보 대체	8.25 12:00	여주(남한강 유역)
	8.25 14:00	인도교(한강하류연안)
홍수주의보 대체	8.27 07:00	여주(남한강 유역)
	8.27 02:00	인도교(한강하류연안)
해제	8.27 12:00	여주(남한강 유역)
	8.27 18:00	인도교(한강하류연안)

※ 홍수주의보는 경계홍수위 예상 시 발령되고, 홍수경보는 위험홍수위 예상 시 발령됨.

한강 잠수교는 유량이 6,000~8,000CMS 정도로 비교적 크지 않을 때 잠기기 때문에 보통 1년에 2회 정도 자주 침수되고 있다. 잠수교가 침수됨으로 인해 발생하는 구조적 피해는 거의 없으나 평소 많은 차량이 잠수교를 이용하기 때문에 잠수교 침수는 교통정체를 유발시키는 요인이 된다. 그러므로 잠수교의 침수·부상 시간을 정확히 예측하여 교통이 원활히 소통될 수 있게 하는 것이 한강홍수통제소의 임무 가운데 하나이다. 이번 홍수 시에도 잠수교는 100시간 정도 침수되어서 많은 교통체증을 유발시켰다. 잠수교의 통행 제한 기준 수위는 [표 4.6]과 같다.

[표 4.6] 홍수 시 잠수교 통행 제한 기준 수위

수위 (m)	제한 내용
5.5	보행자 통제
6.2	차량 통제
6.5	잠수

한강 잠수교는 유량이 6,000~8,000CMS 정도로 비교적 크지 않을 때 잠기기 때문에 보통 1년에 2회 정도 자주 침수되고 있다. 잠수교가 침수됨으로 인해 발생하는 구조적 피해는 거의 없으나 평소 많은 차량이 잠수교를 이용하기 때문에 잠수교 침수는 교통정체를 유발시키는 요인이 된다. 그러므로 잠수교의 침수·부상 시간을 정확히 예측하여 교통이 원

활히 소통될 수 있게 하는 것이 한강홍수통제소의 임무 가운데 하나이다. 이번 홍수 시에도 잠수교는 100시간 정도 침수되어서 많은 교통체증을 유발시켰다. 잠수교의 통행 제한 기준 수위는 [표 4.6]과 같다.

■ 금강 유역의 홍수통제 상황

금강 유역에도 집중호우가 발생하여 규암과 석화, 그리고 논산 지점에 홍수주의보와 홍수경보가 내려졌다. 그 내역은 [표 4.7]과 같다.

[표 4.7] 금강 유역의 홍수경보 발령 내역

구분	발령일시	기준점(대상지역)
홍수주의보	8.25 04:00	규암
	8.25 07:00	석화
	8.30 17:00	논산
홍수경보 대체	8.25 10:00	규암(금강 전유역)
	8.25 08:00	석화
홍수주의보 대체	8.26 16:00	규암(대청댐하류-공주지점)
	8.26 23:00	규암(규암, 강경지역)
	8.26 10:00	석화
해제	8.27 07:00	규암
	8.27 07:00	석화
	8.31 07:00	논산

■ 안성천 유역의 홍수통제 상황

안성천 유역에 내려졌던 홍수주의보 및 홍수경보의 내역은 [표 4.8]과 같다.

[표 4.8] 안성천 유역의 홍수경보 발령 내역

구분	발령일시	기준점(대상지역)
홍수주의보	8.23 21:00	동연교
	8.24 15:00	군문교
홍수경보 대체	8.24 00:00	동연교
	8.25 09:00	군문교
홍수주의보 대체	8.26 11:00	동연교
	8.26 11:00	군문교
해제	8.27 06:00	동연교
	8.27 06:00	군문교

■ **삽교천 유역의 홍수통제 상황**

삽교천 유역에 내려졌던 홍수주의보, 홍수경보의 내역은 [표 4.9]와 같다.

[2] 한강수계 댐의 운영

홍수 발생 시 각 저수지의 운영 조작은 재해대책본부의 댐 조작 기준, 한국전력의 수력 발전소 댐 관리 규정, 소양강 및 충주 다목적댐 관리 규정 등에 의해 실시되고 있다.

[표 4.9] 삽교천 유역의 홍수경보 발령 내역

구분	발령일시	기준점(대상지역)
홍수주의보	8.24 02:00	원평
홍수경보 대체	8.24 04:00	원평
홍수주의보 대체	8.24 09:00	원평
해제	8.24 20:00	원평
홍수주의보	8.25 04:00	원평
홍수경보 대체	8.25 06:00	원평
홍수주의보 대체	8.26 06:00	원평
해제	8.26 22:00	원평

■ **소양강댐의 운영 실적**

이번 대홍수가 발생하기 직전 소양강댐의 저수위는 [그림 4.15]에서와 같이 제한 수위인 190.30m보다 훨씬 낮은 약 186.5m 부근에서 운영되었다. 호우에 의해 댐으로 유입량이 급격히 증가하여 최대 5,660CMS (8월 24일 13:00)에 이른 후 감소하였다가 다시 상승함으로써 저수위가 발생하기 28시간 전인 8월 24일 16시에 1,100 CMS의 여수로 방류를 시작하여 최대 방류량을 약 3,530CMS로 급격히 증가시켜 더 이상의 수위 상승을 억제시켰다. 연이은 유입량의 증가로 저수위가 최대 194.66m(8월 28일 13:00)로 상승하자 방류량을 약 1,500CMS 다시 증가시켜 수위상승을 억제시켰으며, 8월 30일 9시 현재 저수위가 192m에 이르렀으나 제한수위 190.3m 이하로 하강할 때까지 여수로 방류는 계속 될 것이다.

■ **충주댐의 운영 실적**

1994년 극심한 가뭄으로 인하여 8월 중순에 발생한 강우에 의한 유입량은 발전 방류만으로도 감당할 수 있었기 때문에 [그림 4.16]에서와 같이 제한수위 138m 보다 훨씬 낮은 135m 부근에서 충주댐이 운영되었다.

호우에 의한 댐의 유입량이 증가하여 최대 9,860CMS(8월 25일 13:00)에 도달하기 20시간 전인 8월 24일 17시에 1,300CMS의 방류를 시작하여 단계적으로 방류량을 증가시켜 최대 방류량이 8,680CMS(8월 26일 07:00)에 이르렀다. 저수위 역시 유입량증가에 의해 급격한 상승을 보여 141.95m에 도달하여 상시만수위(141m)를 1m 정도 초과하였다. 계속된 여수로방류로 인해 저수위가 139.5m이하로 하강하자 방류량을 줄여 홍수주의보가 해제된 시점(8.27 18:00)이후, 저수위는 상시만수위 141m 부근으로 유지시켰다.

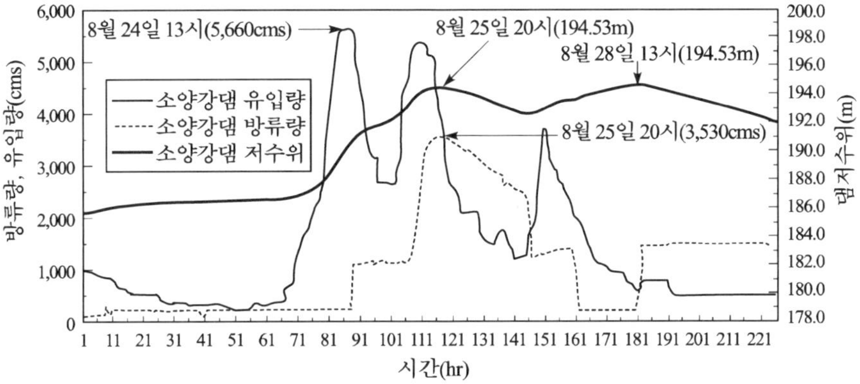

[그림 4.15] 소양강댐의 유입량, 방류량 및 저수위
(8월 21일 01:00 ~ 8월 30일 10:00)

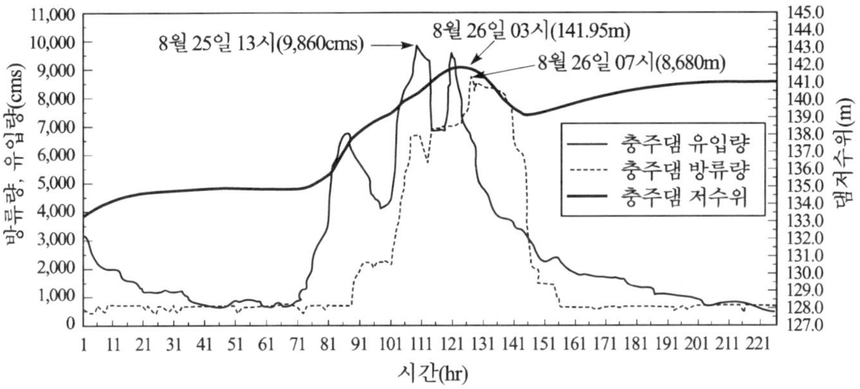

[그림 4.16] 충주댐의 유입량, 방류량 및 저수위
(8월 21일 01:00 ~ 8월 30일 10:00)

■ 화천댐의 운영 실적

1995년 대홍수가 발생하기 직전 화천댐의 저수위는 [그림 4.17]에서와 같이 제한 수위 175m보다 높은 약 176m까지 조절 운영되고 있었다. 댐의 유입량이 증가하여 최대 6,860CMS (8.24 12:00)에 도달함에 따라 저수위는 최대 179.27m(8.24 19:00)까지 급격히 상승하였다. 여수로 방류는 8월 24일 2시에 1,080CMS로 시작하였는데 점진적으로 증가되어, 최대 3740CMS(8월 24일 21:00)까지 방류량을 상승시켜 저수위 상승을 억제시켰으며, 8월 30일 현재 저수위가 175.7m에 이르렀다.

[3] 각 댐의 홍수조절 역할

한강 수계에서 홍수조절 기능을 가지고 있는 댐은 소양강댐(홍수조절용량 : 5억톤), 충주댐(6.16억톤) 및 화천댐(2.15억톤) 등 3개이다. 그러므로 홍수 시 이 3개 댐의 효율적인 연계 운영으로 한강하류부 홍수 규모를 최소한으로 줄이는 것은 매우 중요하다. 이번 대홍수에 대한 댐군의 연계 운영은 차후 보다 정밀한 연구로 평가되어질 것 인데, 여기서는 각 댐의 홍수조절 결과만을 이용하여 각 댐의 역할을 살펴본다.

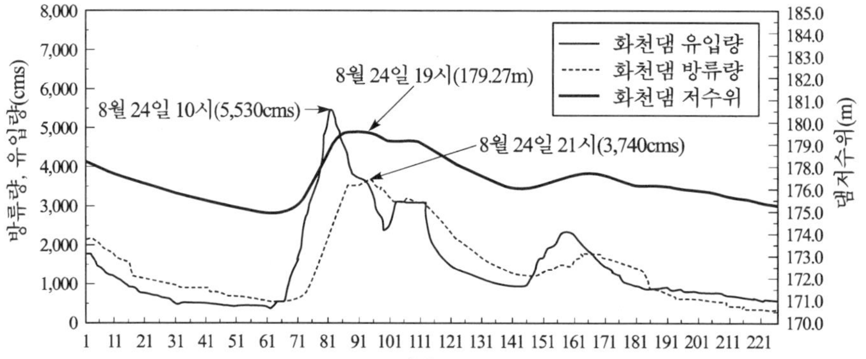

[그림 4.17] 화천댐의 유입량, 방류량 및 저수위

[표 4.10]의 댐별 최대 수위, 유입량, 방류량 발생 현황을 살펴보면, 소양강댐의 경우 홍수 조절율이 38%, 지체시간은 31시간으로 나타났고, 충주댐의 경우 홍수 조절율이 12%, 지체시간은 18시간으로 나타났으며, 화천댐의 경우 홍수 조절율이 32%, 지체시간은 11시간으로 나타났다. 이상과 같이 3개 댐은 이번 대홍수 발생 시 상당한 홍수조절 역할을 수행했다고 판단된다.

[표 4.10] 댐별 최대 수문사상 발생 현황

구분 댐	최대수위		최대유입량		최대방류량		홍수 조절율 (%)	지체 시간 (hr)	(상시)만 수위 (m)	홍수 조절 용량 (억톤)
	수위 (m)	발생 일시	유량 (m^3/s)	발생 일시	유량 (m^3/s)	발생 일시				
소양강댐	194.66	8.28 13:00	5,660	8.24 13:00	3,530	8.25 20:00	38	31	193.5	5.0
충주댐	141.95	8.26 03:00	9,860	8.25 13:00	8,680	8.26 07:00	12	18	141.0	6.16
화천댐	179.27	8.24 19:00	5,530	8.24 10:00	3,740	8.24 21:00	32	11	181.0	2.15
팔당댐	25.36	8.28 11:00	26,150	8.25 24:00	24,960	8.25 17:00	–	–	25.5	–

※ 홍수조절율(%) = $\frac{\text{최대유입량} - \text{최대방류량}}{\text{최대유입량}} \times 100$

지체시간 = 최대유입량 발생시간 − 최대방류량 발생시간

충주댐 방류량과 여주지점 수위를 도시하고 있는 [그림 4.18]에서 알 수 있듯이 충주댐의 최대방류 시점(8.26 07:00)이 여주에서 최대 수위가 발생한 시점(8.25 18:00)보다 약 13시간 후에 발생하도록 충주댐 방류시점을 조절할 수 있었다는 것은 여주지역의 범람을 억제하는데 충주댐이 결정적 역할을 하였다는 것을 의미한다. 또한 소양강 및 충주댐 방류량과 한가 인도교 수위를 도시하고 있는 [그림 4.19]를 살펴보면 최대방류 시점을 최대한 지연시킴으로서 한강하류부 연안의 범람을 억제하는데 결정적 역할을 하였다고 판단할 수 있다. [표 4.11]의 홍수발생 전후의 각 댐의 저수량 현황을 참조하면, 양적인 면에서 홍수조절 역할을 보다 가시적으로 평가할 수 있다. 서울 경기지역 호우경보 발령시점인 8월 23일 17:00를 홍수발생 전의 상황으로 설정하였고, 한강 하류연안 홍수주의보가 해제된 시점인 8월 27일 18:00를 홍수발생 후의 상황으로 설정하였는데, 그 이유는 다음과 같다. 호우경보가 발령되면 각 댐은 홍수조절을 위한 본격적인 준비작업이 시작된다고 판단되고, 한강 하류연안 홍수주의보 해제는 인도교 수위가 경계홍수위 8.5m 보다 하강할 때 발령되기 때문에 그때의 상황이 각 댐의 홍수조절 역할이 완료된 상태라 판단되기 때문이다(상기 두 시점의 설정에 이견이 있을 수 있음). 이와 같은 기준으로 볼 때 소양강 댐의 경우 [표 4.11]에서와 같이 4.3억톤을 저류하였고, 충주댐의 경우 4.0톤을 저류하였으며, 화천댐의 경우 0.5억톤을 저류하였다.

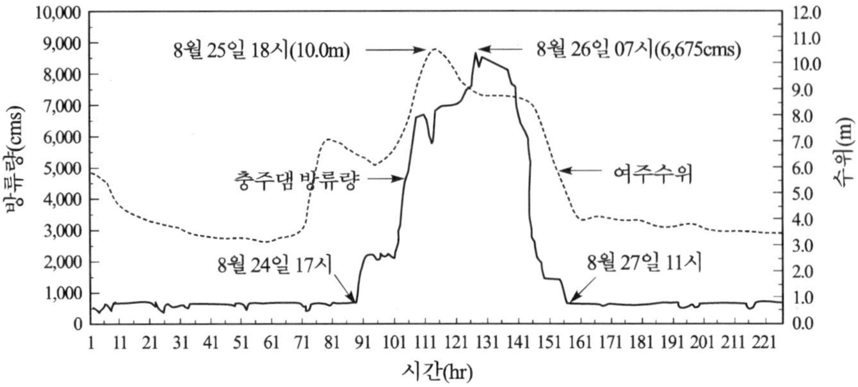

[그림 4.18] 충주댐 방류가 여주지점 수위에 미치는 영향

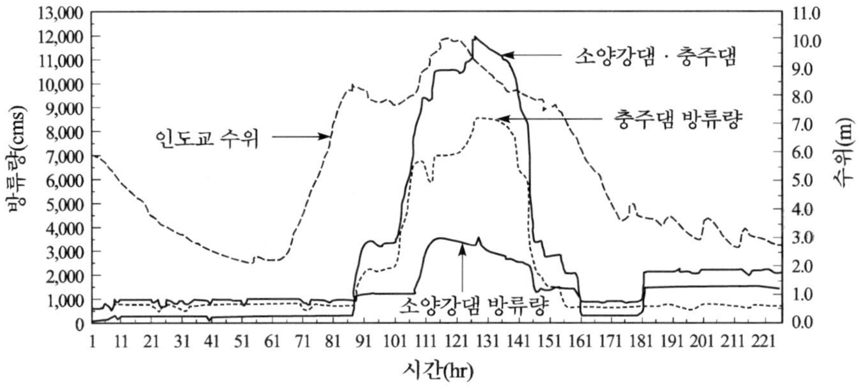

[그림 4.19] 소양강댐 및 충주댐 방류가 인도교 수위에 미치는 영향

[표 4.11] 홍수발생 전후의 각 댐 저수량 현황

구분 \ 댐		소양강댐	충주댐	화천댐	팔당댐	비고
8.23 17:00 홍수발생전	저수량(억톤)	21.6	18.9	8.3	2.3	서울경기 지역 호우경보 발령
	저수율(%)	74.6	68.7	81.8	95.1	
8.27 18:00 홍수발생후	저수량(억톤)	25.9	22.9	8.8	2.3	한강하류 연안 홍수주의보 해제
	저수율(%)	89.3	83.2	86.5	93.0	
저수율 변화	증가량(억톤)	4.3	4.0	0.5	-	
	증가율(%)	14.8	14.5	4.7	-	
총저수용량 (억톤)		29.0	27.5	10.18	2.44	

이와 같이 댐이 유입되는 첨두홍수량을 지체시키고 그 크기를 줄여서 하류로 방류시키고, 또한 유입되는 홍수량의 일부를 댐 내에 저류시킴으로서, 하류부 특히 여주와 인도교 지점의 수위 상승을 크게 억제시켰다고 판단된다. 또한 소양강댐 및 충주댐의 경우 지난해 가뭄의 영향으로 호우경보 발령시(8.23 17:00) 저수율이 각각 74.6%, 68.7% 였다. 그러나 계속되는 호우로 인한 저수위의 급격한 상승, 여주 및 인도교 수위의 급격한 상승으로 범람 가능성의 고조 및 제 7호 태풍 제니스의 한반도 중부지방 진입 예보 등으로 인하여 댐 운영에 있어 상당한 어려움이 있었으리라 판단되나, 이번 홍수에 대한 댐 운영은 비교적 성공적으로 수행되었다고 사료된다. 따라서 이번에 다목적댐의 홍수조절역할은 지대하였다고 판단되며, 한강수계뿐만 아니라 전국적으로 다목적댐의 증설은 향후 보다 효율적인 홍수조절에 필수불가결하다.

[4] 한강 유역 주요 홍수의 강우량과 댐 저수율 비교

한강 유역에 발생한 주요 홍수의 총강우량과 홍수조절 능력이 있는 화천댐, 소양강댐, 충주댐의 홍수 시작 시기의 저수량을 비교하는 것은 각 홍수가 발생했을 때 댐의 홍수조절 능력이 얼마나 있었는가를 알 수 있고 또한 각 홍수의 특성을 판단할 수 있는 간접 자료가 될 수 있다.

1984년에 발생한 홍수는 8월 27일부터 9월 8일까지 12일 동안 북한강 557mm, 남한강 350mm, 본류 423mm의 많은 비를 내렸으며 한강 전체에 442mm의 강수량을 보였다. 당시 화천댐과 소양강댐의 저수율은 60%를 조금 넘어선 수준이었고 충주댐은 완공을 눈앞에 두고 있었다.

1990년 9월의 홍수는 9월 9일부터 9월 13일까지 내린 집중 호우 때문이며, 북한강에 376mm, 남한강에 345mm, 본류에 438mm의 비를 내려 유역전체로 볼 때는 369mm의 강우가 있었고, 홍수가 시작된 9월 9일 각 댐의 저수율은 화천댐 86%, 소양강댐 86%, 충주댐 69%로 비교적 저수율이 높은 상태였다.

1995년 홍수의 경우 1984년이나 1990년의 홍수보다 강우량은 더 많았다. 유역별로 강우량을 보면 북한강 585mm, 남한강 454mm, 본류 542mm이며 전체 519mm의 강우량을 보였다. 댐의 저수율은 1994년에 이은 가뭄의 영향으로 비교적 낮은 상태이었는데, 8월 19일의 각 댐의 저수율은 화천댐 77%, 소양강댐 66%, 충주댐 60%를 기록하고 있다.

[표 4.12]를 보면 1995년의 홍수가 총강우량면에서는 많았지만 인도교수위는 제일 작은 것을 알 수 있다. 강우량만을 비교하면 1995년의 홍수는 1984년 홍수와 비슷한 양을 보이고 있고 화천댐과 소양강댐의 저수율도 비슷한 양이지만 1984년에는 충주댐이 없었기 때문

에 인도교 지점의 수위는 1m정도 더 컸다. 반면에 1990년 홍수의 경우는 강우량은 다른 두 홍수보다 100-200mm 정도 작았지만 3개 댐의 저수율이 높았기 때문에 홍수는 더 크게 발생했다고 볼 수 있다.

[표 4.12] 한강 유역 주요 홍수의 강우량 및 댐 저수율 비교(건설교통부)

홍수사상 / 강우량/저수량	'84년 (8.27~9.8 ; 12일간)	'90년 (9.9~9.13 ; 5일간)	'95년 (8.19~28 ; 10일간)
강우량(mm)	북한강	557	376
	남한강	350	345
	본류	423	438
	전체	442	369
홍수시작시 저수량(백만톤)/저수율	화천댐	655(64%)	878(86%)
	소양강댐	1,785(61%)	2,457(86%)
	충주댐	-	1,900(69%)
최대수위(m)	인도교	11.03	11.27
최대유량(cms)	인도교	29,000	30,500

4.3 우수유출 저감사업의 도입 및 계획

서울시는 연평균 강수량이 1,327mm로서 매년 7월~9월 사이에 집중호우와 태풍 등에 의해 수해가 발생하고 있다. 서울시의 1995년 풍수해 상황종합에 의하면 1984년, 1987년, 1990년에는 홍수에 직면하여 많은 인명과 재산피해를 입었으며, 피해액이 각각 20,273백만원, 15,595백만원, 22,528백만원에 이르고 있고, 1998년에는 이상강우에 의해 강수량이 8월 들어서 14일간 1,164mm로 연평균 강수량에 달하는 비가 내려 기상관측상 최고치를 나타내었는데, 그 피해상황을 살펴보면 사망 19명, 이재민 2,285명으로 피해액도 51,442백만원으로 조사되어 홍수에 의한 피해의 규모가 점점 커지는 것으로 나타나고 있다. 서울시는 침수피해를 줄이기 위해 치수대책을 꾸준히 실시하였지만, 이는 주로 홍수량을 줄이기보다는 증가하는 홍수량을 처리하기 위해 하천정비, 하수관 및 빗물펌프장·유수지의 증설을 중심으로 이루어져 왔다. 이러한 치수대책은 방재측면에서 효과를 보았지만 하천 하류의 홍수량을 증가시켜 하천주변에 침수피해를 일으키고 있어 보다 항구적인 대책이 요구되고 있다.

유역에서 발생하는 우수를 하수관을 통해 하천에 집중시켜 처리하는 방법에는 한계가 있다. 우수를 발생지역에서 처리하여 시간적으로나 지역적으로 집중도를 완화시키는 방법은 지하수를 함양시킬 뿐만 아니라 물순환적인 면에서도 귀중하고 깨끗한 수자원을 만들어 내는 것도 된다는 것을 인식하여야 한다. 결국 우수를 하천에서 다시 유역으로 돌려 처리하여야 하며, 이를 위해서 "우수유출 저감시설"은 홍수량을 줄이는데 적절히 사용될 수 있다고 판단된다. 특히 최근에는 우수유출 저감시설이 수문학적 의미에서 물을 순환시켜 도시에서 거의 사라져 가는 물환경을 복원시키는 데 중요한 역할을 하고있어 주목을 받고 있다. 이와 같은 배경에서 서울시는 매년 국지적으로 발생하고 있는 수해를 근본적으로 해결하기 위해 유역에서 유출량을 감소시키는 대책을 강구하고 있으며, 이 대책의 하나로서 앞으로 신개발지나 재개발지의 모든 건축물에 대해 우수유출 저감시설을 의무화할 방침을 세워 놓고 있다. 이러한 우수유출 저감사업이 적절히 수행되면 서울시는 홍수에 의한 수해를 예방내지는 최소화할 수 있을 뿐만 아니라 물환경이 개선될 것으로 기대된다. 그러므로 본 절에서는 이상강우의 침수피해를 최소화하기 위한 우수유출 저감사업을 실시하기에 앞서, 서울시에서 홍수에 의해 발생한 침수현황 및 침수원인을 파악하고 이와 함께 사업이 적절히 수행되게 하기 위한 시설의 계획 및 방침에 대해 검토하여 우수유출 저감사업의 추진에 대한 종합대책의 방향을 제시하고자 한다.

[그림 4.20] 청주 지역 우수유출저감시설 조감도

4.3.1 침수 피해 현황

[1] 과거 침수피해

서울시는 1912년부터 1919년까지 큰 집중호우가 없었기 때문에 별다른 치수대책을 세우지 않았으나, 1920년 7월, 8월에 걸친 큰 홍수의 결과로 한강의 홍수 대비책이 마련되기 시작하였다. 서울시에서 1972년, 1984년, 1987년 및 1990년에 강우에 의해 발생한 강수량, 한강 인도교지점의 유량, 인명피해 및 총 피해액에 대해 [표 4.13]에 나타내었다.

1972년 서울에 8월 18일부터 이틀간 내린 비는 452.4mm로 최고기록이었으며, 한강 제방의 붕괴는 없었으나 당시만 해도 하수도 보급율이 낮아 시내에 하수도시설 미비로 많은 지역이 침수되었다. 1984년 8월 31일부터 3일간의 집중호우는 338mm로 9월의 폭우로는

1907년이래 처음이며, 당시 팔당댐에서는 평상시의 방류량 700~800m^3의 40배 이상을 방류하였는데, 한강수위가 현저히 상승하자 제방이 쌓여져 있지 않은 지천에서 범람하여 하수도가 정비된 지천 변의 지역에서 큰 집단피해가 발생하였다. 그리고 1987년은 시간당 64mm를 넘는 호우가 8차례나 발생하였고, 이 중 최대호우는 7월 26일~27일 양일간에 걸쳐서 내린 352.1mm의 집중 강우였다. 이 결과 하수도, 유수지, 펌프장 등 배수시설의 미비로 64.1km^2이 침수되었고, 침수수심 1.5m, 침수 최고시간 30시간으로 막대한 인명과 재산피해 등 내수피해가 매우 컸다. 1990년은 6월 18일부터 39일간의 집중호우로 1907년 기상관측이래 연최대량인 2,355mm의 강우량을 기록하였다. 수해로 인한 피해지역은 서울시 전역에 걸쳐 발생하였으며, 단시간의 집중호우로 인하여 한강수위가 상승한 상태에서 강우가 장시간 지속되어 주로 저지대에서 내·외수로 인한 침수피해와 더불어 한강홍수로 인한 피해가 많았으며 세 번에 걸쳐 집중호우가 발생하였다. 1990년대는 하수관의 단면 및 저지대 저수배제 시스템 용량부족으로 인한 내수침수의 빈도와 규모가 점차 증대해 왔다고 볼 수 있다.

[표 4.13] 서울시 과거 주요 침수 피해 현황

연도	강수량 (mm)	유량 (m^3/sec)	하수관거 (km)	수 해 내 용	
				인명	재해
1972	1.769	30.000	1.713	사망 : 301 부상 : 41	침수건물 : 41.200동 피해액 : 1979.6백만원
1984	1.249	26.570	7.589	사망 : 43 부상 : 52	침수건물 : 34.905동 피해액 : 20,273.6백만원
1987	1.751	12.194	8.540	사망 : 39 부상 : 67	침수건물 : 17.603동 피해액 : 15,594.7백만원
1990 (한강대홍수)	2.355	30.834	9.122	사망 : 44 부상 : 32	침수건물 : 21.599동 피해액 : 22,527.6백만원

[2] 1998년 침수피해

서울시는 1990년 한강 대홍수 이후에 하수도, 하천 등을 보강하여 그후 7년간은 서울시 전체적인 침수피해는 발생하지 않았지만 국지적인 침수는 매년 발생하다가 1998년에는 단시간으로 좁은 범위에서 집중호우가 국부적으로 발생하여 서울시 전역에 해당하는 23개구에 걸쳐 침수피해가 발생하였다. 1998년의 침수피해를 살펴보면 8월초 집중호우로 중랑천이 범람위기를 겪었고, 하천이 심하게 파괴되었다. 8월에 들어서 내린 강수량은 1,238mm (14일간 1,164mm)로 평년의 472%로 연평균 강수량에 달하는 비가 내려 기상관측상 최고치를 나타내었으며, 그 피해상황을 살펴보면 사망 19명, 부상 56명, 이재민 2,285명, 피해액도 51,442백만원으로 집계되어 단기간의 상황으로서는 사상 최대의 큰 피해를 나타내고 있다.

강우 시 침수 원인은 크게 다음과 같이 분류할 수 있다.

① 하수관 용량이상의 우수유출량 발생
② 하수관의 경사불량이나 퇴적물에 의한 배수불량
③ 지리적으로 낮은 저지대 등

침수가 단일 원인에 의해 발생한 지역도 있지만 원인들이 복합적으로 작용하여 발생한 지역도 상당수 있는 것으로 나타났다. 침수발생을 원인별로 살펴보면 저지대에서 배수불량으로 발생한 침수가 31.7%로서 가장 큰 원인으로 나타났으며, 다음은 관거용량이상의 우수유출에 의해 침수된 세대수가 22.8%, 배수불량이면서 관거용량이상의 우수유출에 의해 침수된 세대수가 16.9%, 저지대지역으로 하수관거용량이상의 우수유출에 의해 침수된 세대수가 14.3%, 그리고 하수관의 경사불량이나 퇴적물이 쌓여 배수가 불량하여 침수된 세대수가 12.6% 순서로 조사되었다.

4.3.2 우수유출 저감사업 도입의 필요성

1980년대 이후부터 기상이변 등의 원인에 의해 우리나라의 날씨는 점점 강우량이 증가하였으며, 호우주의보 발령기준인 강우량 80mm이상의 비가 1930년 이전에는 연평균 2.2회 1930년 이후는 5.3회이었던 것이 1980년대 이후에는 8.8회나 발생하여 갈수록 많은 양의 비가 자주 내리는 것으로 나타났는데, 이러한 경향은 점점 심해지고 예측이 어려워질 것으로 예상된다. 서울시는 침수피해를 줄이기 위해 치수대책을 꾸준히 실시하여 왔다. 이는 주로 홍수량을 줄이기보다는 증가하는 홍수량을 처리하기 위해 하천정비, 하수관 및 유수지 중심으로 실시하여 홍수예방에는 효과를 보았지만 1998년 8월과 같은 단기간에 발생하는 집중호우에 대한 근본적인 대책으로는 한계가 있다.

서울시의 주요한 침수원인으로는 강우시에 하수관용량이상으로 우수가 유출되는 것을 들 수 있다. 개선책으로 현재의 우수유출량에 맞는 시설로 하수관용량을 확충하여 관거를 새롭게 부설하는 "증설방식"이 바람직하지만 하수관이 지선하수관에서 간선하수관으로 그리고 차집관으로 연결되어 있는 시스템에서 하수관의 일부를 증설하는 것으로 문제를 해결할 수 있는 것은 아니다. 기존 시설은 그대로 사용하고 유출증가분을 별도의 노선에 의해 처리 또는 유출저감시설에 의해 보완하는 방법으로 정비되어야 할 것이다. 그러나 서울시 대부분 지역들이 이미 하수관이 보급된 상태이어서 하수관용량을 전면적으로 증강시키는 것은 실질적으로 불가능하고, 또한 관거용량의 증강은 하천의 홍수부하를 증가시키는 것이 되므로 하천의 통수능력 고려하지 않으면 안된다. 또한 하수도가 정비됨에 따라서 현재 서울시가 지천에서 하수도의 첨두량인 피크(peak)와 중복되어 자연유하에 의해서나 펌프에 의해서도 배제가 어렵게 된 지역이 많으므로 유역에서의 우수유출율을 저감시켜 하천으로 방류되는 양을 줄이고 동시에 하수도 피크를 완화시키는 유출저감대책이 필요하다.

4.3.3 우수유출 저감 사업의 실시

[1] 우수유출 저감 사업의 추진

우수유출 저감 시설을 도입하기 위해 추진되어야 하는 계획을 나타내면 다음 [그림 4.21]과 같다. 서울시가 우수유출 저감 시설 사업에 대한 대책을 추진하기 위해서는 크게 나누어서 법률로 설치를 의무화하는 방법과 각종 혜택에 의해 설치를 유도해 나가는 방법이 있다. 법률 등으로 설치를 의무화하는 방법은 추진 방법으로 바람직하지만 행정적인 조직면에서 시설 설치에 관한 법률이 있어야 하며, 법률이 규정되어 있어도 실질적인 대책이 따르지 않으면 실제효과를 얻을 수 없으며, 법률 등의 제정에 있어서도 시민이 합의해 줄 것인가가 문제이다. 이를 위해서 서울시 치수종합·환경대책의 일환으로 우수저류·침투사업에 대한 각종 보조·융자제도를 만들어 추진할 필요가 있으며, 이와 함께 시설 설치에 따라 별도의 경제적인 혜택이 주어져야 할 것이다. 이를 위해 고려될 수 있는 대책을 제시하면 다음과 같다.

① 치수·환경시책의 기본방향은 우수유출저감 및 물순환·환경개선에 둔다.
② 우선적으로 생활보도와 지방공공기관에 우수침투시설의 설치를 권장하는 "우수침투사업"을 실시한다.
③ 학교, 공원 등의 공공시설에 우수를 저류·침투시키는 "우수저류·침투사업"을 실시한다.
④ 사유지에 설치할 경우에 주민의 의견을 수렴하고 합의를 얻을 수 있도록 자치기관이나 학교에 상담실을 설치 운영한다.
⑤ 주민 개인적으로 우수저류·침투시설을 설치할 경우에는 비용의 일부(설치 재료비 등)를 서울시가 보조하고 있는 하수도사용료의 일부를 면제해 주어 우수저류·침투시설을 설치해도 경제적으로 부담이 없도록 한다.

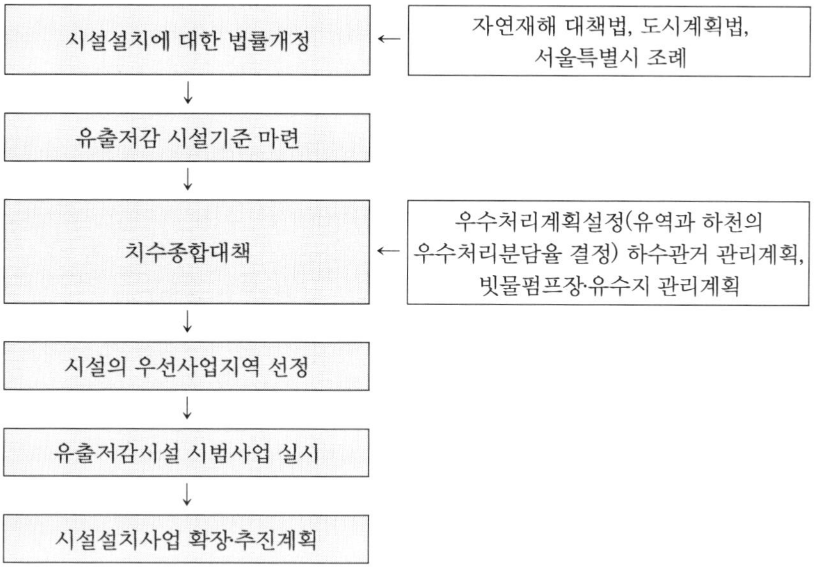

[그림 4.21] 우수유출 저감 시설 도입을 위한 계획

[2] 우수유출 저감 시설의 계획

대상 유역의 배수 능력이 부족한 경우에는 하수관의 용량을 증가시키거나 홍수위 저하 및 홍수범람 방지 대책으로 하도를 정비하고 하천의 기존 제방을 높이는 것이 일반적이다. 그러나 이러한 방안은 우수를 근본적으로 방어할 수 없으므로 유역에서의 우수유출을 억제하여 홍수량을 저감시키는 방안이 필요하다. 유출량은 하천유역에 대해서 일률적으로 규제되거나 방류하천 등 지정 구간의 통수능력에 의해 규제된다. 개발중이나 개발후의 우수유출량이 개발 전의 상태를 유지하여야 한다는 것이 우수유출 저감시설 설치의 기본원칙이라 할 수 있으므로 우수유출저감시설의 저감량은 개발사업에 따라 증가된 유출수의 전량을 처리한다는 것을 원칙으로 하고 있다. 서울시의 우수배제시스템을 고려하여 우수유출 저감시설의 계획방침을 제시하면 다음과 같다.

① 유출저감시설은 우수배제를 위해 하수관용량을 상향조절하기 어려운 지역에 설치하는 것을 원칙으로 하며, 기존 하수도시설을 그대로 유지하는 상태에서 우수유출을 억제할 수 있도록 계획한다.
② 우수유출 저감시설은 원칙적으로 하천의 유역단위로 설치한다.
③ 우수유출 저감시설은 개발지역으로부터 유출이 하천의 계획홍수위 이하로 제어될 수 있도록 설치한다. 우수의 집수, 저류 및 배수가 효율적으로 이루어지도록 조성계획, 토지이용계획과 조정한다.

[3] 우수유출 저감 사업 실시 방향

우수유출 저감 사업의 실시 기본 방향은 다음과 같이 설정될 수 있다.

① 한강을 포함한 각 지천의 계획홍수위 이상의 강우에 대해서는 유역에서 처리한다.
② 서울시 치수종합대책은 우수배제를 위해 하수관용량이나 하천의 통수능력을 상향조절하는 것이 실질적으로 불가능하므로 기존 수방시설의 치수능력을 유지하는 상태에서 유출저감시설에 의해 침수 피해를 방지하는 방향으로 계획한다.
③ 서울시 기존의 하수도시설과 한천의 통수능력을 그대로 유지하는 상태에서 계획강우강도 목표치를 86.0mm/hr(20년 설계빈도), 92.7mm/hr(30년 설계빈도), 100.0mm/hr(50년 설계빈도)로 단계적으로 정하고 , 우수유출 저감시설에 의해 대응하는 방향으로 계획한다.

침수 예방을 위해 유역에서 우수유출량을 저감하는 방법은 두 가지로 나누면 다음과 같다.

① 시가지 총 우수유출 발생량의 감소
② 우수유출 첨두량 저감

우수유출량을 감소시키는 방법은 지표면에서의 침투이고, 우수유출량의 피크를 낮추는 방법은 우수를 저류시키는 방법을 들 수 있다. 침투시설은 광범위한 구역에 대해 실시할 필요가 있고, 유지관리상에서 표면폐쇄가 문제가 된다. 또한 저지대는 지하수위도 높기 때문에 침투형 시설은 고려하지 않아야 하며, 대신에 배수시설의 정비와 상류 지역에서 유출되는 우수량을 줄일 수 있는 우수저류형 시설을 고려하는 것이 타당할 것이다. 서울시와 같이 용지의 확보가 어려운 도심지에서는 지리적으로 건설이 가능한 대책안중에서 경제성을 고려하고 동시에 단기적으로 치수효과를 얻을 수 있는 것으로 선정되어야 한다.

[4] 유역의 우수처리량

우수유출 저감 시설이 처리해야 하는 우수량은 원칙적으로는 지역 개발에 의해 증가된 우수유출량이 대상이 된다. 그러나 이미 개발이 완료된 도시에서는 하천의 통수능력을 충분히 고려하여 유역에서의 우수처리량을 계획홍수위 보다 상승하고 있는 시간대의 우수유출량으로 할 수 있다. 또한 기상이변에 의해 앞으로 강우가 지역적으로 게릴라적인 집중호우가 예상되고, 현재 서울시 하수관 문제와 하수도 정비계획을 고려하면 가능한 하수도와 하천의 우수처리 부하를 낮추는 방향으로 유역의 우수처리량을 결정하는 것이 타당할 것으로 판단된다. 유역에서 처리하여야 하는 우수량을 파악하기 위해서는 먼저 하수도와 계획홍수위에 의한 하천의 우수처리량을 검토하여야 한다. 현재 서울시에서 우수 배재시설의 설계기준으로 채택하고 있는 재현기간은 5년과 10년이며, 이중에서 지선하수관이 5년 빈도로서 강우강도 62.2mm/hr, 간선하수관은 10년 빈도로 강우강도 74.3mm를 감당하도록 설계되어 있다. 이와 같이 하수도와 하천의 우수처리 부하를 낮추고 기존의 하수관이 설계빈도에 해당하는 우수배제능력을 가지는 것으로 가정하면 하천의 우수처리능력은 60mm/hr~65mm/hr로 정하는 것이 가능한 것으로 판단된다.

유역에서 유출저감시설에 의해 처리해야 되는 우수량은 다음과 같은 식 4.1에 계획강우강도 목표치와 하천의 우수처리량을 대입하여 계산할 수 있다. 식에서 최대 V_i값을 유역에서의 유출저감시설에 의해 처리해야 하는 우수량으로 한다.

$$V_I = \left(r_i - \frac{1}{2} r_e\right) \cdot 60 \cdot t_i \cdot f \cdot A \cdot \frac{1}{360} \quad \cdots\cdots (4.1)$$

여기서, V_i : 용량(m^3),

r_i : 서울시 치수종합대책에 따른 강우강도 목표치 우강도곡선상의 임의지속시간에 대한 강우강도(mm/hr)($r_i = \frac{a}{t+b}$)

r_e : 하천의 계획홍수량에 해당하는 강우강도, 또는 하천우수처리량에 해당하는 강우강도(mm/hr)($r_e = \frac{360 \cdot Q_c}{f \cdot A}$)

t_i : 강우지속시간(분)

f : 총합유출계수

A : 집수면적(ha)

[5] 우수유출 저감 시설 설치 방향

유역의 우수처리량에 해당하는 우수를 처리하기 위한 우수유출 저감 시설은 다음과 같은 대책에 의해 설치 될 수 있다. 이는 기존의 시설을 활용하여 즉시 설치가 가능한 우수유출 저감 시설을 중심으로 검토하였다.

① 강수시에 우수가 하천의 계획홍수위 이상으로 유출될 가능성이 있고 위치적으로 펌프장 증설이 곤란한 장소에서는 저류시설을 중심으로 한 유출 저감 시설을 설치하여 대응하는 것으로 한다.

② 위치적으로 우수저류시설을 설치하기 어려운 지역은 침투시설을 설치하는 것으로 한

다. 그러나 상습침수지역으로 지하수위가 높은 저지대에는 되도록 설치하지 않는 것으로 한다.

③ 하수도 정비구역에서 신개발지나 재개발지에 대해서는 분류식으로 설치하고, 이 중에서 우수관은 침투형 관거로 설치한다.

[6] 사업 우선 지역

(1) 선정 조건

서울시 치수 대책은 하천 개수와 하수도 정비가 잘 이루어짐으로써 효과를 발휘할 수 있지만 이들은 사업에 막대한 경비와 긴 시간이 요구될 뿐만 아니라 이들 시설의 증강 및 보수에는 한계가 있다. 그러므로 당면 과제인 침수피해를 해결하기 위해서는 우수유출 저감사업을 우선적으로 실시하여야 하는 유역을 선정하고 이들 지역에 대해 하수도개수, 정비에 병행시키면서 우수정비나 우수유출 저감시설 등을 설치해 나가는 것이 효과적이라 할 수 있다. 그러므로 서울시에 유출저감사업을 계획할 때에 하천유역 단위로 지금까지 강우시에 발생한 침수피해의 원인을 분석하고, 위치적으로 침수피해가 일어나기 쉬운 저지대 지역의 지형적 조건이나 피해의 규모를 파악한다. 그리고 이러한 침수현황에 관한 자료를 종합하여 유출저감사업을 우선적으로 실시하여야 하는 하천유역을 결정하고, 다시 각 유역에 대해서 세부적으로 저류시설이나 침투시설을 설치해야 하는 최적지역을 선정하여 침수대책을 실시하는 것이 타당할 것이다. 우선적으로 고려하여야 하는 사항은 다음과 같다.

① 지형적으로 침수피해가 일어나기 쉬운 저지대의 상습침수지역
② 침수피해의 규모
③ 하천수위의 상승으로 우수를 하천으로 방류하기 어려운 지역
④ 하수관의 부분적 개수 및 용량 증가로 침수를 방지할 수 없는 지역

서울시에 유출저감시설의 우선 설치지역을 선정하는 데에 참고로 한 자료는 다음과 같다.

① 1990~1997년 사이에 발생한 침수지역 현황
② 1998년 8월의 집중호우에 의해 침수된 지역 현황
③ 강우 발생시 우수 흐름도
④ 빗물펌프장·유수지 현황도

(2) 대상 지역

1990년에서 현재까지의 침수 현황과 강우 시 우수흐름도, 빗물펌프장·유수지의 자료를 참고로 하여 우수유출 저감 사업의 우선실시 지역을 선정하였다. 사업우선지역은 하수처리구역에 따라 사업이 우선적으로 실시되어야 하는 하천 유역을 선정하고 다시 선정된 하천 유역에 따라 배수구역단위로 유출저감시설을 우선적으로 설치해야 되는 지역을 선정하는 것으로 하였다. 또한 유출저감시설의 설치지역은 저지대로 우수가 유출되는 것을 최소한으로 억제하기 위해 우수흐름도를 참고로 하여 주로 배수구역의 상류 지역에 시설을 설치하는 것으로 선정하였다.

[표 4.14] 중랑하수처리구역의 하천유역별 유출저감사업의 우선실시지역 현황사례

처리구역	하천유역명	시설설치 대상 행정구역	우선사업순위
중랑	방학천	도봉1, 도봉2, 방학1, 방학2, 방학3, 방학4	우선사업 제 2
	당현천	중계본	우선사업 제 3
	우이천	번1, 번2, 번3, 장위1, 장위2, 장위3, 석관1, 석관2, 상월곡, 수유1, 수유3, 수유5,	우선사업 제 1
	정릉천	월곡2, 상월곡	우선사업 제 3
	청계천	종로3,4가, 회현, 중림, 신당1, 신당2, 신당3, 신장4, 신당5, 신당6, 황학, 숭인1, 숭인2, 마장, 도선, 왕십리1	우선사업 제 3
	전농천	회귀, 청량리1, 청량리2, 제기1, 제기2, 전농1, 전농2, 전농3, 전농4, 용두1, 답십리1, 답십리2, 답십리3, 답십리5, 휘경2	우선사업 제 3
	면목천	상봉1, 신내1, 신내2, 면목1, 면목3, 면목6, 면목8, 망우1, 망우2	우선사업 제 3
	기타 (중랑천변, 한강변)	하계1, 이문1, 이문2, 이문3, 장안1, 장안2, 장안3, 장안4, 중곡1, 중곡2, 중곡3, 중곡4, 면목4, 능동, 군자동, 화양동, 구의1, 구의2, 성수1가3, 성수2가1	우선사업 제 1, 2 (중랑천변, 강변)

이와 같은 조건에 의해 선정된 중랑하수처리구역의 유출저감사업 우선 실시지역을 하천유역별 배수구역단위별로 분석한 결과는 행정 동단위로 하여 [표 4.29]에 나타내었다. 유출저감시설은 먼저 적정배치 계획에 의해 저류시설과 침투시설이 효율적으로 배치되어야 한다. 저류시설은 지선하수관에서 간선하수관으로 연결되는 지역으로 관거용량이 부족한 장소에 설치하는 것이 효율적이며, 침투시설은 지하수위가 높은 저지대에는 가능한 설치하지 않는 것이 바람직하다. 우선 설치지역의 분석결과에 의하면, 서울시 4개의 하수처리구역 중에서 중랑하수처리구역이 강우시에 침수피해가 가장 큰 것으로 조사되어 유출저감사업이 가장 시급히 실시되어야 하는 구역이며, 다음으로 탄천하수처리구역, 가양하수처리구

역, 난지하수처리구역 순서로 검토되었다. 또한 중랑하수처리구역에서 중랑천변과 우이천 유역이 사업 제1순위로서 사업이 우선적으로 실시되어야 하며 다음은 방학천유역과 한강변이 사업2순위, 그리고 당현천유역, 정릉천유역, 전농천유역, 면목천유역이 사업 제3순위로 사업이 실시되어야 하는 것으로 나타났다.

4.4 이상기후에 따른 홍수관리 대책

4.4.1. 최근 홍수 발생 사례

최근 10여년 동안 우리나라에서는 전에 보지 못했던 엄청난 규모의 홍수를 겪어오고 있다. 1987년에는 금강유역에 대홍수가 발생하여 1조원의 재산피해를 냈으며, 1990년에는 남한강 유역 전역에 400mm가 넘는 강우가 발생하여 한강 하류의 일산제가 터지는 등 대홍수가 발생하였다. 1996년에는 국지적이지만 임진강 지류인 한탄강 유역에 600mm가 넘는 집중호우가 내려 연천댐 설계홍수량을 초과하는 홍수가 발생하였고 그 여파로 댐이 붕괴되었다. 1998년 8월에는 기습적인 국지호우가 기록적인 강우강도를 가지고 전국적으로 발생하여 지리산에서는 돌발적인 홍수가 발생하였고, 강화도에서는 저수지가 붕괴되었으며, 중랑천을 비롯한 중소하천 유역에서는 수많은 인명피해가 발생하였다. 이와 같이 최근 들어 빈번하게 발생하고 있는 극심한 홍수현상은 우리나라에만 국한된 것은 아니면 전지구적으로 발생하고 있는 문제이다. 유럽에서는 1999년 3월에도 지난 겨울동안의 폭설과 이상난동으로 한꺼번에 눈이 녹아 기록적인 홍수를 겪었을 뿐 만 아니라, 1993년과 1995년에도 대홍수가 발생한 바 있다. 미국에서는 1993년에 미시시피강 유역에 대홍수가 발생하였으며, 중국에서는 1998년 여름동안 양쯔강 유역에서 기록적인 홍수가 발생하였다.

이와 같은 전세계적인 대홍수 발생은 지구 기후변화와 밀접하게 관련되어 있다고 판단되는데, 온실효과로 인한 강수의 일반적인 증가와 극치 강우 사상의 강도와 지속기간의 변화로 하천 홍수의 발생이 잦아지고 있다. 지구 기후모형(GCM)은 대기권의 이산화탄소와 다른 온실가스가 증가함에 따라 강수량도 같이 증가하고 있는 것으로 예측하고 있으며, 이와 함께 극심한 강우사상의 발생이 더 자주 나타나는 것으로 예측하고 있다. 유럽과 북미 대륙 등에서 관측된 강수기록은 증가추세와 공간적인 분포측면에서 예측치와 대체로 일치되고 있어, 이와 같은 예측에 어느 정도 신뢰성이 있음을 알 수 있다. 과거와는 다르게 크고 잦은 특성을 가진 홍수가 지구상에서 발생하고 있는 것은 엄연한 사실이고 우리나라도 예외는 아니다. 이로 인하여 과거와는 다른 형태의 홍수 피해가 발생하고 있으며 이에 대한 대책이 시급하다. 그러므로 새로운 패러다임의 홍수관리 대책이 필요하다고 판단된다. 본 절에서는 이러한 문제점을 제기하고 개념적이지만 홍수관리 대책을 제시하였다.

4.4.2. 홍수로 인한 문제점

최근 발생한 홍수 피해는 주로 강우의 특성 변동에 따른 것이며, 과거에 비하여 강우량이 전반적으로 증가함으로써 전체적인 홍수체적이 증가하게 된다. 이로 인하여 다목적댐의 홍수조절능력이 상대적으로 저하하는 동시에 강우강도가 눈에 띄게 증가했기 때문에 첨두홍수량도 증가할 수밖에 없다. 경우에 따라서는 증가된 첨두홍수량이 설계홍수량을 초과하여 교량이 파괴되기도 한다. 최근에 높은 강도의 강우가 자주 발생하기 때문에 최근의 자료를 포함하여 설계를 다시 할 경우, 같은 안전도에서 설계 값이 높아질 수밖에 없다. 즉, 강우특성의 변화로 기존의 구조물들의 안전도가 낮아져 설계대로 안전도를 유지하려면 보강을 해야하는 문제가 발생하였다. 이와 같이 최근에 우리나라에서 발생한 홍수는 그동안 추진해온 국가의 홍수관리대책에 상당한 문제가 있음을 분명하게 보여주고 있다.

우리나라의 대부분 하천에는 제방이 설치되어 있으며 주요 하천에는 다목적댐이 설치되어 있어 홍수를 방어하도록 되어 있다. 그런데 이같이 하천 제방과 다목적댐이 구비되어 있음에도 불구하고 최근에 홍수로 인한 피해가 자주 발생하고 있는 이유로 제방이나 댐의 규모를 설계할 때 설정하였던 규모를 초과하는 설계초과홍수가 자주 발생하고 있기 때문이다. 최근에 발생했던 홍수사상들 중에는 그동안 우리가 홍수방어시설을 설계하면서 적용해 온 수백년 또는 수십년과는 전혀 다른 수천년 또는 그 이상에 해당될 수 있는 기록적인 빈도를 가진 것도 있다. 1990년 9월 10일부터 12일까지 남한강 유역에 발생했던 대홍수 시 강우를 분석해 보면 그와 같은 특징을 찾아볼 수 있다. [표 4.15]에 그 당시 발생했던 24시간 최대강우량을 200년 빈도강우량과 가능 최대강수량과 비교하기 위하여 제시하였다. 팔당댐 하류구간만을 포함하는 본류유역의 강우량은 304mm로서 200년 빈도값 307mm와 흡사하나, 한강유역전체에 대한 값은 228mm로서 200년 빈도값 154mm보다 월등히 컸던 것을 알 수 있다. 또한 24시간 최대강우량 값은 가능최대강수량의 50~55%를 차지하는 것도 파악할 수 있다. 이와 같은 사실은 한강의 제방이 250년 빈도로 설계되어 있는 사실에 비추어 볼 때 심각한 것으로 판단되며, 가능 최대강수량의 반을 초과한 강수가 실제로 발생했다는 사실만으로도 다목적댐의 안전도를 다시 검토해 볼 필요가 있다고 판단된다.

[표 4.15] 1990년 9월 10일~12일 3일간 24시간 최대강우량

유역	면적 (km^2)	24시간 강우량	200년 빈도 24시간강우량	가능 최대강수량
본류 (팔당댐하류)	2.669	304mm	307mm	610mm
북한강 (팔당댐상류)	12.514	248	217	460
남한강 (팔당댐상류)	10.835	198	194	400
한강전체	25.018	228	154	410

※ 1) 자료는 한국건설기술연구원이 홍수 발생 시 분석했던 자료임.
2) 24시간 강우량은 홍수기간동안 측정된 값이며, 200년 빈도값과 가능 최대강수량값은건교부(1988)의 '한국확률강우량도'와 '한국가능최대강수량도'로 구한 값임.

[표 4.16]은 1996년에 발생한 엄청난 크기의 강우 기록을 나타낸 것이다. 이 값은 면사무소에서 관측된 것으로서 전문가에 의해서 관측된 값과는 자료의 품질이 다르리라고 판단되나 서로 인접해 있는 여러 지점에서 동시에 관측되었으며, 이보다 더 많은 강우가 이북쪽에서 관측되었다는 신문보도도 있는 바 무시해 버릴 수 있는 자료는 아니라고 판단된다. 이 값들은 기상청 관측기록 중에서 3일 연속 최다 강우량인 해남에서 발생한 659.7mm보다도 훨씬 큰 값이다. 한편, 이와 같은 극치값은 설계에도 큰 영향을 미치게 됨을 확인할 수 있다. 만일, 1996년 자료를 포함하여 연천지점에 대한 강우빈도분석을 다시 하게될 경우, 100년 빈도값이 그전에는 261mm이었지만 373mm로 증가한다. 다시 말하면, 그전에 261mm는 100빈도값이었는데 1996년 자료를 포함하여 다시 분석하게 될 경우 약 30년 빈도값으로 전락하게 된다. 기록적인 강우로 인하여, 임진강 지류인 한탄강 유역에서는 대홍수가 발생하였으며 임진강 합류부 바로 상류에 위치한 연천댐이 파괴되었다. 연천댐의 설계홍수량은 200년 빈도로 5,230m^3/sec(기본계획)였으며, 홍수시 발생한 홍수량은 약 10,000m^3/sec 정도로 설계 값을 훨씬 초과한 홍수가 발생하였던 것으로 추정된다. 1996년에 임진강 유역에 발생했던 강수량은 700mm를 초과하는 엄청나게 큰값으로서 사실상 가능최대강수량에 육박하는 값이었다. 이같은 사실은 비슷한 정도의 강수량으로 설계되어 있는 우리나라 다목적댐에 대해서도 설계적정성을 심각하게 재검토해야할 필요성이 있음을 시사하고 있다고 판단된다. 중국이나 일본에서 이미 하루에 1,000mm를 초과하는 강우가 발생하였다는 사실을 고려하면 우리의 설계 규모에 대한 재검토가 필요하다고 판단된다.

[표 4.16] 1996년 7월 26일~28일 임진강 유역에 3일 동안 발생한 최대강우량 (1996년, 한국수자원학회 조사보고서)

지점	72시간 강우량
연천	687mm
철원읍	736
김화	728
동송	732
서면	729
근남	732

[표 4.17]은 1998년 7월 31일부터 20일동안 전국에 걸쳐 발생한 집중호우 중에서 서울과 경기북부에서 발생한 일부 강우의 특성을 지속기간별 최대강우로 나타낸 것이다. 당시 발생한 강우의 크기를 상대적으로 비교하기 위하여 건설교통부가 1988년에 발간한 '한국확률강우량도'로 강우의 빈도를 추정하여 제시하였다. 제시된 값을 보면 강화와 의정부에서 지속기간에 따라서는 현재 적용하고 있는 분석방법으로 재현기간을 산출할 경우 1000년 이상으로 추정할 수밖에 없는 강우가 발생하였던 것을 알 수 있다. 빈도분석 대상 자료의 관측기간이 수십년으로 제한되므로 사실 1000년 빈도를 추정한다는 것은 불합리하다. 빈도분석은 강우특성이 시간에 따라 변하지 않는다는 정상성을 기본적인 바탕으로 하고 있는데, 1000년이란 긴 세월 동안 정상성을 가정한다는 것은 현실성이 없기 때문이다. 그러나 댐이나 제방 등의 안전도를 검토하기 위해서는 규모를 결정하기 위하여 적용했던 설계방법에 따라 상대적인 비교를 해볼 수밖에 없으므로 부득이 추정한 것이다. 추정된 빈도값은 기껏해야 재현기간을 250년 정도로 설정하여 설계하고 있는 기존의 설계치를 훨씬 초과했을 가능성을 보여주고 있다.(제시된 값은 지점 강우에 대한 빈도 분석 값이므로 유역에 대한 홍수량의 빈도분석과는 다르다. 유역의 홍수량에 대한 빈도는 이보다 훨씬 낮을 것으로 추정된다.) 제시된 강우로 인하여 강화도에서는 저수지가 파괴되었으며, 의정부 하류인 중랑천은 제방이 월류되었다.

[표 4.18]에는 1998년 대홍수 시 전국적으로 발생한 강우사상 중에서 최대강우량을 지속기간별로 제시하였다. 제시된 기록은 건설교통부의 관측소 자료를 포함하여 분석한 것이며, 괄호안은 관측소를 관리하고 있는 홍수통제소 유역이름을 나타낸다. 특이할 만한 사실은 이 기록들이 기존의 최대값을, 예를 들면 서울에서 발생했던 1시간 최대값 118.6mm 등 초과하여 발생했다는 사실이다. 한 해에 전국적으로 기존의 강우기록을 한꺼번에 갱신하는 대사건이 발생한 셈이다.

[표 4.17] 1998년 8월 서울과 경기 북부지방에서 발생한 지속기간별 최대강우 (1998, 한국수자원학회 조사보고서)

지점	지속시간 1시간		지속시간 2시간		지속시간 6시간		지속시간 24시간	
	강우량 (mm)	재현 기간	강우량 (mm)	재현 기간	강우량 (mm)	재현 기간	강우량 (mm)	재현 기간
강화	112	150년	217	1000년 이상	467	1000년 이상	602	1000년 이상
의정부	99	60년	190	600년	340	1000년 이상	406	100년
동두천	87	30년	144	90년	243	200년	354	40년
인천	61	10년	80	5년	93	5년	157	5년
서울	61	10년	99	10년	173	20년	362	50년

[표 4.18] 1998년 대홍수시 발생한 지속기간별 최대강우(1998, 한국수자원학회 조사보고서)

	1시간최대	3시간최대	24시간최대
1순위	162mm 추부(금강)	286mm 강화(기상형)	620mm 강화(기상청)
2순위	147mm 금산(금강)	236mm 의정부(한강)	489mm 팔당(한강)
3순위	146mm 팔당(한강)	224mm 청옥산(한강)	428mm 청옥산(한강)

[표 4.19]는 1998년 대홍수 기간 중 서울지역의 주요 하천의 홍수량을 추정하여 비교한 것이다. 추정된 값을 비교해 보면, 세 유역 모두에서 적어도 100년빈도 이상의 홍수량이 발생하었으며, 비교된 소하천들의 설계빈도가 100년 미만이므로 설계를 초과하는 홍수가 발생하였음을 알 수 있다.

설계를 초과하는 홍수가 발생한 사례는 우리나라뿐만 아니라 1993년 미국에서 발생한 미시시피/미주리강 홍수에서도 찾아볼 수 있다. 이들 하천시스템은 예를 들면 100년 빈도 정도의 극심하지 않은 홍수를 방어하도록 제방 등 하천시설이 설계되어 있다. 따라서 이보다 월등하게 큰 홍수가 발생하였을 경우 사실상 무방비상태라고 할 수 있는데, 이보다 월등하게 커 도저히 방어할 수 없는 홍수가 발생하였다.

최근 우리나라 또는 외국에서 발생한 이상홍수가 기후변화 때문이었다고 단정하기는 어렵다. 이와 같은 홍수의 발생원인은 우리가 아직 이해하지 못하는 자연적인 변동현상일 수도 잇다. 또한 인간의 개발영향으로 홍수피해가 더 심해지고 있는 것도 사실이다. 이러한 복합적인 영향들을 분리하여 해석하는 기술은 아직 초보단계에 머무르고 있어 최근 발생하고 있는 홍수를 제대로 이해하는 것은 한계가 있다. 그러나, 설계를 초과하는 홍수가 전보다 자주 발생하고 이로 인한 피해도 심해지고 있다는 것은 엄연한 사실이므로 대책을 수립하는 것은 시급하며 당연하다.

[표 4.19] 1998년 대홍수 기간중 서울지역 주요 하천의 홍수량(1998, 한국수자원학회 조사보고서)

하천명	지점	유역면적 (km^2)	홍수량(m^3/sec)		
			50년빈도	100년빈도	1998년
중랑천	우이천	176	1239	1400	2070
창릉천	중골천합류후	27	275	330	400
홍제천	구기천합류후	6.6	131	150	198

4.4.3 홍수관리 대책

이상 홍수에 따른 국가 차원의 홍수관리 대책은 홍수방어능력 평가에서 시작되어야 한다. 이미 설치되어 있는 제방이나 댐 그리고 하천교량 등 홍수와 관련된 사회기반시설들이 설계방어능력을 제대로 가지고 있는지를 평가해야 한다. 이들 시설들은 한꺼번에 설치 된 것이 아니라 상당한 시간 간격을 두고 다른 설계자에 의해서 다른 방법으로 설계될 수 있었기 때문에 상하류로 인접해 있다고 해도 같은 기준에서도 서로 다른 설계값을 가지고 있을 수다. 또한, 같은 설계자가 같은 방법을 적용했다고 해도 자료기간이 달라 설계값은 서로 다를 수 있다. 따라서 현재 시점에서 동일한 기간의 강우자료 또는 홍수자료를 적용하여 홍수방어능력을 같은 기준으로 평가해 볼 필요가 있다.

4.5 종합적인 홍수예방대책

자연재해는 자연과 인간 활동의 상호작용이 있는 곳에서만 발생한다. 그것은 자연현상의 규모가 아무리 커도 인간 활동이 없는 곳에서 발생하는 경우 문제를 발생시키지 않기 때문이다. 그러나 사람들이 주거목적이나 경제활동을 하는데 편리하고 매력적인 장소는 흔히 홍수에 취약한 지역인 경우가 많다.

우리나라는 기후적으로 온대 몬순지역에 위치하고 있어 연평균 강우량의 2/3가 6월에서 9월 사이에 내리며 이 기간에 발생하는 태풍과 열대성저기압에 동반된 집중호우가 큰 홍수를 유발하고 있으며 매년 2~3개의 태풍이 내습해 많은 인명과 재산손실을 가져오고 있다. 이러한 홍수 발생은 도시나 농촌지역을 불문하고 엄청난 경제적 손실을 유발하게 되므로 이에 대한 종합적인 예방대책의 수립과 이행이 이루어지지 못 할 경우 국민 생활에 큰 불편을 초래하고 있으므로 본 절에서는 홍수로 인한 피해예방을 위한 종합적인 홍수예방 및 관리 대책에 대하여 접근하고자 한다.

4.5.1 홍수예방을 위한 접근방법

홍수를 예방하기 위한 대책은 여러 가지를 생각할 수 있겠으나 우선 제도적인 측면에서 접근이 가능한 비구조적인 대책과 시설물 등을 설치하여 홍수를 방어해야 하는 구조적인 대책으로 대별할 수 있다. 급격한 산업사회로의 전환은 상대적인 피해시설의 증가를 가져오고 있고 경제 규모의 증가에 따른 소득향상은 국민이 국가에 대하여 고도의 방재서비스 욕구를 증대시키므로 이에 대한 구체적인 대책이 요구되고 있다. 또한 최근 기상은 정상적인 형식을 벗어나서 지구촌 곳곳에서 이례적인 현상이 계속 발생되고 있을 뿐 아니라 지구의 온난화, 오존층 파괴 등은 우리의 생태계까지 위협하고 있는 실정이다. 이와 동시에 급변하는 재해 환경에 능동적으로 대처하기 위하여 UN은 이에 대한 대책으로 국제자연재해 10개년계획(IDNDR)을 수립, 현재 177개국이 회원국이 되어 국가간의 협력체제를 다져 나가고 있다. 그러므로 이제는 거시적인 안목에서 정부와 각계각층의 힘을 모아 자연 재해를 예방할 수 있는 정책을 펴 나갈 수 있도록 과감한 뒷받침이 있어야 한다고 본다. 현재까지는 사회간접자본 확충분야에 투자 우선 순위를 두어 왔지만 21세기를 준비하는 시점에서 재해예방분야에 과감한 투자가 이루어져야 한다고 본다.

4.5.2 홍수의 특성 조사

특정한 지역에서의 홍수의 특성과 규모를 결정하기 위해서는 수문학 또는 수문기상자료와, 수자원 관리자원 등의 특성조사를 한 후 홍수예방대책을 수립하여야 하며 홍수의 특성 조사 내용에는 다음 사항이 포함되어야 한다.

(1) 수문학 또는 수문기상학자료

① 강우량, 강우강도, 강우지속시간등 강우자료

② 유속, 유량등 유출분석자료

③ 평균수위, 홍수위등 수위분석
④ 하상재료 조사, 유송물질 분석등 유사량 조사자료
⑤ 파도에 대한 조사자료
⑥ 풍향, 풍속자료등

(2) 수자원 관리자원

① 댐, 보, 양배수장, 수문조작, 유수지 등의 홍수통제에 관한 기록

(3) 홍수피해 기록

① 침수면적, 침수정도, 홍수의 유속, 침수지속시간, 총 침수수량 등 침수기록
② 형상적 피해(직·간접피해) 및 비형상적 피해

4.5.3 홍수 예방 대책의 정책적 검토

홍수 예방 대책의 궁극적인 목표는 홍수가 국가와 개개인에게 미치고 있는 충격을 완화시키고 홍수로 인한 손실을 예방함으로써 개개인의 삶의 질을 높이는데 있다. 이러한 목표는 경제적인 순이익을 최대화하고 명확화 시킬 수 있으나 환경보존이나 국민의 복지증진 수준향상 등 경제적 가치로 환산시킬 수 없는 목표도 포함되어야 하므로 실제 정책선택은 목표를 구체화시키는데 따르는 여러 제약 조건하에서 이러한 여러 가지 목적들이 어느 정도 부합되도록 선택하게 된다. 이는 경제에 최대의 이익을 주는 정책이 환경보전에 최대의 이익을 가져다주는 정책과 반드시 일치하지는 않기 때문이다. 종합적이고 일관성 있는 수방 대책의 근원적인 목표는 수해로 인해 야기되는 경제·사회적 손실을 예방한다는 취지에 부합되어야 하며 이를 위하여는 다음의 원칙들이 정책 수립 과정에 반영되어야 한다.

① 모든 수방대책들은 현재 수해 피해를 입을 가능성이 큰 생명과 재산의 손실을 경감하도록 세워져야한다.
② 재해에 위험한 지역이 개발로 인하여 장래에 재해 가능성를 크게 높이는 개발정책은 지양되어야 하며, 이 지역의 토지이용계획은 홍수유발 빈도와 그 위험성을 사전에 진단하여 적절한 예방대책을 수립한 이후에 시행되어야 한다.
③ 대책에는 홍수유발에 적절한 예·경보, 긴급활동, 정부의 재난구조가 가능하도록 수립되어야하고 이를 위해 기와의 홍수와 장래 발생할 홍수의 가능성을 평가하여 이를 그 지역에 살고 있는 사람들에게 알려 주어야 한다.

④ 국가나 개인에게 일어날 수 잇는 사회적, 경제적, 환경적인 변화 결과를 고려하여 대책이 수립되어야 한다.

⑤ 효과적인 수방 대책의 수립을 위하여 기 개발된 지역과 미개발 지역을 구분하여 예방대책을 수립하고 기 개발지역의 경우에는 홍수로부터의 위험을 경감하기 위한 사업이 포함되어야 하며 새로 개발되는 지역의 경우에는 수해를 입은 가능성을 파악 효과적인 예방대책이 선행되도록 하여야 한다.

4.5.4 종합적인 홍수 예방 및 관리 대책

종합적인 홍수 피해 방지 및 관리 대책은 유역 내 거주와 홍수터의 이용에 따라 생긴 사회적·경제적 변화에 미치는 홍수의 영향을 줄이려는 노력이며 하도 정비, 홍수 저류, 제방축조와 같은 구조적 홍수 피해 방지 대책과 홍수보험, 지역구제 홍수 예·경보와 홍수의 영향을 감소시키기 위한 비 구조적 홍수 예방 대책이 있다. 본 절에서는 구조적 및 비구조적 홍수 대책의 종류와 주요 장점 및 단점을 요약하였다.

[1] 구조적 홍수예방 대책

(1) 제방과 홍수벽

제방과 홍수벽의 주요 목적은 홍수터의 특정 부분과 하도사이에 홍수를 제한하는 것이며 제방과 홍수벽의 설계와 건설 조건은 지역의 상황과 그 구조물에 의해 보호될 수 있는 인명과 재산 피해에 의해 좌우된다. 제방은 일반적으로 흙으로 쌓게되며 기초부 폭을 유지하기 위해 상당한 공간이 필요하고 홍수벽은 일반적으로 콘크리트나 철근 콘크리트 구조제로 세워지며 토사로 쌓여지는 제방보다는 훨씬 작은 공간이 필요하기 때문에 제한된 지역에서 이용하는데 보다 적합하다. 어떤 규모의 제방과 홍수벽이 세워져야 하는가 하는 것은 홍수로부터 보호받게 될 지역의 중요성에 의해 좌우된다. 기본적으로 조사될 사항은 제방위치, 설계 홍수위의 결정, 기초부 조건과 축제재료이고 또한 제방축조의 필요사상에는 축제재료에 적합한 토취장에 대한 지질학적 조사도 포함된다. 제방과 홍수벽의 축조시 토제의 경우 침하를 허용하기 위해 기준 홍수위 위로 충분하 여유교를 두고 축조해야 하며 여유고의 허용치는 월류를 방지하는데 충분해야 한다. 그렇지 않으면 적합한 안전장치를 설계에 포함시켜서 설계기준 홍수보다 큰 홍수에 의한 제방 월류로부터 지역사회를 보호해야 한다. 제방이 효과적인 홍수피해 방지대책이 되기 위해서는 적절한 유지관리가 뒤따라야 하고 유지관리를 위해 홍수시와 그 직후에 안전점검을 실시하고 그 결과에 따라 적절한 조치를 취하여야 한다. 또한 제방에서 경작, 가축방목은 규제되어야 하며 겸용도로용 제방을 제외하고는 차량의 통행으로 인한 제방단면이 손상을 입는 일이 없게 하는 등 세심한 주의를 기울여 제방붕괴를 방지하고 안전을 유지하여야 한다. 안전을 위해 제방의 배면경사는 완만하게 축조되어야 세굴에 따른 위험을 줄일 수 있고 홍수가 제방의 계획홍수위를 초과하더라도 제한된 월류만을 허용하여 피해를 최소화 할 수 있어야 한다.

(2) 우회 홍수로

우회수로는 홍수경감에서 두 가지 기능을 한다. 먼저 홍수의 일부분을 저장하는 크고 얕은 저수지를 만들어 물의 흐름을 분리하여 하류의 홍수의 감소시켜서 상류로부터 공급되는 물의 추가적인 방출을 가능하게 한다. 우회 홍수로에는 자연적인 것과 인공적인 것의 두 가지가 있다. 자연홍수로는 현존의 지형이 함몰된 지역을 다라 형성되어 하천 내에서 더 이상 수용할 수 없는 홍수가 유입되는 곳이다. 필요하다면 홍수로의 유입구에 여수로나 수문을 만들어 홍수를 조절하게 된다. 여수로는 하천에서 홍수로로 분류될 홍수의 양을 조절하기 위해 제방단면의 형태로 남고 큰 홍수시에 홍수의 장기간 월류에 대비, 붕괴되지 않도록 특별히 설계되어야 하며 돌망태에 의해 보호하거나 잔디를 심은 완만한 후면경사를 만들어 보호한다. 홍수로가 비교적 급한 하상 경사를 갖는다면 홍수로를 따라 적당한 간격으로 홍수의 방향과 직각으로 조절용 물막이 둑을 만들어야 하며 이 물막이 둑은 여수로와 비슷하게 설계되어 그 지역을 안전하고 단계적으로 홍수가 통과할 수 있도록 유속을 감소시키는 일련의 웅덩이로 형성한다. 분수로는 하류의 홍수위험지구의 홍수를 중간 차단하기 위하여 건설하며 인공수로를 통하여 물을 유역밖으로 배출하고 하천수로를 완전히 변경하거나 피해를 유발할 가능성이 있는 총수량의 일부분을 흐르게 한다. 제방과 홍수벽으로 보호된 지역의 유수를 배출하는 방법은 다음과 같다.

① 하천수위가 낮은 시기에 수문과 통관을 통한 중력식 배수
② 저지대에 하류저수
③ 중력흐름이 배수효과에 의해 제한되는 기간동안에는 내수를 직접 펌핑하게 되고, 제한된 방류구, 불충분한 저류능력, 홍수에 의한 배수위에 의해 중력흐름만으로 적합한 유량이 배제되지 않을 경우에도 또한 내수배제를 위해 펌핑을 한다.

(3) 배수시스템

제방 또는 홍수벽 제내지의 저지대침수를 막기 위해 이 지역을 위한 배수시스템에 대한

고려가 필요하다. 펌프용량과 크기, 조작기간, 저류면적, 하도, 관망시스템 등이 최소화되도록 저류면적, 하도, 관망, 중력식 배수등을 설계해야 되며 효과적인 펌프시설의 계획설계에는 전체 배수시스템을 효과적으로 운영하기 위한 배제유량의 결정, 보조적인 배수시설, 펌프시설의 위치 등의 결정이 포함된다.

대부분의 우수배제시스템에 적합한 펌프는 낮은 수두에서 많은 양의 물을 효과적으로 양수할 수 있고, 유출관 내에 상당한 유사나 부유물이 있어도 작동될 수 있는 축류, 혼합류—회전류 원심 펌프가 가장 적합하다. 다양한 유량 규모에 따라 효과적인 펌프능력을 유지하기 위하여 두 대 이상의 펌프를 설치하는 것이 유익하며, 한 대가 작동이 중지되었을 경우에도 펌프 전체가 중단되지 않도록 해야한다. 중력에 의한 우수배제는 한두개의 대형수문보다 여러 개의 작은 수문이 보다 효과적으로 이루어 질 수 있다.

(4) 홍수경감 저수지

홍수경감 저수지는 중소규모하천에 널리 이용되나 홍수를 저류하는데 많은 경작지가 수몰되므로 댐 건설에 적합한 지역을 선정하기가 어려운 경우가 많다. 지형적으로 대형댐의 건설에 적합한 지역은 방대한 토지를 수용해야 하고 많은 주민의 이주가 뒤따르며 많은 비용이 들기 때문에 특정한 도시를 보호하거나 홍수의 첨두를 현저히 줄일 수 있는 실질적인 홍수경감을 위한 지역에서만 가능하다. 다목적댐에서는 이용 가능한 저류능력 일부분을 미리 정해 놓은 것이 일반적이다. 그러나 홍수경감 저수지를 만들 때 용수공급이나 관개기능을 지니도록 하는 것이 필수적이다. 홍수경감 저수지의 주요 단점은 설계홍수량 크기가지만 홍수를 조절할 수 있다는 사실을 하류 주민들이 인지하지 못한다는 것이다. 따라서 하류의 홍수터에 무계획적인 개발이나 무단거주가 발생하지 않도록 토지이용규제를 강화해야 한다.

[2] 비구조적 홍수예방대책

(1) 사전대피

침수를 피할 수 없을 때 피해를 줄이는 최선의 방법은 홍수위험지역의 주민과 재산을 안전지대로 대피시키는 것이며 대의 주목적은 인명을 구하는 것이지만 그 지역에서 이용 가능한 상품을 이동시켜 홍수피해를 줄이는 것도 포함된다. 대피는 단기적 대책으로 간주되며 홍수 전·중·후의 세 단계로 구분된다. 홍수피해와 사상자 수를 줄이는 가장 큰 잠재성이 큰 경우는 홍수전이며 우리나라 중앙재해대책본부에서는 1993년 6월부터 실시한 한 단계

앞선 재해예방조치로 『사전계획대피제』를 추진하면서부터 인명 피해가 선진국 수준인 인구 100만명 당 2명으로 획기적인 인명피해 경감의 성과를 거두었다. 대피계획은 큰 홍수가 일어나지 않은 기간 동안 국민 모두가 일정한 수준의 홍수의 식을 갖게 하는 것이며 공공의 인식을 높이기 위해서는 특별한 노력이 필요하다.

(2) 홍수예경보

홍수예경보는 호우에의해 발생되는 홍수의 기간 특히 첨두유량시의 특정지점의 수위, 유량, 홍수도달시간 등을 추정하는 것이고 홍수경보는 어떤 하천유역의 어떤 지점에서 가까운 장래에 홍구사 발생할 것이라고 사전에 경고하는 것이다. 홍수예보가 효과적이고 가치있는 대책이 되기 위해서는 시간이 적절하고 정확해야 하고, 경보를 받았을 때 주민들이 무엇을 해야 할지 사전에 홍보하는 계획과 조합되어야 하며, 홍수피해로부터 재산을 보호하고 대피하는 계획이 포함되어야 한다. 어떤 경우에는 홍수예경보는 홍수위험지역의 관리와 홍수피해경감에서 가장 중요한 비구조적대책이 될 수 있다. 홍수예경보의 가치는 직접적으로는 인명과 재산의 손실을 방지 할 수 있고 간접적으로는 경제·사회적인 업무의 지장을 최소화시킬 수 있다는데 있다. 홍수예경보의 직접이득은 인명을 구할 수 있는 가능성에 있고, 잠재적인 홍수피해를 감소시킬 수 있을 때 얻어지며 개개인 자신의 재산을 보호하기 위해 취하는 활동이나 임시 제방축조 및 관리와 같은 지역사회의 활동이 포함된다. 홍수예경보는 사람들을 홍수위험이 없는 안전지역으로 대피시키는 홍수 방어 활동에 대한 보급과 같은 비상대책수립에 도움을 주고 또한 예측치 못한 홍수에 의해 지역사회의 통신과 교통, 영업의 중단 등에 의해 야기되는 경제·사회적 손실을 최소화시키는 것과 같은 무형의 이득도 있다.

(3) 토지이용 규제

토지이용 규제는 홍수로 인한 손실을 최소화하기 위하여 토지이용을 최적으로 제한하려는 정부와 홍수 위험지역의 토지 소유자들의 개발욕구 사이에서 대립되어 문제화되고 있으며 이런 문제를 해결하기 위해서는 다음과 같은 사항을 고려해야한다.

① 홍수 위험지역에 부과된 토지이용 규제와 구획화(Zoning)의 범위에서 발생할 수 있는 잠재적 홍수피해의 절감.
② 대안으로 가장 비용이 저렴한 홍수경감대책을 이용할 수 있는 가능성
③ 이 방법에 의한 경제적, 사회적, 환경적 목표의 범위

(4) 내홍수건축

침수에 의한 피해는 물이 건물 내에 들어오는 것을 적절하게 막아서 최소화시킬 수 있으며 이런 대책에는 물이 들어오지 못하도록 건물에 셔터를 달거나 지반을 높인 후에 건물을 세우거나 각개 건물주위에 차수벽을 설치하고 침수에 견디는 재료를 사용하는 방법과 지리적으로 성토가 불가능하여 현재 위치에서 건물축조가 불가피할 경우는 1층은 주차장이나 다른 공간으로 활용하고 2층부터 생활공간으로 활용할 수 있도록 계획하는 것이다. 이는 홍수시에 침수가 불가피 하지만 퇴수 이후는 우리들의 삶에 크게 영향을 미치지 아니하므로 원형대로 생활을 영위할 수 있는 장점이 있다. 침수심이 얕고 물이 천천히 밀려오는 지역에는 모래주머니나 벽돌 등으로 쌓은 임시벽이 건물을 보호하는데 이용될 수 있으며 물이 침투할 수 없는 벽이나 기초로 된 건물들은 현관문과 홍수위 이하의 구멍들을 방수 처리하여 침수를 방지하기도 한다. 내홍수 방안들은 토지이용규제의 대안으로 상용되어서는 안되며 비교적 홍수위험이 적은 지역에서 활용되어야 하고 하수복류를 중지시킬 때 수압에 대하여 건물의 안정성이 유지되도록 설계기준을 정해야 한다.

(5) 홍수적응

홍수적응(Flood adaptaion)이란 말은 주요 홍수터 내 주민들이 불가피하게 간헐적인 홍수의 영향을 받는다는 사실을 알고 그에 따른 지역활동을 하게 되는 것을 말한다. 그들이 일하고 사는 지역의 홍수피해와 과거의 홍수위의 범위를 홍보하여 어떻게 자신들의 주택과 상점, 공장들을 보호하고 홍수를 대비하고 홍수에 대한 응급조치를 취할 것 인가하는 것은 주의를 요하는 일이다. 홍수터 주민들은 그들 자신이 자발적으로 홍수방어대책을 수립한다. 홍수적응의 실제적인 예는 개인이 쌓은 제방과 가축대피 등을 들 수 있다.

(6) 홍수보험

홍수보험은 홍수 피해의 복구 비용 부담을 경감시키는 방법으로 여러 장점이 있다고 알려져 있으며 또한 각 개인의 소유주가 불확정적이고 잠재적으로 큰 피해를 오랜 기간에 걸쳐 분산시킬 수 있도록 하고 홍수피해를 광범위한 지역과 많은 사람들에게 분담시키는 방법을 제공해 주고 있다. 홍수는 일부지역에 국한되기 때문에 홍수보험은 일반적으로 홍수위험지역으로 알려진 지역의 주민들에게서 나오는 요구이다. 주요행정은 피해발생 시에 홍수보험이 완전하게 그 피해에 대한 비용을 지불 할 수 있는가와 이 비용이 피해가 전혀 없는 주민전체에 대해 분담되어야 하는 문제이다. 홍수에 대해 보험의 보호를 제공하는 기본적인 어려움 중의 하나는 여유 있는 보증금으로 보호의 비용을 지불하는 홍수피해에 대한 보험금 지불요청이 있을 때 충분히 지불이 가능한 보험자들을 찾는 것이다. 이런 이유로 보험회사들은 일반적으로 홍수보험을 하려하지 않는다. 이런 문제를 극복하기 위하여 어떤 나라에서는 중앙정부가 지원하는 국영보험 제도를 제공하고 있다. 보험은 자연재해 자체를 직접 감소시키거나 재해로부터 피해와 파괴와 위험성을 감소시키는 것이 아님에 유의해야 하며 단지 손실을 시간공간적으로 분산시킬 뿐이다.

되짚어 보기

제4장 홍수

1. 기준홍수위 3가지를 쓰고 간단하게 설명하시오.

해설 ① 지정홍수위 ② 경계홍수위 ③ 위험홍수위

2. 홍수주의보와 홍수경보는 각각 언제 발령되는가?

해설 홍수주의보는 경계홍수위 예상 시 발령되고, 홍수경보는 위험홍수위 예상 시 발령됨.

3. 홍수조절율(%)과 지체시간의 정의를 쓰시오.

해설 $\text{홍수조절율(\%)} = \dfrac{\text{최대유입량} - \text{최대방류량}}{\text{최대유입량}} \times 100$

지체시간 = 최대유입량 발생시간 − 최대방류량 발생시간

4. 강우 시 침수 원인을 크게 3가지로 분류하시오.

해설 ① 하수관 용량이상의 우수유출량 발생
② 하수관의 경사불량이나 퇴적물에 의한 배수불량
③ 지리적으로 낮은 저지대 등

5. 우수유출 저감 시설의 계획을 쓰시오.

해설 ① 유출저감시설은 우수배제를 위해 하수관용량을 상향조절하기 어려운 지역에 설치하는 것을 원칙으로 하며, 기존 하수도시설을 그대로 유지하는 상태에서 우수유출을 억제할 수 있도록 계획한다.

② 우수유출 저감시설은 원칙적으로 하천의 유역단위로 설치한다.
③ 우수유출 저감시설은 개발지역으로부터 유출이 하천의 계획홍수위 이하로 제어될 수 있도록 설치한다. 우수의 집수, 저류 및 배수가 효율적으로 이루어지도록 조성계획, 토지이용계획과 조정한다.

6. 침수 예방을 위해 유역에서 우수유출량을 저감 하는 방법 2가지를 쓰시오.

해설 ① 시가지 총 우수유출 발생량의 감소
② 우수유출 첨두량 저감

7. 우수유출 저감 사업을 우선적으로 실시하여야 하는 유역을 선정 시 고려할 사항을 설명하시오.

해설 ① 지형적으로 침수피해가 일어나기 쉬운 저지대의 상습침수지역
② 침수피해의 규모
③ 하천수위의 상승으로 우수를 하천으로 방류하기 어려운 지역
④ 하수관의 부분적 개수 및 용량 증가로 침수를 방지할 수 없는 지역

8. 홍수를 예방하기 위한 대책은 여러 가지를 생각할 수 있겠으나 우선 제도적인 측면에서 접근이 가능한 (①) 대책과 시설물 등을 설치하여 홍수를 방어해야 하는 (②) 대책으로 대별할 수 있다. 빈칸에 알맞은 용어를 쓰시오.?

해설 ① (비구조적인)
② (구조적인)

9. 홍수예방대책 수립 시 홍수의 특성 조사 내용에 포함되는 3가지를 쓰시오.

해설 (1) 수문학 또는 수문기상학자료
(2) 수자원 관리자원
(3) 홍수피해 기록

10. 구조적 홍수예방 대책 4가지를 쓰시오.

해설 (1) 제방과 홍수벽　　(2) 우회 홍수로
(3) 배수시스템　　(4) 홍수경감 저수지

11. 비구조적 홍수예방 대책 6가지를 쓰시오.

해설 (1) 사전대피　　(2) 홍수예경보
(3) 토지이용 규제　　(4) 내홍수건축
(5) 홍수적응　　(6) 홍수보험

제5장
가뭄

5.1 우리나라 가뭄의 정의와 특성 분석

1994년 우리나라 남부지방의 50년만에 발생한 가뭄은 그 원인이 이산화탄소의 증가와 남미 태평양 부근의 수온상승에 의한 엘리뇨현상이라고 해석되지만 이러한 기상재해는 고대로부터 반복되어 온 것을 기록에서 찾아 볼 수 있다. 가뭄에 대한 최고 기록은 아마 성경 창세기에 기록된 B.C. 1600년경 이집트의 7년에 걸쳐 발생한 가뭄일 것이다. 우리나라의 가뭄도 2년 연속되는 특징을 가지고 있지만 그 당시의 7년 연속가뭄은 지상의 모든 생명체를 죽음에 이르게 하기에 충분하였을 것이다.

본 장에서는 우리나라의 가뭄 특성을 이해하기 위하여 역사 기록에서 파악할 수 있는 과거의 가뭄을 우선 파악하고, 가뭄이 발생하면 어떠한 형태로 발생하는지 그 정의와 평가 방법을 살펴본 후 우리나라에서 발생한 과거의 가뭄 피해에 대하여 기술하였다.

5.1.1 우리나라 역사상의 가뭄과 대책

우리나라의 가뭄 기록은 삼국시대부터의 자료가 유효한데, 삼국사기 고구려 본기에 보면 '봉상왕 9년(서기 300년) 2월부터 7월까지 비가 오지 않아 기민(機敏)이 상식인(相食人) 하였다'는 기록이 있다. 고려시대에는 충례왕 5년에 전년도 5월부터 그해 4월까지 비가 오지 않은 기록이 있다. 조선시대에도 이와 유사한 기록이 나타나고 있으며 봄과 여름에 걸쳐 가뭄이 발생하여 기근으로 인한 생존권을 위협받았다. 이러한 가뭄은 증보 문헌 비고에 의하면 이 기간에(약 2000년) 14년마다 1회 정도로 136회의 가뭄이 있었고 2년 연속가뭄이 33회, 3년 연속가뭄이 14회, 4년 연속가뭄도 3회나 있었다고 한다.

근대 이전에 이러한 가뭄을 이겨내기 위한 우리의 가뭄대책이란 대략 세 가지로 분류할 수 있다.

첫째는 가뭄에 대비하여 수리시설(堤와 堰)을 신·개축하는 것이었다. 보(堰)에 의한 수리는 삼한시대부터 하천의 유수를 논으로 인수하는 데 가장 편리한 방법이었을 것이므로 널리 사용되었다.

서기 330년경의 김제 벽골제(碧骨堤)는 대표적인 우리의 고대 수리시설이다. 그 후 고려시대의 공민왕 11년인 1362년에는 최초로 수차가 등장하였다. 조선시대 숙종에서 영조 기간에는 전국적으로 벼 이앙법이 보급됨으로써 수리시설의 중요성이 대두되어 정조 시대에는 전국의 제언 수는 3,378개소에 이르렀다. 한편 이러한 많은 수리시설의 유지관리하기 위하여 현종 3년(1662년)에 제언사를 두었으며 정조 2년에는 제언절목(堤堰臺帳)을 작성하여 전국에 배포하였다.

둘째는 이집트의 예에서와 같이 식량을 저장하여 기근 때 구호하는 것이다. 백제 고개왕(248년) 15년에 가뭄이 심하여 창고의 구호곡을 급여하였다는 기록이 삼국사기에 있으며 고려 때는 의창(義倉)을 만들어 곡식을 비축토록 하였다. 조선시대에는 그해의 가뭄의 정도(豊凶)에 따라 9등급으로 나누고 과세를 실시함으로써 가뭄으로 인한 생존권의 위협을 최소화하기도 하였다.

셋째는 가뭄의 정도를 파악할 수 있고 농사 지도를 위해 기상 관측을 실시한 것도 중요한 가뭄 대책중의 하나이다. 세종24년(1442년)에 측우기를 개발하여 각도에 보급하여 우량을 올바르게 측정토록 하였다. 이는 우량관측에 있어 세계 최초이며 이때의 우량계는 남아 있지 않지만 그 후 영조46년(1770년)부터 서울 지방의 기록이 현존하고 있다. 약 220년간 일관성 있는 우량자료로는 세계에서 2번째라고 한다.

5.1.2 가뭄의 구분

우리는 가뭄이 들었다고 할 때 단순히 장기간에 강수의 부족으로 쓸 물이 없을 때를 말한다. 그러나 좀더 구체적으로 살펴보면 강수 현상과 물의 용도에 따라 여러 가지 가뭄이 있음을 알 수 있으며, 다음과 같이 가뭄을 구분할 수 있다.

① 기상학적인 가뭄 : 주어진 기간의 강수량이나 무강수 계속일수 등으로 정의하는 가뭄
② 기후학적인 가뭄 : 월별 또는 연별 강수량을 동일 기간의 누년 평균치의 백분율로 표시하는 가뭄
③ 대기 가뭄 : 기온, 바람 및 습도 등으로 정의하는 가뭄
④ 농업가뭄 : 농작물 생육에 직접관계되는 토양의 수분으로 표시하는 가뭄
⑤ 수문학적인 가뭄 : 하천, 저수지, 지하수 등의 가용 수자원의 양으로 정의하는 가뭄

이러한 가뭄 현상은 개별적으로 또는 독립적으로 발생하는 것이 아니며 서로 상관성이 있다. 기상학적인 가뭄이 오래 지속되면 토양 부분을 고갈시켜 농업가뭄을 유발시키며, 하천이나 저수지의 수량을 감소시킴으로 수문학적인 가뭄으로 이어지게 된다. 그러므로 각 가뭄마다 그 정도를 표시할 수 있는 지표가 필요하며 발생빈도도 상이하다.

5.1.3 가뭄 평가 방법

대체로 가뭄의 정도를 표시하는 데는 "몇 년 만의 가뭄이다" 라는 표현을 사용하고 있다. 찾아오는 햇수가 길면 길수록 가뭄의 정도가 큼을 나타내고 있는데, 수공연구자나 기술자들은 이런 표현에 만족할 수가 없고 좀 더 정확한 가뭄 표현 도구가 필요하다.

가뭄의 정도를 표시하는 데는 여러 인자가 사용되는데, Sikka (1972)는 강우량의 지역적, 시기적 특성을 정해 놓고 실제 강우발생 비율에 따라 가뭄을 표현하였고, Hershfield 등(1972)은 dry-day를 사용하여 가뭄의 정도를 나타내기도 하였다. Bidwell(1972)은 토양수분과 기상인자를 조합한 새로운 수문 변수를 사용하여 가뭄을 평가하기도 하였으며, Millan(1972)과 Chow(1964)는 강수, 토양수분, 지하수위, 하천유량, 저수량 등의 부족 정도를 가뭄 발생의 확률분포 대상으로 간주하였다. Smart(1983)는 강우량과 증발량으로 토양수분의 부족 상태를 추정함으로써 가뭄의 빈도, 지속시간 및 심도를 나타내었다. 박성우 등(1982)은 "한발 기준년 재조정의 연구"에서 과우량과 과우일수를 사용하여 가뭄의 빈도표와 과우량별 빈도별 등과우일수도를 제시하였다. 이때 최초로 '과우'라는 용어를 사용한 바 있다.

[1] 과우량과 과우일수

과우(寡雨)의 '과'(寡)는 '적다'라는 뜻인데, 평균 강우량에 비해 적게 왔을 때 과우상태라고 말할 수 있다. 이 과우상태는 기상학적인 가뭄을 평가하는데 유용한 용어임을 알 수 있다. Hershfield (1972)가 사용한 dry-day는 무강우의 의미에 가까운데, Hershfield가 dry-day를 계산할 때 기준한 우량은 강우가 있긴 있되 강우로서 수문 및 농업에 아무런 영향을 미치지 않는 강우 즉 무강우로 취급할 수 있는 0.25"(6.4mm)였다. 그러므로 이때의 dry-day는 무강우일수로 볼 수 있다. 박성우 등(1982)의 과우일수는 일우량을 누가하여 합계가 각각 0.5, 10, 15, 20, 30mm가 될 때까지의 일수로 정의하였다. 예를 들면 일우량이 30mm가 될 때까지는 과우상태로 간주하는 것이며 이때 30mm는 과우량이 되는 것이다. 이 경우 문제가 되는 것은 30mm가 되면 과우상태가 끝나고 해갈된 것으로 간주할 수 있는가 이다. 우리가 가뭄을 겪을 때 느끼는 체감가뭄과 일치해야하는데 30mm로서는 어느 누구도 가뭄이 끝났다고 단정하기 어렵다. 그러므로 Hershfield의 과우량을 무강우로 취급할 수 있는 하한 과우량이라고 한다면 해갈 여부를 결정할 수 있는 상한 과우량의 개념이 도입되어야 한다. 가뭄의 지속여부와 관계되는 새로운 상한 과우량의 기준의 마련에는 두가지 접근 방법이 가능할 것이다. 하나는 물리적인 의미에서 가뭄의 지속여부를 판단할 수 있는 과우량의 기준이고 다른 하나는 이제까지 우리가 겪은 체감가뭄을 기준으로 과거의 가뭄지속일수를 계산하고 이 기간동안의 강우량을 과우량으로 정의하는 것이다.

물리적인 의미의 과우량은 토양수분의 포화도에서 그 기준을 마련할 수 있다. 즉 표토층의 경운깊이에 토양수분이 작물 생육에 도움이 될 정도가 된다면 가뭄이 종료되었다고 볼 수 있다. 물론 토양의 종류, 강우강도, 작물의 재배방식 등에 따라 토양수분의 함유정도는 상이할 것이다. 일반적인 평균치로부터 표토층의 경운깊이를 15.0cm로 보고 공극율은 60%이며, 공극의 약 50%가 물로 포화된다면 작물 생육 조건을 만족한다고 볼 수 있다. 여기에서 강우의 손실이 작물에 의한 차단과 삼투능에 의해 약 25%가 발생하는 것으로 하면 다음식과 같이 약 60mm가 된다.

$$150 \times 0.6 \times 0.50 / (1 - 0.25) = 60\text{mm}$$

다음으로 체감 가뭄을 기준하여 과거 가뭄지속일수를 분석하는 방법은 그 과정과 결과만을 정리하면 다음과 같다.

우선 과우량은 5, 6, 7, 8월 동안 일강우량 자료를 누가하여 과우일수를 계산하고 그 일수를 해당가뭄년의 가뭄지속일수와 비교하는 것이다. 이때 과우량인 누가 강우량을 계산하는 방법은 다음과 같으며, 무강우로 간주하는 하한 과우량의 기준은 Hershfield의 기준(0.25″= 6.4mm)에서 약 5mm로 준용할 수 있다.

① 5, 6, 7, 8월의 일강우량 자료로부터 단독 1일 강우량이 5mm이하일 경우 무강우로 취급하고 일 강우량을 누가한다.
② 누가강우량이 50mm, 60mm, 70mm 등 여러 가지 기준에 달할 때까지의 과우지속 일수를 계산한다.
③ 계산 결과를 과거 가뭄기록으로부터 비교하여 과우일수를 결정하고 이때의 누가 강우량을 과우량으로 정의한다.

과우량 70mm를 기준으로 할 경우 측후소별 과우일수를 계산해 보면 [표 5.1]과 같다.

[표 5.1]에서와 같이 광주측후소의 과우일수는 1967, 1968 및 1994년의 가뭄지속일수를 잘 표현한 것으로 볼 수 있다. [표 5.1]을 적정한 확률분포함수를 이용하여 빈도값을 구하면 임의 해의 과우일수를 가지고 그해의 가뭄의 정도를 평가할 수 있을 것이다.

[표 5.1] 각 관측소별 과우일수

년도	서울	춘천	대전	대구	광주	진주
1960	28	39	38	44	38	44
1961	33	27	27	36	28	24
1962	46	40	39	59	33	32
1963	26	26	26	27	25	32
1964	31	37	36	62	39	32
1965	71	70	46	61	37	37
1966	38	44	42	36	36	35
1967	39	49	55	48	56	55
1968	61	41	41	71	72	48
1969	43	42	43	40	37	27
1970	36	39	28	29	37	30
1971	33	34	30	42	33	30
1972	44	47	52	43	48	43
1973	50	43	49	55	52	41
1974	35	34	42	36	28	28
1975	36	52	35	32	40	21
1976	50	46	39	55	32	34
1977	47	50	50	46	54	32
1978	56	56	41	41	41	41
1979	25	33	29	28	33	26
1980	32	41	26	35	30	22
1981	41	30	50	43	50	42
1982	67	51	54	77	54	57
1983	56	63	51	51	62	44
1984	49	39	37	39	39	38
1985	44	57	50	40	35	40
1986	37	44	34	30	27	28
1987	33	37	33	34	33	33
1988	40	34	49	41	52	27
1989	36	36	36	39	36	36
1990	28	31	42	31	32	36
1991	33	33	34	40	33	32
1992	35	34	63	72	65	62
1993	28	26	26	41	41	25
1994	41	41	46	38	68	62

[2] 과우일수에 의한 가뭄빈도

[표 5.1]을 Gumbel-Chow의 확률분포함수를 이용 빈도값을 구하면 [표 5.2]와 같다. [표 5.2]에서와 같이 가뭄빈도는 강우량이 지역별로 편중되는 원인으로 측후소마다 상이하며, 전국적으로 볼 때 10년빈도 가뭄에 해당되는 과우일수는 약 50일에서 61일 사이인 것으로 나타났다.

한편 평년 과우일수는 경남 진주의 35일에서 경상북도 대구시의 42일 사이를 나타내고 있어 [표 5.1]의 과우일수로부터 크고 작은 가뭄현상이 전국에서 자주 발생됨을 알 수 있다. 결론적으로 [표 5.2]는 향후 과우일수를 기준으로 그 해의 가뭄정도를 판단할 수 있는 충분한 기준이 될 것으로 사료된다. 그러나 과우일수와 가뭄상태와는 항상 일치할 수는 없으며 수리시설의 내한능력에 따라 달라질 수 있다. 즉 기상학적인 가뭄과 수문학적인 가뭄의 정도가 상이하다는 논리가 성립하게 된다.

[표 5.2] 과우일수에 의한 가뭄 빈도 (단위 : 일)

빈도별	수원	춘천	청주	대전	전주	광주	대구	진주	부산
평년	42	40	41	39	39	40	42	35	36
3년	45	44	45	43	43	47	47	39	40
5년	50	49	50	47	48	51	53	44	44
10년	56	55	56	53	55	58	61	50	50
20년	63	60	62	58	61	65	68	56	55
50년	71	68	69	65	69	74	77	64	63
100년	77	73	75	70	75	80	84	70	68

[3] 저수율에 의한 가뭄빈도

저수율에 의한 가뭄빈도 계산을 위해 최대 과우일수 발생기간동안의 도별 최저 저수율 자료인 [표 5.3]을 이용하였다. 여기서 저수율은 도별 각 농지 조합에서 보고한 저수율로서 각 저수지에서 2~3일 간격으로 관측한 값이다. [표 5.3]에서와 같이 가뭄년의 도별 최저지 수율은 약 30%미만인 것으로 나타났으며, 특히 1992년과 같은 가뭄년의 경우에는 경기도가 58%인 반면 전북의 경우는 12%를 나타내어 지역별로 상당한 차이를 보이고 있음을 알 수 있다.

또한 이자료를 이용하여 Weibul-Method로 빈도처리한 결과는 다음 [표 5.4]와 같이 나타났다. [표 5.4]에서와 같이 저수율빈도 역시 지역별로 상이하며, 전국적으로 본 10년 빈도 저수율은 충북의 15.5%에서 경북의 21.3%사이인 것으로 나타났다. 도별 분포를 보면 빈도년이 증가할수록 경남과 전남지역의 저수율이 급격히 떨어지는 것으로 보아 이제까지 겪은 체감가뭄과 잘 일치하고 있음을 알 수 있다.

5.1.4 우리나라 가뭄 특성

우리나라의 과거 가뭄 발생 현황은 [표 5.5]와 같이 1960년부터 1994년까지의 가뭄이 발생한 연도는 1967년을 비롯하여 9개년이다.

[표 5.3] 도별 최저 저수율 (단위 : %)

년도	경기	강원	충북	충남	전북	전남	경북	경남	평균	비고
1967	42	35	39	25	33	5	43	15	27.78	
1968	21	18	17	15	9	4	23	16	15.00	
1969	20	39	26	35	62	59	56	72	43.78	
1970	26	22	45	40	65	41	81	60	42.56	
1971	56	46	61	60	81	44	76	63	59.22	
1972	31	38	39	34	59	67	55	50	43.78	
1973	34	33	30	33	44	28	17	5	29.00	
1974	58	60	50	65	71	58	60	64	57.00	
1975	15	38	39	48	79	53	64	50	45.33	
1976	8	16	12	25	51	37	26	29	26.11	
1977	27	25	16	30	26	29	13	25	27.00	
1978	9	14	18	12	21	13	36	23	18.78	
1979	79	75	73	74	62	85	87	92	74.56	
1980	75	33	79	78	91	78	66	64	72.22	
1981	54	32	27	37	37	46	33	45	39.44	
1982	42	9	13	24	19	27	7	9	20.33	
1983	63	27	57	61	51	41	66	56	51.33	
1984	47	47	64	55	56	60	73	80	59.89	
1985	64	40	53	49	63	73	71	64	59.22	
1986	63	47	56	61	77	81	62	74	66.11	
1987	74	58	70	64	51	68	69	64	68.67	
1988	44	33	20	18	13	48	32	49	33.78	
1989	47	34	22	32	23	50	50	74	41.00	
1990	44	76	57	67	63	68	65	48	68.56	
1991	62	47	49	57	62	77	48	80	63.11	
1992	58	32	32	34	12	23	30	21	31.44	
1993	69	76	63	63	60	60	71	80	63.56	

이 중 1967년과 1968년은 가뭄이 연속되어 1968년에는 강우량도 예년 강우량(5, 6, 7월)보다 445mm가 적은 122.2mm이며 전국 저수지의 저수율도 4%로 아주 저조하였다. 이때의 가뭄면적도 470,000 ha에 달하여 7,009억원의 피해를 보는 극심한 가뭄이 발생하였다. 또한 가뭄빈도를 과우일수로 기준할 때 50년빈도에 해당함으로서 1994년까지 최대 가뭄을 나타내고 있다. 단지 [표 5.5]에서 저수율빈도로 보았을 때의 차이는 강우량과 유출량이 선형관계에 있지 않다는 이유 때문이기도 하지만 저수율이 해당도의 평균을 나타낸 것이기 때문으로 풀이된다.

박성우 등(1982)은 확률과우 등강도곡선도를 작성하였는데, 이는 월별 과우량 30mm를 기준하여 측후소별 빈도별 과우일수로 표현하였다. 이 과우 등강도곡선에 의하면 가뭄이 자주 발생한 지역은 대구를 중심으로 영남내륙지방, 목포를 중심으로 서남해안지방, 부산을 중심으로 동해남부지방 및 강화 및 춘천지방이다. 이러한 분석은 '94~'95년의 가뭄에서도 증명되고 있다.

[표 5.4] 도별 저수율 빈도 (단위 : %)

빈도별	경기	강원	충북	충남	전북	전남	경북	경남
평년	48.2	36.7	41.5	44.3	51.1	52.3	52.9	52.7
3년	38.3	29.1	32.5	35.7	40.7	41.7	43.0	41.6
5년	28.5	22.8	24.1	27.7	30.2	30.9	32.8	30.4
10년	17.9	17.2	15.5	19.3	18.7	18.7	21.3	17.7
20년	9.1	13.5	9.0	12.8	9.1	8.2	11.5	6.9
30년	4.6	11.9	5.8	9.7	4.1	2.7	6.3	1.3

[표 5.5] 과거 가뭄발생 현황(1962~1994)

연도	강우량 (5,6,7,월) (mm)	과우일수		저수율		고갈 저수지 (개소)	가뭄 면적 (ha)	가뭄 피해액 (백만원)	가뭄 대책비 (백만원)
		일수	빈도	%	빈도				
1967	307.4	56	7	5	25	-	420,547	626,15	5,758
1968	122.2	72	50	4	30	-	470,422	700,928	5,558
1976	368.7	32	2	37	3	-	28,228	42,044	2,548
1977	287.5	54	7	29	5	6,988	60,222	89,370	13,920
1978	717.6	41	2	13	15	-	-	-	37,201
1981	658.2	50	5	46	2	5,306	145,457	216,730	51,783
1982	300.8	54	7	27	7	13,593	231,244	344,533	48,257
1992	392.4	65	20	23	7	5,840	31,523	46,969	21,400
1994	231.3	68	30	15	15	6,728	113,300	-	68,400

가뭄의 발생빈도를 과거 기록으로 살펴보면 1900년에서 1960년까지 약 60여년 동안에는 5~6년에 한 번 정도로 가뭄이 발생했고, 1960년에서 1994년까지 약 35년 동안에는 [표 5.5]에서와 같이 8~10년에 한 번 정도로 발생되나 연속적으로 발생하는 특징이 있다. 그리고 가뭄지역은 [표 5.1]에서와 같이 과우일수로 볼 때 전남 및 경북지방이 58일, 61일로 타 지방보다 과우일수가 긴 것은 이 지역이 가뭄상습지역임을 알 수 있다. 다만 저수율은 18.7%, 21.3%로 타지방과 비슷한 것으로 나타났으나 이는 해당도의 평균을 나타낸 것이기 때문에 저수율의 변화로는 가뭄지역을 판단하기 어렵다.

[표 5.5]에서와 같이 1994년도 가뭄은 주로 남부지방에서 발생되었고 가뭄의 정도는 과우일수로 5, 6, 7월동안 68일 지속되었으며 같은 기간에 강우량은 231mm로서 평년의 554mm에 비해 41%에 불과하고 농지조합 관할 저수지의 저수율이 15%로 저조하였으며 가뭄 피해면적도 약 113,000ha에 이르는 심한 가뭄이었다. 특히 영호남지방은 1994년 8월 한때 해갈이 되었으나 과우상태가 95년으로 이어져 극심한 가뭄이 지속되고 있다.

또한 농어촌진흥공사(1995)의 저수율 예측에 의하면 현재와 같은 과우상태가 지속된다면 남부지방 4개도 농지조합 관할 저수지의 52%인 517개가 고갈되어 155,000ha의 면적에 모내기도 어려울 것으로 내다보고 있다.

이와 같이 가뭄이 지속되면 1995년은 1967년 가을 및 겨울 가뭄으로 인해 다음해인 1968년에 모내기가 되지 않아 많은 농민이 도시로 이주했던 것과 같이 극심한 가뭄을 예상할 수 있다.

일반적으로 우리나라의 가뭄특성은 벼농사와 결부된다. 농작물에 있어서 가뭄의 현상은 강수현상이 절대적인 인자이기 때문에 즉 과우현상은 농작물 생산에 예민하게 나타나므로 우리나라의 대표농작물인 벼농사의 생육시기에 따라 그 특성을 세 가지 형태로 분류할수 있다.

① 이앙시기에 가무는 경우
② 이앙기부터 7월 본답기까지 가무는 경우
③ 이앙기부터 9월 낙수기까지 가무는 경우

첫째의 경우는 [표 5.2]에서와 같이 통상 5년에 한 번 정도로 찾아오는 가뭄으로서 5월에서 6월 사이에 약 50일 정도 과우일이 계속되는 가뭄이다. 이러한 가뭄은 수리시설이 없으면(설계빈도로 평년이하) 논농사는 치명적인 피해를 입는다. 따라서 현대적인 수문기술이 발달되지 않았던 시대(1960년 이전)에 만든 시설의 대부분은 이앙만을 위한 것이기 때문에 이와 같은 가뭄에는 거의 고갈될 수밖에 없다.

두 번째의 경우 가뭄은 5월에서 7월 사이에 과우일이 약 60일정도 지속되는 경우로서 통상 10년에 한 번정도 발생하는 가뭄이다. 이 경우에도 보통 7월 중순 또는 하순에는 해갈되는 경우가 대부분이고 7월말까지 지속되면 20년 빈도 이상의 가뭄이 된다. 1960년대 이후에 축조된 저수지는 모두 현대적인 수문기술에 의해 이 정도의 가뭄에는 견딜 수 있도록 설계되었다.

세 번째 가뭄은 30년 이상의 주기로 찾아오는 가뭄으로서 8, 9월까지 과우일이 지속됨으로서 다음해 이앙기까지 저수지에 물이 고갈되는 경우이다. 이러한 가뭄은 1967년, 1968년 및 1977년 발생한 가뭄으로서 10년 설계빈도의 저수지가 말라버리는 극심한 가뭄이 되는 경우이다. 이 정도의 가뭄에 견딜 수 있도록 하자면 저수지 공사비가 증가되어 경제성 없는 시설이 되어 버릴 수 있다. 이러한 관념은 현재까지 일반적인 우리의 설계기준이지만 이와 같이 다년간 연속해서 발생하는 가뭄의 경우 저수지 설계기법도 현재와 같은 방법으로는 불가능하며 고도의 수문기술이 요구되고 있다.

한편 항구적인 가뭄대책을 논의하고자 하는 이 시점에서 이수안전도 문제는 재검토해 보아야 할 과제이다. 또한 이러한 가뭄주기를 분석하기 위해 과우일수를 기준으로 스펙트럼 분석을 하였으며 그 결과 우리나라의 가뭄주기는 남부지방의 경우 5년 주기가 우세하고 중부지방은 3년에서 10년 단위로 찾아온다고 볼 수 있다.

5.2 가뭄 극복 중장기 대책

지난 1960년대부터 경제개발계획과 더불어 늘어나는 용수 수요에 대처하고자 수자원개발을 추진하여 왔으나 1994년과 같은 가뭄으로 그 한계가 들어났는데, 가뭄의 일과성 또는 한시성을 어떻게 하면 극복하여 나갈 것인가 하는 것은 모든 국민의 중요한 관심사가 아닐 수 없게 되었다. 막대한 투자를 하여 미리 이상가뭄에 대비하는 것이 현명한 일인지 아니면 그때마다 절수나 지하관정개발 등 대체수원을 개발해 대처해 나가는 것이 타당한지는 전문적인 조사와 국민의 여론 등을 종합적으로 검토하여 판단하여야 할 것이다.

최근 기상이변의 발생 주기가 빨라지고, 물 부족으로 인한 고통을 감내하는 것을 요구하기엔 너무나 경제에 미치는 파장이 크고 중요한 사안이라고 볼 때 물에 관하여 최우선 과제는 안전 급수라고 볼 수 있다. 이런 관점에서 그동안 추진해온 생공용수 위주의 가뭄 관련 중장기 대책을 중심으로 살펴보고 향후 가뭄 대비에 참고가 되었으면 한다. 추상적인 대책 제시보다 실현가능한 대책 중심으로 검토해 보고자 한다.

5.2.1 가뭄 현황

1994년 전국 평균강수량은 973mm로 예년평균의 76.4%수준에 불과하고 가뭄이 심한 영남은 63.6%, 호남은 67.6%에 불과하였다. 특히 6월~9월 홍수기의 강우량은 예년의 55.6%에 불과하였고, 영남지역은 32%, 호남지역은 50% 수준이라 1995년 봄철가뭄으로 이어지는 직접적인 동기가 되었다.

1994년 10월 이후 연말까지 연평균 강수량 1273mm의 10% 수준인 133mm에 불과하여 1995년 봄철 가뭄이 지속되다가 1995년 4월 19일~22일 사이 다소 많은 강우가 있어 1995년 4월 25일까지 191mm강우로 예년대비 86.1% 수준으로 향상되어, 가뭄을 겪고 있던 영남(예년대비 89.5%), 호남(94.4%)은 가뭄이 거의 해소된 것이라 볼 수 있게 되었다. 하천의 수질도 1995년 4월의 강우량과 기온상승에 따라 점차 개선되고 있다.

[표 5.6] 하천유량 및 수질 현황

하천	지점	1995년1월24일			1995년4월25일 현재			비고
		유량 (m^3/s)	BOD ppm	NH_3-N ppm	유량 (m^3/s)	수질		
						BOD ppm	NH_3-N ppm	
낙동강	진동 (칠서)	41.2	5.0	4.0	272.6	6.3	1.4	
	물금	-	6.0	1.5	-	5.5	0.9	
영산강	나주	7.7	6.1	-	33.0	7.6	-	
	몽탄	-	5.1	4.5	-	7.4	4.1	
금강	공주	29.9	7.2	-	43.5	4.2	-	
	규암	-	1.8	3.9	-	3.9	3.2	

5.2.2 다목적댐 용수공급 현황과 전망

우리나라 수자원 총 이용량 약 290억톤 중 농업용수 154억톤(53%), 생활용수 53억톤(18%), 공업용수 26억톤(9%), 유지용수 57억톤(20%)으로서 그 중 다목적댐에서 99.5억톤을 공급하고 있는데, 농업용수로 14.5억톤, 생·공용수 70억톤, 하천유지용수로 15억톤을 공급하고 있다. 다목적댐은 1994년 9월 21일부터 조절방류하여 1994년 10월에는 예년 평균 방류량의 42.5% 수준, 1995년 1월부터는 45.5% 수준으로 방류하여 20년 가뭄이 향후 지속되더라도 다목적댐 수혜지역은 1995년 우기전까지 용수공급에 차질이 없을 전망이다. 다만, 섬진강댐은 동진강 유역의 농업용수 공급에 차질이 예상되어 관정 개발 등 별도의 대책을 강구하고 있다.

5.2.3 추진 실적

[1] 농업용수

[표 5.7] 다목적댐 용수공급 전망(20년빈도유입시) (단위:백만톤)

수계	구분 / 댐명	현저수량	6월까지 예상유입량	공급가능량	수요량	6월말 저수량
한강	소양강	1.141	167	1.308	303	1.005
	충주	1.061	377	1.438	768	670
	소계	2.202	544	2.746	1.071	1.675
금강	대청	525	157	682	260	422
낙동강	안동	258	51	309	102	207
	임하	136	69	205	86	119
	합천	180	49	229	66	163
	남강	66	151	217	148	69
	소계	640	320	960	402	558
섬진강	섬진강	49	80	129	125	4
	주암	341	77	418	67	351
	소계	390	157	547	192	355
	계	3.757	1.178	4.935	1.925	3.010

농업용수 확보를 위해 암반관정 개발에 정부의 지원으로 1995년 4월 15일 현재 계획 2451공의 50%인 1299공 개발을 완료하였고, 저수지 3230개소는 922억원을 지원하여 준설하였으며 3701개 저수지의 64%인 2078개 저수지에 물을 채우고, 논 76,000ha중 남부 4개도 66,000ha에 논물가두기를 실시하였다. 4월중 강우로 인하여 전국 저수지 17925개소(농지조합 2814, 시군 15511)중 현저수율이 70%(저수량 2,649백만톤 중 1850백만톤)수준으로 모내기에 전반적으로 지장이 없게 하였다.

[2] 생활용수

식용수와 생활용수를 위해 1995년 정부 예비비를 40억원 지원하여 193공을 4월말까지 개발하고, 급수난이 극심한 포항, 목포지역 등에 당시 내무부, 국방부 등에서 급수선 및 급수차량을 동원하여 운반급수도 실시하였다. 한편, 전국적인 범국민 절수운동을 전개하여 평시 공급량의 7%(108,000톤/일)의 절수효과도 가져올 수 있었다. 경남 고성과 전남 고흥지역에는 일본으로부터 해수담수화(1일 100톤)설비를 무상반입하여 운용하기도 하였다.

[3] 공업용수

1994년~1995년초의 가뭄으로 공업용수 부족에 시달린 포항지역에 대해서는 주 용수원인 영천댐 물이 1994년 10월 26일 고갈되어 포항지역이 제한급수를 받았으나, 1995년 4월 19~22일 형산강 유역 강우량이 65.4mm로서 가뭄해갈에 결정적인 도움이 되어 1995년 5월초부터 포항지역에도 예년수준의 용수공급이 가능하게 되었다. 그 동안 국가기간 사업인 포항제철은 일사용량 165,000톤 중 포항 공업용수도에서 61,000톤, 자체 지하수개발 17,000톤, 재활용수 28,000톤 기타 부족용수는 절수로 대처하였다. 한편 1994년 9월부터 1995년 6월말까지 염수를 담수화하는 시설에 대하여 타당성조사를 추진하고 있다. 전국적인 가뭄으로 인한 급수제한은 1994년 8월 브랜던, 더그 등 태풍으로 해제되었으나, 포항지역만은 가뭄이 계속될 것을 전제로 1995년 8월 5일 포항시, 포항제철, 영일군 그리고 한국수자원공사가 협의하여 영천댐물의 수위에 따라 단계적으로 제한급수를 실시키로 하였다. 영천댐물 고갈에 대비하여 형산강과 기계천 주변에 50공의 지하복류수(심도 30~50m)를 개발하여 하루 110, 000톤을 취수하고자 1994년 10월~12월까지 예년수준의 강우 등으로 기존농업용 관정 10공을 활용하여 1994년 12월 27일부터 1995년 3월 31일까지 하루 19,900톤을 취수할 계획으로 추진하였다. 그러나, 계속되는 가뭄으로 실제 1995년 2월 17일 이후에는 하루 1,5 00톤 수준의 취수만 가능하였다.

5.2.4 중장기 대책

우리나라 연평균 강수량은 세계평균의 1.3배가 많으나 1인당 강수량은 세계평균의 11분의 1에 불과한 강우빈국이다. 또한 여름철 6월에서 9월에 연강우량의 2/3가 집중되어 홍수기에 수해를 발생하거나 갈수기에 물부족을 겪는 나라로써 수자원 관리에 매우 불리한 실정이다. 지난 1960년대부터 다목적댐(9개)과 광역상수도(17개) 건설을 지속적으로 추진해왔으나 아직도 각종 용수공급에 어려움을 겪고 있는 실정으로 해안 및 도서 지역이나 대규모 댐 또는 광역상수도가 혜택이 미치지 못하는 지역은 일시적인 가뭄에도 용수 부족현상이 발생하고 있다. 우리나라 수자원 총량 1267억톤/년 중 23%인 290억톤만 이용하고 있어 앞으로 수자원개발 잠재력은 크다고 하겠으나, 수자원개발에는 계획조사부터 건설까지 대체로 7~8년이 소요되고 점차 댐 건설 적지가 감소 될 뿐만 아니라 댐 건설에 대한 지역사회의 반발, 보상비 증가 등 수자원 개발 여건이 악화되고 있어 현 단계에서 수자원 개발을 앞당겨 적극 추진할 필요가 있다고 하겠다. 한편, 우리나라는 물값이 너무 낮게 책정되어 있어, 물낭비를 유발하고 수도사업 경영의 적자 요인이 되고 있다.

[표 5.8] 단계별 조치 현황 (단위 : 백만톤)

구분	감량수준	공급량			실시시기	비고 (대수위EL.m)
		계	수공	지자체		
정상	0%	340	273	67		
제 1단계	10(6)	320	235	85	'94. 9. 5	141.00
제 2단계	30(13)	295	191	104	'94. 9. 15	140.24
제 3단계	50(28)	244	137	107	'94. 10. 18	138.47
비상급수	60(30)	238	110	128	'94. 1. 24	

※ 감량수준은 수공 공급량기준이며 ( )내는 지자체공급분을 포함한 것임.

수자원 개발의 기본 방향은, 첫째 지속적으로 댐 건설을 추진하여 안정적으로 용수공급원을 확보하고 이와 병행하여 용수 요금 현실화 등을 통하여 용수 수요관리도 철저히 시행하여 늘어나는 용수에 대응해 나가야 한다. 둘째 지구의 기상 이변에 대응하여 이상 가뭄에도 대처할 필요가 있으며, 그 방안으로 수원을 다변화하는 것도 한 방안이라고 생각된다. 지표수나 지하수 등 수원 개발이 어려운 지역은 빗물을 이용하거나 해수를 담수화하여 비상 급수원으로 확보할 수도 있을 것이다. 공단지역의 공업용수를 재이용하는 방안도 고려할 수 있다. 셋째 어느 정도 광역상수도 사업이 추진된 후에는 권역별로 그 망을 구성하여 지역적인 물 부족 현상을 방지하는 것도 하나의 방법이다.

[1] 다목적댐 개발 계획

농업용이나 식수전용 또는 갈수전용 댐보다 댐 규모와 관계없이 다목적댐건설 위주로 추진하는 것이 바람직하다고 하겠다. 현재 계획 및 건설중인 남강, 용담, 부안댐 등 9개 다목적댐에 2조6천억원을 투자하여 부안댐은 1995년까지, 남강댐, 횡성댐, 영천도수로는 1997년까지, 용담댐, 밀양댐은 1998년까지, 탐진댐, 적성댐, 영월댐은 2001년까지 완공계획으로 추진하고 있다. 공사가 계획대로 추진된다면 2001년까지 댐의 용수 공급능력은 28억톤으로 늘어나게 되어 하천수 및 지하수 공급량(11억톤)을 포함하여 전체 공급능력은 349억톤으로 늘어나게 되며 공급예비율은 6%가 될 전망이다.

한편, 2000년대 이후의 용수수요에 대비하여 1996년 4월까지 전국댐가능지점을 조사하여 댐 개발 장기종합계획을 수립하고 지속적으로 신규댐 개발을 추진할 계획이다. 현재 댐 후보지 60여개 중에서 2011년, 2021년까지 개발할 댐 후보지를 조사중에 있다.

[표 5.9] 다목적댐 건설계획 (단위:억원)

구분	사업기간	총사업비	1994년까지	1995년까지	장래
계		26.169	5.788	3.202	17.178
남강댐	'87 ~ '97	5.254	3.184	981	1.089
용담댐	'90 ~ '98	5.600	1.072	993	3.535
부안댐	'90 ~ '95	621	370	251	-
횡성댐	'90 ~ '97	1.213	392	215	606
밀양댐	'90 ~ '98	1.179	339	180	660
영천댐도수로	'90 ~ '97	1.714	431	555	728
탐진댐	'95 ~ 2001	2.886	-	28	2.858
적성댐	'96이후	(2.600)	-	-	(2.600
영월댐	'96이후	(5.100)	-	-	(5.100)

※ ( )는 실시설계시 변동될 수 있음.

[2] 광역상수도 및 공업용수도 확대 건설

전국 어디서나 상수도 혜택을 받을 수 있도록 2001년까지 3조9천억원을 추자하여 31개 광역상수도 및 공업용수 건설을 계획대로 추진하는 것이다([표 5.10] 참조). 이와 같은 계획으로 광역상수도 공급비율은 현재 33%(58개시·군)에서 49%(117개 시·군)로 제고하고 1인당 급수량도 394 L/일(1993년) →440 L/일(2001년)로 늘어나게 된다. 이들 뿐만 아니라 2000년대 이후의 광역상수도 및 공업용수도 중 장기 계획수립을 추진하여 농어촌지역에도 안정적으로 물을 공급 받을 수 있도록 광역상수도 보급을 확대(1995년중 농어촌 광역상수도 개발적지조사 완료하여 1996년부터 단계적으로 추진)할 계획이다.

[3] 권역별 광역상수도망 구성

1995년 전주권 광역상수도와 섬진강계통 광역상수도를 연결하여 가뭄이나 비상급수에 대비토록 하고, 1996년부터 권역별 광역상수도망을 연결하기 위한 광역상수도 정비기본계획 수립을 추진하여 지속적으로 망구성을 추진해 나갈 계획이다.

[4] 대체수원 개발

1996년부터 빗물이용, 공업용수 재이용 및 해안. 도서지역이나 임해공단의 해수담수화 방안도 조사하고, 1995년부터 지하수 이용 실태조사(건설교통부 예산 5억원) 및 지하수 부존량 조사(통상산업부 조사비 4억원, 확보 1단계로 전북 임실지역 대상 1995년 11월까지

조사)를 통하여 체계적인 지하수개발을 도모한다.

[5] 절수

건축법과 주택촉진법을 1994년 12월말에 개정하여 20세대이상 공동주택이나 일정규모이상의 건축물에 절수형 용수기기 사용을 의무화하도록 하였고, 가뭄심포지움이나 물의 날 행사를 개최하여 전문가의 토의를 거쳐서 가뭄에 대한 국민 홍보를 실시하는 등 절수 켐페인을 매년 갈수기마다 전개해 나가야 할 것이다. 용수요금도 단계적으로 현실화하여 물낭비를 가급적 억제해야 할 것이다.

5.3 가뭄대책과 물관리

우리 인체는 건강을 유지하기 위해서는 양질의 적당량의 음식물을 섭취하고 섭취된 음식물을 소화하여 영양상태로 저장하고 공급하는 기능을 원활하게 하기 위하여 적당량의 운동을 하는데 이를 건강관리라 한다. 다시 말하면 음식물을 지나치게 많이 또는 적게 섭취하고 운동량이 과다하게 되면 질병이 발생하게 되는데, 이는 관리의 중요성을 강조하는 좋은 예이다. 물관리에서도 이와 같은 관리의 중요성으로 적용되는데, 물이 너무 많으면 홍수가 발생하고 너무 적으면 가뭄이 일어난다. 한국의 연평균 강수총량 1천 267억m^3중 하천을 통하여 유출되는 소비량이 697억m^3이다. 이중에서 홍수가 아닌 평상시유출은 230억m^3로 하천유출량의 33%에 불과하고 이를 인체에 비유한다면 섭취한 음식물의 33%만 흡수하는 셈이니 소화기 등이 매우 불량한 상태이다. 그러므로 물관리의 개선을 통하여 이용가능 수량을 나타내는 33%라는 숫자를 높이는 것이 매우 중요한 과제이다. 따라서 물관리가 효율적으로 개선된다면 홍수시에 많은 물이 일시에 바다로 흘러가는 길을 막아서 홍수피해를 줄이고 내륙에 저류된 물을 가뭄에 활용할 수 있으니 물관리는 이수와 치수에 다 같이 필요한 사항이다.

[표 5.10] 1994년완공사업 : 수도권 Ⅳ단계, 대불, 군산, 울산공업용수도(4개)

1995년 건설중인 사업 (20개)	• 완공사업(2개) 금호강, 주암댐 Ⅰ광역상수도 • 계속사업(18개) 전주권,낙동강Ⅱ, 부안댐, 충주댐, 주암댐Ⅱ, 밀양댐, 제주도, 대청댐Ⅱ, 동화댐, 남강댐Ⅱ, 울산권, 수도권Ⅴ, 보령댐 포항권 광역상수도 및, 광양, 아산, 녹산, 울산(양산계통)공업용수도
1996년 이후 신규착수사업 (7개)	부산경남권, 횡성댐계통(원구권), 임진강계통(경기북부권), 영남내륙권, 탐진댐계통 광역상수도 및 군장, 광양Ⅲ 공업용수도

※ 1994년 완공사업 : 수도권 Ⅳ단계, 대불, 군산, 울산공업용수도(4개)

5.3.1 우리나라의 물수급현황

물사용수량은 생활, 공업 및 농업용수 및 하천 유지용수로 구성되고, 용수는 하천수, 지하수 및 댐수형태로 공급되며, 2011년까지 전국 용수수급계획은 다음의 [표 5.11]과 같다. 그러나 이는 연평균 강수량 1274mm가 내리는 경우이므로 1994년과 같이 남부지역의 연강수량이 800mm정도로 연평균 강수량보다 적을 경우 물부족이 발생하고 물오염은 물부족 문제를 더욱 심각하게 한다.

[표 5.11] 우리나라 용수수급계획 (단위 : 억m^3)

구분 \ 연도	1991	1996	2001	2006	2011
총수요량	282	302	303	349	370
총공급량	309	325	350	356	376

5.3.2 물관리

물관리는 장기대책과 단기대책의 2체제 또는 비상대책을 포함한 3체제로 시행되기도 하나 본 절에서는 다음과 같은 체제가 효율적으로 판단된다.

① 수자원개발 → ② 수자원보전 → ③ 물배분계통 → ④ 물사용방안

여기서 ①~③항은 장기대책으로 구조적인 대책이 되고 ④항은 단기대책으로 비구조적인 대책에 해당된다. 어느 형태의 대책이든간에 궁극적으로 가뭄 물관리는 물의 공급을 증대

시키고 수요는 감소시켜 가뭄의 피해를 최소화하는 것이다.

5.3.3 수자원 개발

이는 용수원의 개발과 저류량의 증대이다. 용수원의 개발은 중규모 다목적댐과 소규모 음용수 전용댐의 건설이다. 저류량의 증대는 기존 댐을 더 높이거나 비조절식 여수로에 수문을 설치하거나, 준설을 하는 것이다. 미국의 루스벨트댐은 29m를 더 높여 용수와 홍수조절 효과를 증대시켰다. 또한 용수원 증대는 지하수 함양에 의해서도 달성되는데, 지하수 함양은 지하수 자원의 증대로 용수의 지하수 분담역할을 증대시킬 수 있다. 지하수 함양률의 증대는 하천의 갈수량을 증가시켜 하천수 취수와 오염문제를 완화시키고, 홍수량의 감소로 수해를 경감시키고, 토사유출을 억제하고, 지하수위 상승으로 지하수 오염을 감소시킨다. 지하수 함양 방법은 유수지와 침투지의 설치, 산지에 요(凹)의 조성, 주차장과 공지의 침투성 포장, 계단식 전작 등이다.

5.3.4 수자원 보전

개발된 수자원을 양질의 상태로 보전하는 것은 필수적인데, 다목적댐과 대부분의 상수원댐은 상수원의 수질 기준인 1~2급수를 유지하고 있다. 그러나, 1991년 현재 낙동강의 물금, 금강의 부여, 영상강의 몽탄 지점의 BOD는 3 mg/L을 초과하여 3급수 이하로 전락하여 상수원으로서 기능을 상실한 실정이다. 일부하천은 음용수는 물론 공업 및 농업용수로도 사용할 수 없는 상태이고, 상수원인 저수지도 상류지역에서 발생하는 생활하수, 산업, 축산폐수, 위락단지의 폐기물, 내수면의 양식장, 비료와 살충제의 유입으로 수질악화가 우려되는 실정이다. 수질보전을 위해서는 상수원 보호구역의 설정, 하수처리장 등 환경기초시설, 소규모 축산농가의 공동축산폐수처리시설, 해충에 강한 작물 개발, 저오염도 농약개발, 농도규제의 병행 및 골프장의 조정지 설치에 의한 수질관리 등을 이행해야 한다.

5.3.5 배분 계통

물의 공급과잉 지역에서 부족 지역으로의 송수계통으로 광역상수도와 유역간 이수의 광역화를 들 수 있다. 광역화의 시행은 상이한 수문조건에서 물배분을 가능하게 하는 공급계통의 능력을 평가하는 광역 물수지 모의모형을 이용한 면밀한 검토가 선행되어야 한다. 송수를 효율적으로 하기 위해서는 손실율이 30%에 달하는 노후 상수도관의 교체, 관개용수로의 77%가 흙수로로 손실율이 30~40%에 달하므로 콘크리트 수로로 대체가 필요하다. 송수와 이용과정에 손실을 최소화하기 위해서는 용수로를 관수로로 전환하여 상수도와 같이 종래의 공급주도에서 수요주도로 물관리 계통을 바꾸는 것이다. 이 경우 공기유입으로 인한 통수능 저하와 급수전의 충분한 수압을 유지하기 위해서는 관수로 입구에서 수요량을 초과하는 충분한 양의 물을 공급해야한다.

5.3.6 사용 방안

사용 방안은 비구조적인 대책으로 가뭄기간의 물관리는 가뭄 예보를 바탕으로 가뭄 시나리오를 수집하여 상류댐 방류량조절, 하류 취수량의 조정, 주민 홍보등의 필요한 조치를 취한다. 또한 가용수량이 한정된 경우에는 물사용의 효율을 최대로 하는 방안이 모색되어야 한다. 이는 물수요를 줄이고 다량 물사용 생활양식에서 소량 물사용 생활양식으로 변환하는 것이다. 효율적인 물사용 방안과 비구조적인 방안은 다음과 같다.

① 신뢰성 있는 가뭄 예보개발 : 예보를 통하여 가뭄으로 인한 피해를 경감시키거나 피할 수 있고, 물 부족을 극복할 수 있는 다수의 초기 조정이 가능

② 절수 : 송수관 누수 점검, 교육, 화장실 절수와 재정결손 없이 물 수요를 줄이는 최상의 방법으로 알려진 가뭄 중의 물값 상승 등

③ 재사용 ; 대규모 건물, 공장은 자체 처리시설을 이용한 처리수를 사용한다. 하수처리장의 처리수를 지하수 함양, 관개, 조경 관개, 해수 침투 방지주입, 산업냉각수, 화장실, 공원 관개, 골프장 관개 등에 사용

④ 중수도 : 처리하지 않고 사용할 수 있는 물이 있거나 처리수를 이용하여 화장실, 관개 등에 사용

⑤ 행정개선 : 관리 효율을 위한 관계기관 또는 관계자간의 공동·협력적인 대책, 가뭄대책이 지연되지 않고 이행될 수 있도록 가뭄 비상입법화, 물 사용의 우선순위와 우선순위가 낮은 물 사용의 희생, 가뭄 관리를 제도화함으로서 가뭄 극복 효과의 극대화

⑥ 뉴스매체의 역할 : 물 사용에 관한 대중 교육에 가장 큰 역할을 하고 가뭄에 관한 지속적인 언론의 관심이 가뭄에 직면하고 있음을 대중에 확인

⑦ 대중 홍보 : 물 부족의 심각성을 국민에 주지시키고, 수요자에 한발 도래의 홍보로 절수 방안제시

⑧ 유역 상·하류 협력체계 : 수계의 수질을 유지하기 위하여 상·하류 사용자간의 협력 필요

⑨ 비상 대책 : 장·단기 대책이 해결책이 되지 못하는 경우 피해지역에 구제금융, 물 배급 등

되짚어 보기

1. 가뭄을 5가지로 구분하고 간단하게 설명시오.

해설 ① 기상학적인 가뭄 : 주어진 기간의 강수량이나 무강수 계속일수 등으로 정의하는 가뭄
② 기후학적인 가뭄 : 월별 또는 연별 강수량을 동일 기간의 누년 평균치의 백분율로 표시하는 가뭄
③ 대기 가뭄 : 기온, 바람 및 습도 등으로 정의하는 가뭄
④ 농업가뭄 : 농작물 생육에 직접관계되는 토양의 수분으로 표시하는 가뭄
⑤ 수문학적인 가뭄 : 하천, 저수지, 지하수 등의 가용 수자원의 양으로 정의하는 가뭄

2. 과우량은 토양수분의 포화도에서 그 기준을 마련할 수 있다. 즉 표토층의 경운깊이에 토양수분이 작물 생육에 도움이 될 정도가 된다면 가뭄이 종료되었다고 볼 수 있다. 표토층의 경운깊이를 15.0cm로 보고 공극율은 60%이며, 공극의 약 50%가 물로 포화된다면 작물 생육 조건을 만족한다고 볼 수 있는데, 여기에서 강우의 손실이 작물에 의한 차단과 삼투능에 의해 약 25%가 발생하는 것으로 하면 과우량은 얼마인가?

해설 150 × 0.6 × 0.50 / (1 − 0.25) = 60mm (과우량)

3. 가뭄 극복을 위한 중장기 대책에서 수자원 개발의 기본 방향 3가지를 설명하시오.

해설 첫째 지속적으로 댐 건설을 추진하여 안정적으로 용수공급원을 확보하고 이와 병행하여 용수 요금 현실화 등을 통하여 용수 수요관리도 철저히 시행하여 늘어나는 용수에 대응해 나가야 한다.
둘째 지구의 기상 이변에 대응하여 이상 가뭄에도 대처할 필요가 있으며, 그 방안으로 수원을 다변화하는 것도 한 방안이라고 생각된다. 지표수나 지하수 등 수원 개발이 어려운 지역은 빗물을 이용하거나 해수를 담수화하여 비상 급수원으로 확보할 수도 있을 것이다. 공단지역의 공업용수를 재이용하는 방안도 고려할 수 있다.
셋째 어느 정도 광역상수도 사업이 추진된 후에는 권역별로 그 망을 구성하여 지역적인 물 부족 현상을 방지하는 것도 하나의 방법이다.

4. 가뭄 극복의 중장기 대책 5가지를 쓰시오.

해설 (1) 다목적댐 개발 (2) 광역상수도 및 공업용수도 확대 건설 (3) 권역별 광역상수도망 구성 (4) 대체수원 개발 (5) 절수

5. 물관리 장기대책과 단기대책을 쓰고 구조적인 대책과 비구조적인 대책을 구분하여 설명하시오.

해설 ① 수자원개발 → ② 수자원보전 → ③ 물배분계통 → ④ 물사용방안
여기서 ①~③항은 장기대책으로 구조적인 대책이 되고 ④항은 단기대책으로 비구조적인 대책에 해당

6. 효율적인 물 사용 방안과 비구조적인 방안을 쓰고 간단하게 설명하시오.

해설 ① 신뢰성 있는 가뭄 예보개발 ② 절수
③ 재사용 ④ 중수도
⑤ 행정개선 ⑥ 뉴스매체의 역할
⑦ 대중 홍보 ⑧ 유역 상·하류 협력체계
⑨ 비상 대책

제6장
하천

6.1 하천의 식생 호안

6.1.1 하천의 식생 호안 필요성

국토의 도시화에 따라 토지이용이 증대되고 하천 유역에서의 생산활동이 증대되면서 하천은 이・치수 기능만을 고려한 배수로 기능을 담당하는 하천이 되어왔다. 특히 자연스럽게 사행하던 하천이 직유로화 되거나 복개되고 호안은 콘크리트로 변하였고 차집관거 설치로 인한 유량 감소 등으로 인하여 하천은 자정능력을 상실한 채 다양하게 하천 주변에 서식하던 식생, 어류, 곤충 등은 사라져 갔다. 자연형 하천정비공법은 현재의 인위적인 하천을 생태적 자연 기법을 도입하여 과거 자연 상태의 하천으로 복원하려는 공법이며, 더 이상 우리 주변의 자연환경을 사람 위주로 개발하여 환경오염을 가중시키지 않고 인간과 자연이 공존하는 환경을 창출하고자 하는 것이다. 이러한 환경복원운동은 유럽, 미국, 일본 등지에서 범국민적인 캠페인을 통하여 10여년 전부터 실행해 왔으며 큰 성과를 거두고 있다. 특히 생태공학(Bioengineering)적 기술은 불안정한 구간에 식물공동체를 구축하는데 도움을 주며 생물학, 생태학과 공학적인 개념들이 함께 기능을 발휘하게 하는 체계가 된다. 생태공학은 단지 약한 것에 초점을 맞추기보다는 스스로를 보호하는 자생력을 이용하며, 일단 식생의 안정화가 구축되면 식생은 자기 유지가 가능하다. 살아있는 식물들이 외부의 힘(홍수나 유사 퇴적에 의한 상태의 변화)에 의해 충격을 받았을 때 식물들은 재생과 적응이 쉽다. 그래서 동서양을 막론하고 수백년간 이러한 식물의 안정화 특성을 이용하여 왔다. 자연형 하천호안 정비공법은 하천환경 정비 중 하천 내에서 생태적으로 가장 중요한 역할을 담당하는 저수호안을 생태적으로 재생시키고자 하는 것이다.

6.1.2 식생 호안 공법사례

저수로 주변, 강하구, 하상, 호수 및 저수지 등에 생물학적 측면이 고려된 안전한 보호공사는 환경측면을 매우 관심 있게 다루는 현대의 전문가들에겐 연구과제이다. 특히 침식으로 불안한 지역이나 외적(지형, 기후, 환경)영향을 크게 받는 지역에서는 더욱더 이런 문제가 크게 제기되며 극도의 악한 조건하에서 자연 대사나 자연 환경 회복을 이루기 위해서는 5년이나 그 이상의 기간 동안 안정적인 식물의 성장을 필요로 한다. 본 공법은 기존의 콘크리트 및 석축 등으로 시공되어 왔던 저수 호안을 자연 식생 및 2차 오염을 유발하지 않는 천연 소재를 이용하여 호안을 보호하는 공법이며 자연적인 방법으로 생물에 의해 침식이 방지되고 또 생물학적인(생태계적인)과정을 통해서 인위적 개발을 통해 자연이 입은 피해를 치유하는 방법이다. 생태학적인 침식방지에 사용되는 ECONET, ECO −MAT, ECOROLL은 침식으로부터 보호와 식물의 빠른 성장을 도와 효과적인 자연 복원을 도와준다.

① 수심 1 m이내의 유속이 큰 하천에 적용공법

적용	수심 1 m이내의 유속이 큰 하천. 수변 식물이 서식할 수 있는 수심 1 m이내의 유속이 큰 하천에 적용하여 다양한 식생 창출.
효과	1. 유속이 비교적 큰 지역에 적용하여 사면 침식 방지. 2. COIR ROLL은 갯버들, 갈대, 부들, 창포등의 수변 식물이 완전히 활착할 때 까지 뿌리를 고정시켜 주는 역할과 함께 뛰어난 탄력성으로 유수의 충격을 흡수하여 유지시켜며 식물이 성장할 수 있는 여건 조성. 3. 자연석, 말뚝등 다른 자연재를 이용한 공법보다 다양하고 빠른 식생 창출에 유리하다. 4. COIR ROLL은 수없이 많은 섬유 세포로 구성되어 있어 수질정화 능력이 뛰어나며 환경오염이 없다.

② 수심이 깊은 하천에 적용공법

적용	수심이 깊은 하천. 갈대가 생존할 수 있는 수심의 한계가 약 70cm이므로 수심이 1 m이상 되는 큰 하천에 적용할 수 있는 공법으로 평수위를 기준으로 하여 20~30cm수면 하에서부터 호안 상단부까지 COIR ROLL을 설치하고 아래부분은 사석 등을 설치하여 저수로를 안정시키는 공법이다.
효과	1. 상단부에 설치할 COIR ROLL은 갯버들, 갈대, 부들, 창포등의 수변 식물이 완전히 활착할 때 까지 뿌리를 고정시켜 주는 역할과 함께 뛰어난 탄력성으로 유수의 충격을 흡수하여 호안을 유지시키며 식물이 성장할 수 있는 여건을 조성해 준다. 2. 수면 아래 설치한 사석등의 자연석 포설은 물고기의 서식처 및 홍수시 피난처의 역할을 수행하며 세굴을 방지한다.

③ 기존 저수호안을 활용한 공법

적용	기존 저수 호안 활용시. 하도 정비된 도시 하천에서와 같이 둔치에 주요 구조물등이 설치되어 하도 전면 개수가 매우 어렵거나 기존 호안을 존치시킬 경우 최소한의 통수 단면적 축소로 다양한 식생 창출과 수질개선으로 하천내 경관 향상 및 친수성 증대를 기대할 수 있다.
효과	1. 수위가 매우 낮아 유속을 느끼지 못하며 유속 저하로 인한 퇴적물 증가로 하도 내 경관이 매우 불량한 하천에 적용하며 유속을 상승시키고 초지를 조성하여 수질 및 경관이 향상되어 친수성 있는 하천 조성 기대할 수 있다. 2. 어느 정도의 수위는 유지하고 있으나 하천 내 경관 향상 및 수질개선을 위하여 하도 좌우측에 초지를 조성하여 수생식물이 성장할 수 있는 여건을 조성하여 친수성를 증대시킨다.

[그림 6.1] 식생 호안 사례

6.1.3 수생식물의 수질 정화 효과

$1m^2$의 갈대는 1년에 500~1,500 L의 물을 정화시키며, 근경과 뿌리는 여러 층으로 고정되어 뿌리내리는 영역은 약 2m에까지 이르러 강변을 침식으로부터 보호하며 높은 생물학적 정화력을 가지고 여러 동물을 위한 생활공간을 이루며, 갈대숲은 일반적으로 1~2년의 식물 성장 기간 후에 효과가 나타난다.

[1] 수생식물의 오염물질 제거 매체

저습지의 수생식물에 의한 오염물질 제거의 매체는 다음 3가지로 집약된다.

① 인, 질소의 흡수에 의한 제거

수생식물의 뿌리와 줄기는 수중에서 침전, 흡착한 입자상태 영양염중에서 인, 질소를 영양분으로 대량으로 흡수한다.

② 탈질, 흡착작용에 의한 제거

저습지에서 생식하는 탈질균은 수중의 탈질 작용을 촉진하며 바닥의 진흙은 인을 흡착하는 작용이 있다.

③ 줄기와의 접촉에 의한 침전효과

유수가 줄기와 접촉하는 순간 오염물질이 침전 퇴적하며 수생식물의 밀집지대에서는 침전의 효율도도 높고 유수로부터의 오염물질 제거에 효과가 있다.

이외에도 수생식물의 줄기 등에 부착, 생식하는 미생물은 유기물을 분해하여 무기화하는 작용을 가진 생물막을 형성하여 이 생물막에서도 정화된다.

[2] 제거율과 체류시간의 차이

일본 산왕천의 물을 이용한 저습지에 의한 정화 제거율와 체류시간에 대해 살펴보면, 제거율이 가장 높은 것은 수심 10cm에서 체류시간이 약 5시간 정도라는 실험데이터가 얻어졌으며, 이때 총질소의 약 40~50%, 총인의 약 50~60%의 제거율을 기대할 수 있다.

저습지 내의 물질수지에 대한 일본 산왕천 실험 결과는 다음과 같다.

① 저습지에서의 정화 구조는 질소에서는 탈질과 침전 및 갈대에 의한 흡수, 인에서는 흡착과 침전 및 갈대에 의한 흡수로 집약된다. 실험 결과에서 갈대 수조에서의 질소, 인의 물질수지를 연간 평균으로 보면 효과는 다음과 같다.

㉠ 질소에 대해서는 유입 및 수조내에서 발생하는 총질소의 약 29%를 탈질, 약 12%를 침전, 약 9%를 흡수하여 유출은 약 50%로 감소하였다.

㉡ 인에 대해서는 유입 및 수조 내에서 발생한 총인의 약 9%를 흡착, 약 39%를 침전, 약 6%를 흡수하여 유출은 약 46%로 감소하였다.

② 갈대가 흡수한 질소, 인은 재용출하므로 베어낸다든가 한다면 수질 정화를 높일 수 있다.

③ 수조 내에 고인 침전물은 기간의 경과와 더불어 제거한다면 재용출을 방지할 수 있다.

6.1.4 시공 사례

[1] 안양천

① 안양천 현황

안양천 공사 구간은 자연 토사 제방 구간으로 1995년 안양천 정비 공사 시 저수로를 확장하면서 좌우 양안을 계단식 호안블럭으로 시행하였으며, 식생 호안 공사로 호안블럭 가운데 52m를 시행하였다. 공사 구간의 현황은 다음과 같다.

- 하폭 : 170 m
- 저수로 폭 : 60 m
- 저수로 높이 : 3.2 m
- 사면 길이 : 7.2 m
- 계획 홍수량 : 1,490 m^2/sec
- 공사 내용
  - 위치 : 광명대교 하류 좌안

- 공사 연장 : 52m
- 시공 면적 : 390m^2
- 공사 기간 : 1995년 5월 ~ 1995년 6월
- COIR ROLL : 325 ROLL
- 갈대 : 2,250촉(하단부에 5단으로 종방향 간격 20cm, 횡방향 90cm)
- 갯버들 : 1,600본(상단부에 7단으로 종방향 간격 25cm, 횡방향 30cm)

② 공사 후 검토 현황

[그림 6.2] 안양천 친수공간

공사 준공 이후 1995년 2차례 완전 침수와 2차례 부분 침수가 되었으며, 현재 하단부에는 토사가 퇴적되어 있으며, 1996년 4월 갈대와 갯버들에 대한 보식을 하였다. 갯버들의 성장 상태는 양호한 편이나 갈대는 2차례의 식재에도 불구하고 거의 생존하지 못하고 있는데, 하단부에 심은 갈대는 토사에 묻혔고 또한 안양천의 열악한 수질과도 관계가 있는 것으로 보인다. 부분적으로 배면 토사가 밀려 내려온 것과 식생 호안과 양안에 있는 계단식 호안블럭이 만나는 지점에 국부적인 침식 현상이 발생한 것을 제외하면 현재까지 수리학적으로 큰 문제는 없었다. 1995년 7월 첫 침수 시 하류측의 상단에서 하단으로 지름 약 30cm, 길이 1.5m정도로 침식이 발생되었으나 그 이후 2번째 침수시 구멍이 완전히 매워졌다. 이는 COIR ROLL이 조도가 꽤 크므로 홍수 시 유사가 많이 침전되어 침식 부위에 토사를 공급한 것으로 보인다. 현재 안양천 시공 지점에는 COIR ROLL위로 약 5~10cm 두께의 토사가 퇴적되어 있다. 또한 첫 침수 시 일부 구간에 배면 토사가 상부에서 하부로 밀려 내려와 20cm정도 배가 부른 형상이었으나, 그후 더 이상 전개되지는 않았다. 이는 COIR ROLL의 강도와 시공 시 지면과 활착하면 상당 부분 개선이 될 것으로 보인다. 기초 부분은 공사 구간이 퇴적 구간으로 세굴 현상은 없었다.

[2] 여의천 공사

① 여의천 현황

양재천과 합류하는 직상류 구간으로 이전에 메쌓기 공사로 저수호안이 조성되어 있었으나 붕괴된 상태이며, 약간의 사행 선형을 주어 양안을 각각 440m씩 공사 시행하였다.

여의천은 비교적 긴 구간을 양안으로 공사하였으므로 본 공법의 자료수집 장소로 활용하고 있다. 공사 구간의 현황은 다음과 같다.

- 하폭 : 37 m
- 저수로 폭 : 10 m
- 저수로 높이 : 1.3 m
- 사면 길이 : 3.0 m
- 계획 홍수량 : 165 m^2/sec
- 공사 내용
  - 위치 : 경부고속도로 양재 IC 복개부에서 하류로 440m 구간
  - 공사 연장 : 좌우안 각 440m
  - 시공 면적 : 2,678 m^2
  - 공사 기간 : 1995년 9월 ~ 12월
  - COIR ROLL : 2,232 ROLL
  - 갈대 : 하단부에 갈대, 달뿌리, 물억새 씨 18.3kg 파종
  - 갯버들 : 상단부 3단으로 4,870주 (종방향 간격 50cm, 횡방향 90cm)

② 공사 후 검토 사항

[그림 6.3] 여의천 친수공간

여의천 공사는 1995년 9월에 착공하였으나 여러 가지 사정으로 늦어져서 1995년 12월말에 갯버들을 식재하고 갈대, 물억새, 달뿌리풀 씨를 파종하였다. 그 후 1996년 3월에 갯버들 식재와 수초 씨를 파종하였다. 현재 갯버들은 잘 성장하고 있으며 씨앗 파종은 갈대, 달뿌리풀과 물억새 모두 부분적으로 성장하고 있지만 파종한 양에 비하여 갈대의 발아율이 매우 나쁜 편이다. 달뿌리풀이나 물억새의 씨는 현장에서 채취하였으나 갈대씨는 강원도에서 채취하였기에 적응을 못한 것으로 보이며, 또한 갈대의 씨앗 파종은 발아율이 매우 떨어지므로 생존율이 높은 줄기 심기로 식재 방법을 바꿔야 할 것으로 판단된다. 여의천 공사 시 저수로를 사행 형식으로 조성했으므로 부분적으로 침식과 퇴적 현상이 발생하였으나 수리적으로 문제는 발생하지 않았다. 저수로가 완만한 사행하천으로 조성되어 기초 부분에 부분적인 침식, 퇴적 현상이 발생하

였으나 보완할 정도의 문제는 발생치 않았다.

③ 여의천 식생조사 현황

1996년 9월에 조사한 여의천 공사구간의 식생조사 현황은 다음과 같다.

벼과	달뿌리풀, 물억새, 돌피, 개밀, 갈대
삼과	환삼덩굴
마디풀과	고마리, 개여뀌, 여뀌, 바보여뀌, 며느리배꼽, 소리쟁이
국화과	미국가막사리, 왕씀바기, 왕고들빼기, 돼지풀, 더위지기, 물쑥, 실망초, 개망초
콩과	토끼풀, 차풀, 돼지풀
닭의장풀과	닭의장풀
방동사니과	방동사니
배추과	속속이풀
명아주과	명아주, 버들명아주
비름과	비름
천남성과	창포
꿀풀과	꽃향유
메꽃과	메꽃, 새삼, 실새삼
속새과	쇠뜨기
양귀비과	애기똥풀
바늘꽃과	달맞이꽃
노박덩굴과	노박덩굴
박주가리과	박주가리
버드나무과	갯버들(공사할 때 이식함)

[3] 검토, 보완되어야 할 사항

안양천에 첫 시범공사를 하면서 많은 시행착오를 겪었으며, 시공을 하면서 현장에서 보완도 여러 차례 하였고 부분적인 보완에 많은 시일이 걸린 적도 있었다. 안양천에서 보완된 사항이 1995년 가을 여의천 공사에서는 많은 도움이 되어 시행착오는 적었지만 보완할 사항은 많았다. 본 공사를 시행하며 느낀 점과 검토해야 할 사항을 정리하였다.

① 공사 시기 선정

자연형 하천 공법은 결국 수목에 의하여 하천이 유지되어야 하므로 가장 주된 재료는 결국 수목이며, 수목이 잘 정착하려면 공사시기가 매우 중요하나, 적절한 시기에 공사 시행이 그리 쉬운 것만은 아니다. 가장 좋은 식재 시기는 4~5월경인데, 관급공사의 성격상 시기를 맞추기가 매우 어려우므로 앞으로는 공사 발주시 이에 대한 배려가 필요하다고 본다.

② 수목 선정

수목이 식재 되어야 하는 곳이 저수호안이며 이곳은 토양과 물의 교류가 가장 빈번한 곳이다. 또한 이들 수목이 호안을 유지, 보호하는 역할을 수행하여야 하므로 수목 선정시 다음과 같은 기본적인 사항이 충족되어야 한다.

- 뿌리가 깊고 튼튼한 다년생 초본, 목본
- 물과 친숙한 수종
- 도시 하천의 경우 대부분 수질이 열악하므로 수질에 강한 수종
- 수질 정화 능력이 뛰어난 수종
- 경관이 양호한 수종 등이 선택의 기준이 되어야 할 것으로 보며, 가능하면 유역 내에 서식하는 수종이 환경 적응에 용이하며 유역 채취시 군락지역의 30%를 넘지 않는 범위에서 하여야 한다.

또한 하천법 시행령 제19조 2항에 있는 하천 내에 1m이상의 수목 식재 제한은 과거의 우리 하천과 현재 외국의 사례에 비춰보아 홍수 시 유수 흐름에 큰 지장을 주지 않는 곳이라면 융통성이 필요하고, 이 경우 식재할 수목 선정 시 선택의 여유가 많아질 것이다.

③ 저수호안 사면구배

현재 대부분의 하천은 사면구배가 1:1~1:2 정도의 구배로 설계되고 시공되어 있는데 사면은 완만할수록 수리적으로 안정되며 식물이 서식하기에도 좋은 여건을 조성해 준다. 둔치 이용에 크게 저촉되지 않는다면 일률적인 사면구배 보다는 여건에 따라 완만한 구배로 조정되어야 할 것으로 사료된다.

④ 시공 시 개선되어야 할 사항

- 호안 재료가 변하는 시작 및 종점부는 취약 지점이며 특히 본 공법의 경우 이 위치에 침식 현상이 발생하였으며 목책 또는 돌망태 등으로 보강하여 COIR ROLL과 결속시켜 주어야 한다.
- 말뚝 관입 시 정확한 위치에 타설되어야 시공 및 유지관리가 용이하다.
- 이식하는 수목의 생존률을 높이려면, 이에 대한 전문적인 자료와 지식이 요구된다.

- COIR ROLL 시공후 초기 수초가 성장하기 전에는 다소 미관이 좋지 않으므로 COIR ROLL 위에 토사를 덮는 등의 방법으로 조기 녹화도 필요하리라 본다.
- 홍수 시 부분적으로 ROLL 끝단이 접힌 상태가 발생하였다. 이는 ROLL 상호간에 결속이 되지 않은 부위에서 발생하였으므로 향후 시공 시 전체 COIR ROLL을 상호간 결속시키면 접히는 현상은 없으리라고 본다.

⑤ 향후 연구, 검토 사항
- 홍수 시 사면 안정
- 기초 세굴
- 식생 변화 상태 조사
- 수질과 서식하는 어류, 곤충 등의 조사

안양천 시공 후 COIR ROLL을 4차례에 걸쳐 3배 이상으로 강도를 높였고, 정밀 시공으로 문제점을 개선해 나갈 예정이다. 또한 앞으로도 자료수집은 계속 수행되어질 것이며, 생태계의 변화 추이도 시간을 갖고 조사, 분석할 계획이다.

6.2 하천 모형의 발달과 물 정보학

모형이란 자연현상, 또는 사상을 단순하게 개념화 또는 이상화시킨 것인데, 모형이란 복잡한 현상 중에서 지배적인 매체를 도출하여 그것을 물리적, 또는 수학적으로 재현시키는 것이라 할 수 있다. 이러한 모형에는 실제보다 작은 축적으로 제작한 물리모형과 실제 현상의 지배적인 매체를 수학적으로 표시하여 그 해를 구하는 수학적모형 또는 수치모형 등 크게 둘로 나눌 수 있다. 모형의 개념은 불규칙한 지형을 갖는 하천이나 바다에서 물 흐름과 같이 매우 복잡한 현상을 해석하는데 특히 유용하게 이용되어 왔다.

흐름에 대한 물리적인 모형은 19세기부터 지금까지 계속되고 있으며, 수치모형은 1950년대 말 전자계산기의 보급과 더불어 시작되어 특히 1980년대 중반부터 개인용 컴퓨터의 보급 이후 더욱 증가하고 있다. 본 절에서는 하천 및 저수지에서 물의 흐름에 관한 수치모형의 발달 과정을 시간적 세대 구분을 통해 살펴보고, 나아가 최근 수치모형과 데이터베이스를 접목시킨 이른바 제5세대 모형인 물 정보학(Hydroinformatics)에 대하여 소개하고자 한다.

6.2.1 하천 모형의 발달

[1] 하천 모형 발달의 연혁

하천 흐름에 관한 수학적인 모형의 개발 연혁을 살펴보면 1950년대까지 거슬러 올라간다. 컴퓨터 시대 이전에도 Stoker와 그 동료들은 1952~1954년에 부정류에 기초한 경험적 하천모의방법을 개발하였다. 그 후 이러한 형태의 모형은 컴퓨터의 보급과 더불어 개선되어 1962~1965년에 메콩강 하류 델타에 적용되었으며, 아직도 메콩위원회에서 사용하고 있다. 메콩강 델타에 적용된 모형은 2차원 확산모형으로서 그 시대의 IBM 7070이나 그 후 7044 등에서 카드 천공을 이용하여 입력하고 작동되었다. 그 후 25년이 지난 1980년대에는 완전한 St. Venant방정식의 해를 구하는 모형이 개발되어 입력, 출력, 보정, 검증 등을 그래픽으로 하는 등 사용자 편의 모형이 개발되었다. 이러한 모형은 방글라데쉬의 부라마푸트라강 하류 델타에 적용되고 있으며, 현존하는 하천 모형 중 가장 큰 모형으로 알려져 있다. 1980년대 후반 들어 컴퓨터의 발전으로 단순화된 방정식의 장점, 즉 계산 시간이 빠르다 혹은 계산 비용이 저렴하다 하는 것은 특별한 경우를 제외하고는 이제 큰 의미를 상실하게 되었다. 또한 수치모형에 대한 연구가 계속되고 있으며, 댐 파괴와 같은 불연속 흐름에 대한 연구도 1980년 후반에 돌파구가 열리고 있는 상태이다. 한편 1차원 모형은 적용상 한계가 있으며, 난류를 모의하는 수심 적분 2차원 모형이나 나아가 3차원 모형이 점차 보편적으로 등장하게 되었다. 최근 하천 수치모형의 발전에서 3가지 주요 관점을 보면 다음과 같다.

① 흐름 모형의 이용은 하천 실무에서 표준적인 절차 중 하나가 되고 있으며, 이러한 수치모형은 1960~1970년대에 개발된 계산 수리학에 기초를 두고 있다.
② 하천 수리 분야가 점점 더 전문화되고 있는데, 모형의 사용자(수리 전문가)와 제작자(컴퓨터 전문가) 사이가 점차 벌어지고 있다.
③ 하천유사의 퇴적·세굴·이송에 대한 모의 연구가 하천 계산 수리학의 중심적 과제로 남아 있다.

[2] 하천 모형의 세대 구분

계산 수리학 전문가들은 1950년대 이후 1990년대까지 구분하여 각 세대간의 특징을 다음과 같이 제시하고 있다.

제1세대 모형은 인간에 의해 계산되는 모형으로서, 예를 들면 근의 계산이나 해석적으로

해가 있는 함수 등 인간에 친숙한 계산 절차를 말한다.

제2세대 모형은 수치 계산기를 이용한 계산에 알맞는 모형으로 인간에게는 친숙하지 못한 방법이다. 대표적인 알고리즘은 유한차분법, 유한요소법, 경계요소법 등으로, 이 세대의 모형에서는 미분방정식을 풀기 위한 일련의 연산으로 미분방정식을 바꾸듯이 인간에 친숙한 언어를 기계에 친숙한 언어로 바꾸어 계산을 수행한 뒤에 다시 인간에 친숙한 언어로 바꾸어 준다. 이 세대는 사실상 계산 수리학의 태동기로서 시대적으로는 1960~1970년대에 해당한다. 전술한 메콩델타 모형과 같은 'on-off' 모형도 이 세대 모형에 포함된다.

제3세대 모형은 모형의 적용 대상 지역을 일정한 방법으로 지정하여 주면 계산을 수행할 수 있게 계산을 통제하는 방법들이 다양화되었다. 이 세대 모형은 1970~1980년대에 개발되었으며, CAR- IMA나 SYSTEM-11 등과 같은 일반화 된 대형 컴퓨터용 모형들이 이 세대 모형에 속한다. 이 시기에 컴퓨터 모형이 하천 실무에서 일반화되기 시작하였으며, 사업의 결정권자를 포함한 일반 사람들에게는 아직 모형에 접근하기 어려운 상태였다. 즉, 이용자 편의가 아니며, 일반적으로 모형 개발자가 모형을 직접 이용해야 하는 단계였다.

제4세대 모형은 한 마디로 이용자 편의 모형으로서 그 특징은 다음과 같다.

① 모형 시스템이 계산 수리학 전문가가 아닌 일반 사람들에게도 하천에서 설계와 관리의 유용한 도구로 사용될 수 있다.
② 모형의 개발자와 이용자간의 구분이 뚜렷하다.
③ 제4세대 모형은 하나의 제품이므로 수치모형 전문가들은 제품의 생산자 입장이다.
④ 제4세대 모형의 기본은 계산 수리학을 다양한 이용자들에게보다 잘 활용될 수 있도록 하는 데 있으므로, 이 분야의 연구는 과학 연구의 입장보다는 응용 연구의 입장으로의 전환이 필요하다.
⑤ 이 세대의 모형들은 모형의 개발과 운용 입장보다는 모형의 조절 및 통제 입장에 중점을 두고 있으며, 한편 데이터베이스 입장도 점차 중요시되고 있다.

제4세대 모형은 데이터베이스와 그래픽을 동반한 메뉴 방식의 모형으로, 주로 마이크로 컴퓨터에서 작동된다. 이 세대 모형은 수리학 관점에서는 3세대 모형과 큰 차이는 없으나, 계산 수리학 관점에서는 정보처리가 수치 방법에 의한 물리 현상의 모의와 서로 결합되어 있다는 점에서 크게 다르다. 제 4세대 모형은 1986년경 처음 등장하기 시작하였는데, 이 세대 모형은 수리학과 DOS 정도만을 알고 있는 아마추어에 의해서는 만들어지기 어려우며, 나아가 초심자가 이용하기에도 아직 어렵다는 문제가 있다. 제 4세대 모형의 기본 구조의 한 예는 다음 [그림 6.4]와 같다. 이 그림에서 계산 모형이 여전히 중요하기는 하나 모형의 전부는 아니며 전체 모형의 일부라는 점을 강조할 필요가 있다.

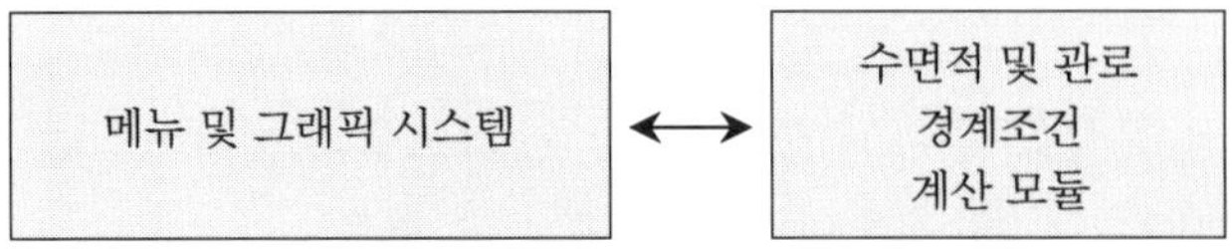

[그림 6.4] 제 4세대 도시 하수 관망 모의 모형의 주요 요소

그림에서와 같이 모형의 기본적 요소는 다음과 같다.

① 유역과 파이프에 관한 데이터베이스
② 강우 데이터베이스(경계)
③ 표면유출 계산성분, 관수로 계산성분, 오염성분 등의 계산모형 등이며, H/W 요 건과 이용자간의 모든 연락은 메뉴를 통해 이루어진다.

제 4세대 모형개발의 단계는 다음과 같이 4단계로 구분할 수 있다.

① 타당성 : 적용 가능성뿐만 아니라 타 모형에 비해 우수성 보장이 요구됨
② 스펙 : 모형적용을 위한 함수, 인터페이스, 성능 등에 관한 지침
③ 소프트웨어 개발 : 전체 흐름의 설계, 코팅, 검증, 효용성, 집적, 적용 등을 포함함
④ 정비

여기서 타당성(feasibility)이라는 용어는 매우 광범위한 것으로, 여기에는 미분방정식의 수치해법, 안정성과 수렴성 등도 포함하고 있다. 이러한 것들이 기본적으로 만족하게 되는 경우 ②와 ③에 중점을 두고 개발하게 된다.

전형적인 하천 모형의 크기는 15 KDSI (Kilo-Delivered-Source-Instruction)이며, 수치해석상의 문제가 모두 해결되었다 하더라도 이 정도 모형을 개발하기 위해서는 적어도 42인·월(± 25%)이 소요된다. 개발비용은 미화 750,000불(한화 약 8억원)정도로 추정된다. 대학연구소 등에서 개인이 개발한 코드는 코드상의 오류(bug) 가능성 및 적용성의 제한과 입·출력의 다양성 제한 등의 이유로 엔지니어링 설계회사에서 더 이상 보편적으로 이용되기 어려워지고 있다. 또한 최근의 세계적인 하천모형 시장의 경향으로 압도적으로 우수해 보이는 모형들의 개발과 이러한 모형들이 CAD와 결합되어 상품화됨으로써 수리 관련 엔지니어링 회사들이 단독으로 수치모형 개발을 하고자 하는 의욕을 상실하게 되었다는 점이다.

이에 따라 상품성이 높은 몇 가지 모형개발회사만 남게 되고 나머지 엔지니어링회사들은

모형 개발사업을 포기할 수밖에 없는 처지에 이르렀다. 즉 제 4세대 모형의 보급으로 수리 모형을 이용하는 사람들이 급격히 증가하게 되었으나, 이러한 발전은 과학적 수리 연구 측면에서는 대단한 것이 아니며, 다만 모형의 응용 기술이 급속히 발전한 덕택이라 할 수 있다. 여기서 중요한 것은 일반 기술자들이 이러한 모형을 잘 이용할 수 있도록 부정류, 난류, 그밖에 다른 고급 분야의 수리 및 하천 공학에 관한 교육이 필요하다는 것이다.

제5세대 모형은 관련 지식의 집적(단순한 합이 아닌 전문가시스템)모형으로 1990년대부터 등장하기 시작하였다. 이 세대 모형은 제 4세대 모형에다 인공지능을 결합한 형태로서 새로운 컴퓨터 기술의 도입과 더불어 그 개념이 새로이 수립되었다.

6.2.2 물 정보학

[1] 물 정보학의 개념

앞 절에서와 같이 물 정보학은 제 5세대 모형으로서 기존의 흐름 모형에 전문가 시스템이나 인공지능 등을 집적한 형태의 모형이다. 이 개념은 1990년대부터 네덜란드의 델프트와 덴마크의 수리 연구소 등을 중심으로 시작되어 이제 유럽뿐만 아니라 미국, 호주 등에까지 보급되기 시작하였다. Mynett와 van Zuylen에 의하면, 물 정보학 개념의 탄생 배경은 다음과 같다.

① 수자원은 사회, 경제, 정치 각 분야와 관련 있기 때문에 수자원에 관련된 기술적 문제는 단순한 계산이 아닌 사회, 경제, 정치적 의미가 있다.

② 컴퓨터 기술의 발전은 수자원에 관련된 복잡한 문제뿐만 아니라 그 결과가 비전문가들에게도 즉각적으로 가용하게 되었다.

③ 최근의 사용자 편의 시스템과 그래픽의 발전은 수자원 분야 문제를 해결하는 데 있어 더 이상 수학이나 물리 전문가들에게만 제한되지 않게 되었다.

④ 동수역학의 자체는 매우 어려우나, 수치해석모형과 데이터베이스와의 접합 등 이러한 모형을 지원하는 다양한 도구들이 개발되어 있다.

⑤ 예측 결과를 제시하는 데 있어 보고서나 그래픽 등은 의사결정권자들이나 의뢰인들에게는 익숙하지 못하며, 모의결과의 비디오 애니메이션을 이용하여 제시하면 더욱 분명한 결과를 알 수 있다,

이와 같은 점에서 이들은 수자원관리 및 주요 사항의 의사결정을 지원하는 시스템으로서 물 정보학의 유용성을 강조하였다. 최근, J. E. Ball은 물 정보학을 소개하면서 흐름 모

형의 발달 과정에 있어 범했던 잘못을 또 다시 범하지 않도록 주의를 요할 것을 강조하였다. 즉, 그는 최근 20~30년동안 유역의 수자원 해석에 있어서 수치모형의 적용이 보편화되었으나, 아울러 모형적용을 위한 유역 자료의 수집, 입력 및 출력 자료의 해석, 모형전문가 등이 요구되었으며, 이러한 요구는 물 정보학이라고 불리우는 새로운 개념이 제기되었음을 강조하였다. Ball에 의하면 물 정보학은 1991년 Abbott에 의해 처음 제기되었으며, 이는 컴퓨터 포멧을 이용한 수문 및 수리모형의 적용 및 응용 분야를 통칭하는 것으로 모형시스템과 모형이용자들을 위한 정보 접근의 집약이라 할 수 있으며, [그림 6.5]와 같이 그 개념을 표시할 수 있다. 여기서, 시스템내 각 성분과의 원만한 연결(interfacing)문제가 가장 중요하며, 또한 이러한 연결에 대한 표준화가 필요하다. Ball은 물 정보학 개념이 점차 확산되고 있다는 예로서 1990년 도시호우배수 학회 당시만 해도 물 정보학에 관련된 논문이 단 2편에 불과하였으나, 1993년 학회에는 13편으로 증가하였다는 점을 강조하였다.

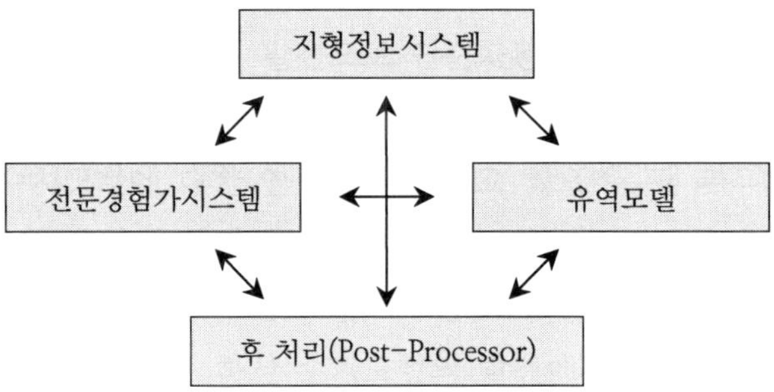

[그림 6.5] 물 정보학의 개념도

그러나, 문제는 아직까지 물 정보학의 각 성분(모형)간에 직접적으로 연결시켜 주는 도구가 없다는 것이다. Ball은 앞으로의 물정보학의 개발을 위한 제안으로 각 성분을 교환하는 경우 호환성을 유지하기 위한 인터페이스의 일정한 포맷의 개발 필요성을 강조하였으며, 이를 위하여서 다음과 같은 조건을 만족시켜 주는 유연한 포맷의 개발이 필요하다고 하였다.

① 모형이 바뀐 경우에도 필요한 자료를 즉시 제공할 수 있고,
② 다른 방법론과 접근 방법을 사용하여 모형을 개발하여도 적용할 수 있으며,
③ 데이터베이스의 개발 방법이 다른 경우에도 적용할 수 있고,
④ 한 유역 모형에서 얻은 정보의 집적 방법과 다른 유역에서 얻은 정보의 집적 방법이 다른 경우에도 적용할 수 있어야 함(결국 이러한 요건을 만족시켜 주는 인터페이스는 데이터베이스의 형태를 가질 것임)

결론적으로 Ball은 수자원관리 영역에서 물 정보학 시스템의 활용은 앞으로 충분한 가능성이 있음을 강조하였다. 그러나 이러한 가능성은 시스템내 다른 성분간의 연결을 원활히 해주어야만 하며, 이러한 인터페이스가 개발되기 전에는 물정보학은 충분한 역할을 발휘하기 어려울 것임을 부언하였다. 1994년에 물정보학에 관한 국제회의가 최초로 열릴 정도로 물 정보학의 개념은 세계적으로 확산되어 가고 있다. 물 정보학에 관한 최초의 국제회의는 IAHR(국제수리학회), 영국토목학회, UNESCO , WMO 등의 후원으로 1994년 9월 19일부터 9월 23일까지 5일 동안 네덜란드의 암스테르담부근의 델포트의 IHE(International Institute for Infrastructural, Hydraulic and Environmental Engineering)에서 처음으로 개최되었다. 이 회의는 컴퓨터를 이용하여 수공학 관련 문제에 접근하기 위해 만들어지고 운영되어 온 기존의 'HYDROCOMP' 국제회의를 물 정보학이라는 새로운 이름으로 개최한 것이다.

[2] 네덜란드의 물 정보학

van Beek는 최근에 네덜란드의 물 정보학의 발전에 대해 언급하면서, 수자원(물) 사업을 위한 물정보학의 적용 사례를 소개하였다. 그에 의하면, 현재 네덜란드에서는 물 정보기술의 발전과 수자원에 관한 시장의 경쟁성 제고를 위하여 네덜란드 물관련 용역 및 설계 회사들은 관리와 설계에 물 정보학 개념을 도입하고 있다. 그 예로서 van Beek는 1984년에 제안된 Land Water Impulse(LWI)프로그램과 WATERBOS이라는 수자원관리모형과 데이터베이스를 결합한 시스템을 소개하였다.

LWI프로그램은 네덜란드 정부에서 물과 토지 관련기관, 용역 및 설계회사, 대학 등을 묶어 토지 및 물의 적절한 관리 및 개발에 관해 만들어진 컴퓨터 프로그램으로서, 이 프로그램의 의도는 다음과 같은 목적에 관한 지식기반을 통합적으로 개발하는 것이다.

① 사회적 : 대규모 토목사업의 효과에 관련하여 관리 및 행정 대책의 지원
② 재정적 : 기술적, 생태적, 사회경제적 위험을 줄이며 대규모 투자를 하는데 있어서의 의사결정의 지원
③ 산업적 : 효율과 질적인 면에서 네덜란드 회사들의 경쟁력의 재고
④ 과학적 : 연구와 생산력을 증가시키기 위한 연구기관들간의 협조 체계의 자극
⑤ 경제적 : 세계 시장에서 네덜란드 회사들이 경쟁력을 향상시키기 위한 각 기관들의 협력체제구축으로 프로그램의 주요 대상 지역은 하구 및 해안 지역, 하천, 도시 지역, 항구, 산업 지역, 대규모 교통로(고속철도 등) 주변 등이다.

두 번째 프로그램은 WATERBOS라고 불리우는 종합적 수자원관리를 위한 의사결정지원 시스템이다. 이 시스템의 목적은 모형과 데이터베이스의 분명한 조합을 이루는 구조를 전국, 나아가 세계를 대상으로 만들려는 것이다. 현재 각 기관에서 쓰이고 있는 수자원관리 모형들은 서로 일관성이 없어 연결시키기 어렵고, 나아가 장차 새로운 변화에 적응하기 어렵다는 문제가 있기 때문에, 이 시스템의 필요성이 강조되었다. 즉 현재의 모형들은 특정 분야의 문제를 해결하는데 초점을 두고 있으므로, 이러한 모형들이 구성과 기본 개념의 접근방법 등이 달라서 사실상 불가능하다는 것이다.

WATERBOS는 이러한 문제를 해결하기 위하여 다음과 같은 방법으로 각 모형들의 개념적인 근거를 재정의하고 표준화한다.

① 지역 및 전국 단위로 일관성 있는 자료 세트의 구성과 물 시스템의 도구화
② 다음과 같은 각종 물시스템의 성분과 각 성분간의 상호작용을 분명히 구분하고 엄격히 모듈화함
  ㉠ 이용자 함수.
  ㉡ 수자원시스템에 관한 영향.
  ㉢ 수자원시스템 자체(수량, 수질, 생태 등).
  ㉣ 사용자 함수에 대한 수자원시스템의 영향

그러나 이러한 시스템은 아직 초보적인 수준에 머물러 있다. 비록 아직까지 선진국에서도 초보적이기는 하지만, 우리나라의 학계와 연구계를 중심으로 진지한 연구개발이 필요한 분야이다.

되짚어 보기

제6장 하천

1. 자연형 하천정비공법을 간단하게 설명하시오.

> **해설** 현재의 인위적인 하천을 생태적 자연 기법을 도입하여 과거 자연 상태의 하천으로 복원하려는 공법

2. 자연형 하천호안 정비공법을 간단하게 설명하시오. 하천환경 정비 중 하천 내에서 생태적으로 가장 중요한 역할을 담당하는 저수호안을 생태적으로 재생시키고자 하는 것

> **해설** 하천환경 정비 중 하천 내에서 생태적으로 가장 중요한 역할을 담당하는 저수호안을 생태적으로 재생시키고자 하는 공법

3. 저습지의 수생식물에 의한 오염물질 제거의 매체 3가지를 쓰고 간단하게 설명하시오.

> **해설** ① 인, 질소의 흡수에 의한 제거
> ② 탈질, 흡착작용에 의한 제거
> ③ 줄기와의 접촉에 의한 침전효과

4. 제 4세대 도시 하수 관망 모의 모형의 주요 요소를 간단하게 설명하시오.

> **해설** 제 4세대 도시 하수 관망 모의 모형의 주요 요소
>
> [메뉴 및 그래픽 시스템] ⟷ [수면적 및 관로 경계조건 계산 모듈]

제7장
지하수

7.1 지하수의 효율적인 관리 대책

7.1.1 지하수 보전 관리의 필요성

물은 인간 생존에 가장 기본적인 요소로서 하루라도 없어서는 안될 기본재이며 경제 및 사회생활을 하는데 필수적인 소중한 자원이다. 국민생활수준의 향상과 도시화 및 산업화의 영향으로 용수 수요가 나날이 증가하고 있으나 댐 개발 적지의 감소, 과다한 보상비 및 지역 이기주의 현상 등으로 지표 수자원개발이 어려워지고 있으므로, 장래 예상되는 물 부족에 대비하기 위해서 지하수를 체계적으로 개발해야 할 단계에 와 있다. 그러나 지금까지 지하수 개발이 아무런 규제 없이 무분별하게 추진되어 왔으며, 특히 최근 들어 1994년~1995년에 걸친 사상 유래 없는 가뭄으로 영호남을 중심으로 한 집중적인 지하수개발과 생수시판허용에 편승한 지하수개발로 지하수자원의 고갈현상이 발생하였으며, 하천의 수질사고 및 환경오염에 따른 지표오염원이 지하로 침투되는 것을 무방비 상태로 방치하여 왔기 때문에 수질오염 문제가 현안 과제로 대두되고 있다.

지하수는 강우에 의하여 지속적으로 바로 보충되는 지표수와는 달리 한정된 지하수함량과 보존량을 고려하지 않고 적정 수준 이상으로 지하수를 과다하게 취수하거나 오염시키면, 머지않은 장래에 지하수장애가 심각하게 발생할 수 있으며, 일단 훼손된 지하수는 복원에 반영구적인 시간과 많은 비용이 소요되므로 과거 어느 때보다도 지하수 자원의 보전 측면을 고려한 체계적이고 신중한 개발 이용이 절실히 요구되고 있다.

7.1.2 지하수의 적정 개발가능량 및 이용 전망

[1] 지하수 적정 개발가능량

지하 지질 매체 내의 공극에 고인 지하의 물을 지하수라고 하며, 이 물을 지표 위로 끌어올릴 때 지하수를 개발한다고 하므로, 지하수를 개발하면 자연 상태에 어느 정도의 변화가 오게 된다. 이러한 변화가 인간의 지속적인 생활에 어떠한 영향을 주며, 어느 정도까지 개발을 할 때 바람직하지 않은 변화를 늦추거나 방지할 수 있는가를 파악해야 한다. 과도하게 지하수를 취수하면 지하 수위의 강하가 장기간 지속된다. 이로 인하여 지반침하가 발생하며, 공극이 메워지므로 지하수의 침투, 이동 및 저장성이 저하된다. 또한 지하 매질이 본래 가지고 있던 정화 능력을 잃게 되어 지하수의 특성을 상실하게 되며, 지하수면 근처에 형성되는 모관수가 없어지므로 이를 근거로 서식하는 생물계의 변화를 초래할 가능성도 있다. 그러므로 환경에 심각한 영향을 주지 않는 범위 내에서의 지하수 개발가능량을 적정개발 가능량이라고 할 수 있다. 즉 지하수 함양과 배출이 이루어지는 과정에서 지하수 순환체계가 파괴되지 않고 장기간 지하수위의 강하가 일어나지 않는 범위 내에서 개발할 수 있는 양을 지하수의 적정 개발가능량으로 정의할 수 있다. 우리나라 지하수개발가능량을 산정하기 위하여 그동안 여러 차례에 걸쳐 조사를 실시하였다. 이를 산정하기 위하여 적용된 기본 개념을 요약하면 다음과 같다.

① 월별 지하수 저장량의 증가분 또는 감소분의 연간 합은 지하수 함양 또는 배출되는 양으로서 지하수의 함양 또는 배출이 평형을 유지하면서 개발할 수 있는 양을 지하수 적정개발량으로 하여 산정
② 연간지하수함량의 70%수준을 지하수 개발가능량으로 하여 산정
③ 내륙지역을 78개 소유역으로 구분한 후 각 소유역에서 구한 기저유출량을 지하수 함양량으로 간주하여 지하수 적정개발가능량을 산정
④ ③항의 방법과 같이 지하수배출량에 해당하는 기저유출량을 지하수 함양량으로 간주하고 기저유출량과 강수량, 수계, 지질구조선간의 회기분석 결과를 이용하여 미계측 지역에서의 기저유출량을 추정하여 지하수 적정개발량을 산정

이들 개념을 적용하여 산정한 지하수적정 개발가능량 산정결과를 요약 정리하면 [표 7.1]과 같다

[표 7.1] 지하수 적정 개발가능량의 비교

구분	조사기간	적용 개념	적정개발가능량 (억m^3/년)
지하수자원기본조사(1차)	‘92~’93	지하수저장량의 변화량	134.3
지하수이용 및 보전방안연구	‘93	연간 지하수함량의 70%	143
지하수자원기본조사(2차)	‘93~’94	기저유출량 (수계변수)	137.8
지하수자원기본조사(3차)	‘94~’95	기저유출량 (수계 및 지질변수)	132.7
종합			130~140

[2] 지하수 이용 실태

현재 우리나라의 지하수 용도는 매우 다양하다. 지하수 개발 목적을 용도에 따라 분류하면, 첫째 상수도 수원으로 개발하는 경우, 둘째 상수도 비보급 지역에서 음용을 목적으로 개발하는 경우, 셋째 상수도 보급 지역에서 영리 목적으로 지하수를 개발하는 경우, 넷째 지표수의 개발이 불리한 공단지역 및 공장 등에서 지하수를 개발하는 경우, 다섯째 농업용 수원으로 지하수를 개발하는 경우, 여섯째 기타 온천용 및 광천 음료수 등으로 개발하는 경우로 구분할 수 있다. 첫째, 둘째, 셋째 및 여섯 째 항목은 주로 생활 용수, 넷째는 공업 용수, 다섯째는 농업용수에 해당한다. 건설교통부에서는 1994년 8월 시행된 지하수법에 따라 전국 시도에서 보고된 "지하수 이용실태조사"를 토대로 지하수 이용현황을 용도별, 지역별로 집계·분석하여 지하수조사연보를 발간했다. 이에 따르면 현재 우리나라의 연간 지하수이용량은 1994년말 기준으로 총용수 이용량 290억m^3의 9%인 26억m^3(생활 14억m^3, 농업 10억m^3, 공업2억m^3)을 사용하고 있는 것으로 조사되었다. 지하수이용량이 증가한 것은 1993년~1994년의 극심한 가뭄의 영향으로 상당히 많은 양의 지하수이용이 증가된 것으로 추정된다. 1994년말 현재 지하수 이용 현황은 [표 7.2]와 같다.

[표 7.2] 연간 지하수 이용 현황(1994년) (단위 : 천m^3/년)

시도	총계		생활용		공업용		농업용		기타	
	개소	이용량	개소	이용량	개소	이용량	개소	이용량	개소	이용량
계	637.285	2,571.297 (100%)	394.368	1,319.432 (51.3%)	9.394	229.412 (8.9%)	229.161	930.051 (36.2%)	4.362	92.402 (3.6%)
서울	18.353	23.296	17.573	19.809	559	3.418	34	18	187	51
부산	7.157	60.807	6.494	46.775	328	6.613	15	312	320	7.106
대구	3.734	26.475	2.866	15.151	576	8.919	128	521	164	1.884
인천	5.444	41.735	5.044	34.091	314	4.752	84	2.878	2	13
광주	6.380	19.265	4.293	15.036	179	1.716	1.874	2.463	34	51
대전	9.722	31.531	9.041	24.900	295	5.191	270	1.226	116	214
경기	66.682	467.874	45.925	239.513	1.408	53.974	18.646	153.780	703	20.607
강원	30.213	72.627	22.966	48.738	427	4.220	6.651	16.036	169	3.633
충북	59.395	224.506	31.224	64.478	895	25.129	26.880	119.403	396	15.496
충남	102.117	287.058	58.267	170.065	541	7.204	42.755	102.492	554	7.297
전북	123.158	261.766	59.878	77.695	566	8.805	62.583	174.222	131	1.049
전남	108.952	312.631	69.079	146.795	654	11.274	38.483	144.092	736	10.470
경북	58.921	334.527	35.770	188.685	1.128	48.599	21.522	82.901	501	14.342
경남	34.221	287.968	24.934	155.196	1.352	32.798	7.682	95.504	253	4.470
제주	2.836	119.231	1.014	72.505	172	6.805	1.554	34.203	96	5.719

[3] 지하수 이용 전망

전 세계적으로 인구 증가와 경제성장으로 인해 용수 이용이 다양화되고 수요가 급속히 증가하고 있다. 지표수만으로는 용수 수요충당이 부족하기 때문에 여러 나라에서 지하수의 개발과 이용에 힘쓰고 있다. 지표수의 이용 조건이 우리나라보다 유리한 일본, 미국, 프랑스 등에서도 총용수이용량의 20~22% 정도이며, 앞으로도 계속 증가할 것으로 추정되고 있다. 한편 우리나라의 지하수 이용량은 총용수 이용량의 9%에 불과하여 상대적으로 매우 낮은 수준이다. 미래에 물 공급 예비율을 적정수준으로 상향시키기 위해서는 지하수 개발 확대 이외에는 대안이 없다고 판단되며, 지하수 개발가능량(130~140억m^3/년)이 현재 댐 용수공급량(126억m^3/년)보다 상회하는 점을 감안할 때 장래 지하수개발의 효용성은 상당히 크다고 본다. 그러므로 우리나라도 지하수 이용율을 선진국 수준인 15~20%로 제고하여 장래 용수 공급능력 확대를 위한 주된 수단으로 활용해야 할 것이다.

7.1.3 지하수 장애 사례 및 관리 실태

현재 우리나라의 경우 지하수의 무절제한 취수·이용으로 지하수 자원의 고갈, 지반침하, 수질오염 등의 문제점들이 여러 곳에서 발생되고 있다.

[1] 수원 고갈 사례

지하수의 이용량의 함양량보다 상당히 커서 함양 현상으로도 수위 회복이 불가능한 경우에는 지하수계의 변형이 발생하며, 궁극적으로 수원 고갈과 함께 지하수 이용이 거의 불가능해진다. 지하수는 그 유동속도가 매우 느린 만큼 고갈된 대수층이 원상태로 함양되는 데는 오랜 시간이 걸리게 되는데, 지하수의 과다 취수에 의한 수원 고갈의 대표적인 사례는 다음과 같다.

[그림 7.1] 2017년 청송지역 지하수개발 및 조사

① 생수시판과 함께 초정약수 소재지인 충북 초정리 일원에 약 140개소의 암반관정이 생수업체들에 의하여 무분별하게 개발되어 인근지역의 기존 우물 등이 마르는 현상이 발생했다.

② 경남 창녕군 부곡면 거문리 일대(부곡온천)는 무절제한 온천개발로 지하수위가 1982

년~1986년간 145m정도 강하되었다.

[2] 지반침하 사례

지하수의 무분별한 취수로 수원 고갈뿐 아니라 지하수압으로 지지되던 암반 및 지표충적층이 지질매체 자체의 하중과 지표에서 가해지는 하중에 의하여 부분적으로 지반침하를 유발할 수 있다.

① 1991년 5월 경기도 포천군 내촌면에 있는 과수원의 사과나무(1,720그루)가 인근 생수개발업체의 지하수 과다취수로 지하수위가 저하되어 사과나무가 고사되고 지반이 30cm정도 침하되어 법정소송이 제기되었다.

② 경기도 과천시 부림동 주공 7단지의 경우 지하철 공사로 지하수맥이 변동되어 아파트건물 뒷면의 지반이 약 10cm정도 침하되었다.

[3] 수질오염 사례

지표의 오염물질이 상부 지층을 통과하여 지하로 유입되거나 무단 방치된 폐공 등을 통하여 오염물질이 직접적으로 대수층에 유입되어 지하수의 유동과 더불어 이동·확산됨으로써 발생한다. 지하수는 한번 오염되면 지표수와는 달리 회복에 장기간이 소요되나 지하수수질오염에 대한 대책이 없는 상태에서 지하수가 이용되고 있다.

① 인천광역시 남동구 고잔동에서 인근 유리섬유 제조업체가 폐기물을 무단 매립함에 따라서 이 지역주민들의 식수원인 지하수가 오염되어 주민들에게 피부질환이 발생하였다.

② 고농도 화공약품과 유류가 운반 도중 교통사고로 누출(연평균 60건, 90만L추정)되어 토양과 지하수 오염이 가중되고 있으며, 서울 난지도는 쓰레기의 침출수로 인해 주변지하수 오염이 가속화되고 있다.

③ 경기도 시흥시 소래 지역 공동주택(예림빌라) 단지의 경우 오염된 지하수를 음용수로 사용함으로 인해 주민들에게 복통이 발생한 사례(88년)가 있다.

[4] 염수침입 사례

주로 해안 내지나 도서 지역에서 발생하는 염수침입은 육지에 위치한 정호로부터 지하수를 양수하였을 때 염분농도가 높은 해수가 대수층을 통하여 정호로 유입된다.

제주도 동부 성산읍은 지하수 과다 채취로 인해 해안에서 6km내륙까지 염수 침투가 확산되고 해안에서 1km까지의 염도는 1,000ppm이상으로 농업용으로도 부적합한 실정이다.

[5] 지하수 관리 행정

현재 우리나라의 지하수 관련 법령은 지하수법, 온천법, 먹는물 관리법, 농어촌발전 특별조치법, 제주도 개발특별법 등 매우 다양하다. 지하수법은 모든 지하수에 적용되고 있으나, 목적과 용도가 특수한 지하수인 온천과 온천지구 규정에 관한 사항은 온천법(행정자치부), 먹는물에 관한 사항은 먹는물 관리법(환경부), 농어촌지역의 지하수 관정 및 집수암거의 개발에 관한 사항은 농어촌발전특별조치법(농림수산부) 그리고 제주도 지역의 지하수 개발특별법(건설교통부) 등이 적용되고 있다. 이들 제반 법령 등은 지하수를 단일 대상으로 함에도 불구하고 지하수 사용목적에 따라 서로 다른 법체계하에서 운영·관리되고 있어 지하수에 대한 종합적인 관리체계가 구축되지 않은 실정이다.

[표 7.3] 지하수 관련 법령 현황(과거 주관부처)

법령	적용 분야	주관부처
지하수법	생활·공업용수	건설교통부
온천법	온천수	내무부
먹는물관리법	생수	환경부
농어촌발전특별조치법	농업용수	농림수산부
민방위기본법	비상용 급수시설	내무부
제주도개발특별법	생활·공업·농업용수, 생수	건설교통부

7.1.4 지하수의 효율적인 관리 대책

20세기 들어오면서 급속한 산업발달로 인한 다양한 형태의 지하수 관련 장애들이 나타나기 시작하였으며, 각국에서는 이를 해결하려는 다각적인 노력이 진행되었다. 우리나라의 경우도 1980년대 이후 용수 수요의 증가로 인한 무분별한 지하수개발 및 극심한 가뭄 영향으로 지하수의 과다 취수가 우려되고 있으며, 이로 인한 수질악화의 가속화 등이 현실로 나타나고 있다. 지하수를 체계적으로 개발하고 효율적으로 보전·관리하기 위해서는 전국적으로 지하수에 관한 이용 실태를 조사하여 현황을 파악하고 지하수 관측망을 설치하여 지하수의 수위·수질 변동 실태를 조사하며, 지하수의 양적 및 질적 보전을 위한 종합적인 지하수 관리 기본계획을 수립하여야 한다. 이를 위하여 정부에서 추진 중인 지하수 관리 대책의 주요 내용을 요약하면 다음과 같다.

[1] 지하수 관리 기본계획 수립

① 계획수립의 목적

㉠ 지하수 관리기본계획이란 연간 적정개발가능량이 130~140억m^3에 해당하는 지하수를 보다 효율적으로 개발, 이용해 나가는 것과 양질의 지하수를 후손에게 물려줄 수 있는 적절한 대책을 수립하여 추진해 나가는 것으로서, 지하수의 개발과 보전이라는 양면성을 동시에 갖고 있음.

㉡ 이를 위하여 부존량, 이용실태 및 개발계획에 대한 자료를 수집·분석하고 그 결과를 토대로 지하수 개발·이용 및 보전 관리에 관한 중장기 계획(목표년도 2006년)을 수립하여 지하수관리체계를 확립하도록 할 계획이다.

② 주요 내용

㉠ 지하수 부존량 및 개발가능량 산정

- 수문지질도 등 지하수 조사자료를 토대로 지역별·유역별 부존 특성을 도출하여 부존량 산정
- 강우량, 지표유출량 등에 대한 자료로 수집·분석하여 지역별·유역별 개발가능량 산정

㉡ 지하수 이용 실태조사

- 국가기관, 지방자치단체 및 민간인이 개발·이용하고 있는 전국의 지하수 이용 실태에 관한 제반 자료를 수집·정리하고, 지역별·유역별 개발 이용 특성을 분석
- 기준의 정호중 대표 관정(약 5,000~10,000공)을 선정하여 지하수위를 조사하여 지하수위 분포도를 작성(축척 1/250,000~1/500,000) 지하수위저하, 지반침하, 염수침입 등 지하수 장애 관련 자료를 수집하고 지역별, 유형별로 분석
- 환경 관련기관 및 단체로부터 지하수 및 지표수 수질 자료를 수집·정리

㉢ 지하수 이용계획 수립

- 지하수 부존량, 이용 실태 및 수질 자료를 토대로 지하수개발 대상 지역 및 개발량 등을 설정하기 위한 기준 작성
- 수자원장기종합계획, 상수도 중장기계획 및 농어촌용수 이용 합리화 계획 등을 토대로 지역별 용수 수급계획을 검토하고 물 부족 지역에 대하여 지하수 개발가능성 검토 지하수 개발 및 공급 계획지역의 범위를 설정하고 지역별 지하수 개발량 제시

㉣ 지하수 보전계획 수립

- 적정 양수량 산정기준 및 지하수위 강하 한계 등 지하수 장애 발생 판정기준 작성 지하수보전구역 설정을 위한 구체적인 기준을 마련하고 광역적인 지하수보전구역을 제시
- 지하수의 수량 및 수질보전과 지하수 장애 발생 방지를 위한 제한행위 등을 설정하고 세부기준 마련

㉤ 수립기간 : 1995년~1996년

※ 상기 계획은 수문지질도 작성 등 기초조사 결과에 따라 5년 단위로 수정 보완해 나갈 계획임.

[2] 지하수 관측망설치 운영

① 관측망 설치 목적

유역별·지역별 대표 지점 지하수의 수위·수질의 변동 실태를 지속적으로 관측·분석하여 지하수개발 및 보전계획 수립의 기초자료로 활용.

② 주요 기능 및 용도

㉠ 정기적인 지하수의 수위 및 수질 관측을 통한 지하수의 유동 및 부존 특성규명

㉡ 기상 및 강수특성과 지하수문의 상관성 규명에 필요한 기초자료 제공

㉢ 지하수장애 발생현황 파악과 사전예측 등 지하수 보전·관리에 필요한 자료로 활용

③ 설치 기준

㉠ 전국 5대강 하천 유역(5대권역)을 지형 및 수문 지질에 따라 78개 소유역으로 구분하고 1개 소유역내 3~4개의관측소를 설치

㉡ 강우량과 지하수의 수위변화 상태를 파악하기 위하여 지층 및지질 조건에 따라 기상 또는 우량관측소 지점과 연계하여 설치

㉢ 지하수 이용율이 높거나 오염취약지역에 중점 설치

④ 설치 현황 및 추진 현황

㉠ 2001년까지 총 310개소의 지하수 관측소를 연차적으로 설치할 계획이며, 1995년에는 15개소를 설치했으며, 1996년에는 37개소를 설치할 계획이다.

⑤ 지하수 관측망 운영

㉠ 관측소에는 충적층 및 암반층의 수위·수질 변동 실태를 관측할 수 있는 관측정 2개소를 설치(관경 15~20cm, 깊이 30~100m정도)

㉡ 관측정에는 자동 계측장치를 설치하고 1~3개월 간격으로 기록된 자료를 수집하고 주변시설을 점검

㉢ 수집된 자료는 정보관리 시스템에 입력하여 D/B화하고 매년 "지하수조사연보"에 수록

[표 7.4] 권역별 지하수관 축소 설치계획

구분	계	한강	낙동강	금강	영산강	섬진강
계	310	95	90	58	35	32
1995년 시행	15	4	5	2	3	1
1996년 계획	37	9	10	5	10	3
장래	258	82	75	51	22	28

※ 환경부에서는 이와 별도로 기존관정 780개소를 선정하여 지하수의 수질을 관측.

[3] 지하수 정보관리 시스템 개발

① 목적

㉠ 지하수 관련 제반 정보자료를 종합하여 D/B 구축

㉡ 수집된 자료에 의거 물수지 및 수질 등 지하수의 특성을 분석하여 지하수 개발 및 보전에 대한 의사결정을 효과적으로 지원하기 위한 프로그램 개발

② 기본 방향

㉠ 지자체로부터 지하수 이용 실태 및 보전 구역 지정 현황 등 관련 자료를 수집

㉡ 지하수 수위, 수질 등 관련 자료를 지하수 관측망 및 관계기관으로부터 수집

㉢ GIS를 활용한 D/B구축으로 지하수 정보의 체계적 관리

㉣ D/B를 관계기관 및 지방자치단체에 보급함으로써 지하수 업무 처리에 효율성 증대

③ 개발기간 : 1995년~2001년

④ 추진계획

㉠ 지하수 정보관리 시스템 기본설계(1995년)

- 기본환경 조사
  - 시스템 구축을 위한 기본방향 수립
  - 본 시스템과 연결할 수 있는 타 기관과의 유사시스템 분석
- 지하수 업무 분석
  - 제반 자료의 입력에서부터 출력에 이르는 업무의 흐름 분석

- 입력자료(도형 및 비도형자료)의 종류, 구성, 형태 및 특성분석
  - 시스템 기본설계
    - 시스템의 전체 구조 및 하부 구조 작성
    - 시스템 구축에 필요한 최적 H/W 및 S/W체제 및 규모 결정
    - 업무분석 시스템에 활용가능한 D/B결정
    - D/B구성 항목에 대한 코드 작성
  - 시스템 시범개발
    - 전국 지하수 시설 및 이용현황 D/B구축
    - 시범지역을 대상으로 선정된 응용프로그램을 적용한 시스템 구축
    - 자료의 입·출력과 통계처리가 가능한 상용프로그램 개발보급

㉡ 시스템 상세설계 및 구축(1996년)
- 시스템의 구축운영을 위한 세부구조 설계 및 프로그램 작성
- 입축력 화면 설계 및 제반자료의 입력
- 테스트 및 종합시스템 구축

㉢ 지하수 정보관리 시스템 운영(1997년~2001년)
- 지하수 이용실태 등 조사내용을 D/B에 지속적으로 입력하여 시스템 기능 확장
- 각종 도면의 지속적인 전산화 추진
- 지하수 관리기본계획 수립에 필요한 정책 자료 제공

⑤ 지하수 정보관리시스템의 기본 구성

㉠ 데이터베이스
- 비도형 자료
  - 지하수 시설 현황 • 지하수 이용 현황 • 정호 검층 • 지질 및 수문 지질
  - 양수시험 자료 • 수위 자료 • 수맥 자료 • 오염원
  - 관측망
- 도형자료
  - 지질도 도형 • 지형도 도형 • 수맥도 도형 • 토양도 도형
  - 토지이용도 • 수문지질도 • 오염원 현황도 • 지하수 관측망도

㉡ 응용프로그램
- 지하수 물수지 분석
  - 지하수 수리 특성 분석 • 오염 예측 분석

– 보호지역 분석
  • 지하수 유동특성 분석　　　　• 지하수 보전지역 분석
– 개발에 따른 영향분석
  ※ D/B 내용과 응용프로그램에서 제공하는 분석 내용을 접목

[4] 지하수조사 연보 발간

① 목적

지하수의 이용 실태 자료를 시·도 등으로부터 수집·정리하여 이용 현황을 파악하고 지하수에 대한 체계적인 이용·관리에 활용코자 한다.

② 연보의 이용 현황

㉠ 지하수 이용 현황
– 목적별(생활·공업·농업용수), 행정구역별(시·군·구·읍·면) 지하수 이용량, 개발공수 등
– 1994년도 가뭄대책으로 개발한 지하수 관정 이용 및 관리현황

㉡ 지하수 개발 및 이용 특성 분석
– 용도별 정호의 시설 규모와 특성

㉢ 지하수 수질 조사 현황(환경부로부터 자료수집)
– 수질 검사공 설치 현황 및 수질 현황

③ 추진계획

㉠ 1995년 11월 지하수조사 연보 발간 배포에 이어 매년 조사 연보를 발간한다.

[표 7.5] 수문지질도 연차별 작성계획(총 94,626km²)

순위	유역별	시행년도	유역수	면적(km²)
1	한강하구~서해북부	1996	5	8.397
2	영산강~서해남부	1996	8	8.473
3	금강	1998	10	9.692
4	동해안	1999	7	8.883
5	섬진강	2000	10	10.122
6	낙동강 중류	2001	9	7.833
7	낙동강 하류	2002	6	9.201
8	남한강	2003	8	12.585
9	낙동강 상류	2004	7	9.228
10	북한강	2005	8	10.612

※ 1995년~1996년에 전라북도 임실지역의 수문지질도를 작성

[5] 지하수 교육

① 목적

지하수 관련 업무의 증가와 관련 일선 공무원의 전문화 필요성에 대비하여 지하수 전문교육을 실시한다.

② 주요 내용

㉠ 지하수 전문교육 프로그램 개발

㉡ 단계별 교육과정 개설로 전문가의 체계적 양성

㉢ 실무능력 증진을 위한 직무교육 훈련 강화

③ 교육기간 : 1996년~2001년

④ 추진계획

㉠ 1995년 : 지하수 교육 훈련계획 수립

㉡ 1996년 이후 : 교육훈련 프로그램 개발, 교육 과정 개설 및 교육실시

[6] 연구개발

① 목적

지표수와 연계하여 지하수 자원의 체계적인 관리를 위한 학술적 배경 마련과 지하수의 개발 및 보전에 대한 정책 수립을 위한 기반 구축

② 주요 내용

㉠ 정책연구 : 제도, 분쟁 조정 등

㉡ 기초연구 : 지하수 순환과 유동, 오염확산, 지하수 물수지, 지하수 함양 등

㉢ 표준화 연구 : 지하수 조사기법, 지층별·구경별 관정 표준도 작성, 지하수 관측 및 운영 요령 등

㉣ 실용화 연구 : 지하수의 인공 주입, 강변 지하수 활용 방안, 수질오염 예측 및 방지 기법 등

③ 추진계획

㉠ 1996년~2001년 : 기초연구와 기술개발을 병행 추진, 국내외 학회 활동 및 학술발표 활성화를 통한 기술정보 교류 강화

[7] 수문지질도 작성

① 목적

전국을 대상으로 지하수 부존량 등에 대하여 물리 탐사와 시추조사 등을 통한 기초조사를 실시하여 부존 특성을 규명함으로써 지하수 부존량 및 개발가능량 등을 추정하여 지하수의 효율적인 개발과 합리적인 보전·관리를 위한 기초자료로 활용한다.

② 작성 방법

㉠ 전국 78개 소유역을 10개권역으로 구분 연차적으로 실시(축척 1/50,000)
※ 1개 지역을 2년간 조사

㉡ 광역 지질구조 해서 및 원격탐사 : 권역별로 광역적인 지질구조를 분석하고 원격탐사를 실시하여 개략적인 지하수 부존정도 평가

㉢ 수위, 수질조사 : 지표지질조사 및 지역별 우물 현황조사를 실사하여 수위 및 수질을 조사 분석함으로써 상기 원격탐사자료와 함께 지하수부존 특성을 평가

㉣ 광역 수문지질도 작성 : 이상의 분석 결과를 토대로 각 권역별 수문지질도를 연차별로 작성

③ 조사 개요

㉠ 사업 기간 : 1996년~2005년(10개년)

㉡ 조사 면적 : 94,626km^2(전국 99,310km^{2}중 기조사 4,284km^2 및 1995년 조사계획 400km^{2}은 제외)

㉢ 연간 조사계획 : 8,800~10,000km^2

㉣ 조사사업의 우선순위 : 단위면적당 지하수 사용량이 많은 지역순으로 조사

㉤ 수문지질도 작성현황 : 안성천지역, 진위천지역, 대전 갑천지역, 가남지역, 복하천지역, 고창지역, 용인지역 등 총 7개 지역임

④ 작성 기간 : 1996년~2005년

[8] 지하수 오염방지 대책

① 목적

㉠ 지하수 수질에 대한 장기적인 오염추세 파악으로 지하수 수질 보전 대책 수립의 기초자료 확보

㉡ 지하수 오염에 대한 사전 예방 등 지하수 보전 관리를 위한 종합대책 수립

② 중점 추진 사항

㉠ 지하수 관정 관리 실태 지도 감독

- 지하수 관정의 오염방지 조치 여부에 대한 실태조사 강화(년 2회)
- 지하수 오염방지를 위한 홍보물 발간

㉡ 지하수 수질 개황 조사 실시(년 2회)

- 260개 지역 780지점에 대하여 카드뮴 등 15개 항목 조사
- 지하수 취수정 오염 배출업소 지도점검

㉢ 지하수 수질기준 제정

- 이용 목적별 수질 기준 제정·운영

㉣ 지하수 오염원에 설치 현황조사 및 지하수 오염 우려 지역 정밀 조사

7.2 지하수 영향평가 보고서 사례

7.2.1 지하수개발.이용 계획 개요

[1] 목적

○○대학에서 사용될 용수의 암반관정개발에 따른 지하수영향에 관한 기술적인 사항을 조사 검토하여 적정채수량의 개발·이용계획을 수립하고 개발허가를 위한 자료로서 제공코자 함.

[2] 사업 내용

① 사업명 : ○○대학 지하수개발

② 위치 : 경기도 이천시
지리좌표 – 동경 127°23′30″
북위 37°17′00″

③ 시행자 : ○○대학

④ 개발·이용계획

- PW-1(1호공)

개발계획공수(공)	표고(m)	구경 및 심도 (m)				개발계획채수량(m^3/day)	이용목적	비고
		KS백관(ø200mm)	조사심도(ø200~300mm)	우물자재계획심도				
				P.V.C 무공관(ø150mm)	P.V.C 유공관(ø150mm)			
1	195	6	145	113	32	200	생활 및 음용	

- PW-2(2호공)

개발계획공수(공)	표고(m)	구경 및 심도 (m)				개발계획채수량(m^3/day)	이용목적	비고
		KS백관(ø200mm)	조사심도(ø200~300mm)	우물자재계획심도				
				P.V.C 무공관(ø100mm)	P.V.C 유공관(ø100mm)			
1	125	18	82	58	24	200	생활 및 음용	

7.2.2 영향조사 결과

[1] 지형 및 지질

① 지형

대상지구의 지형발달 양상은 동서 방향으로 개방된 산이며, 침식윤회상 장년기말~노년기에 해당한다. 이들 지형은 흑운모화강암내의 지질암상의 분포에 크게 지배를 받고 있으며, 대상지구의 북서방향에는 학암저수지, 북동방향에는 고척저수지가 있고, 수계는 남동방향에 장암천이 흐르고 있어 지표수 유하량이 비교적 풍부한편에 속한다.

② 지질

지표지질은 풍화잔류토 및 일부 하상 퇴적물로 피복되어있고, 지하지질은 일부 흑운모편마암, 규장편마암, 석영-운모편암이 존재하나 대부분은 중생대 쥬라기의 흑운모화강암으로 이루어졌으며, 암반지하수는 동기반암의 분리구조(균열, 절리, 암맥)에 부존되어 있다.

[2] 지하수 개발.이용현황

개발예정지를 중심으로 인근에 소형관정 13개소, 대형관정 3개소가 있으며, 반경 1km이

내에는 소형관정 6개소, 대형관정 3개소 개발되어 생활 및 농업용수 수원공으로 이용되고 있으며 총 이용수량은 약 340m^3/day이다.

[3] 지하수 함양 및 물 수지분석

조사지구 유역의 지하수 자연함양율을 17%로 적용하여 이천측후소의 10년간 월평균 및 연평균강수량을 대입하여 지하수 수지분석을 검토한 결과, 지역내의 잔여 지하수 개발가능량은 1,471m^3/day이며 금회 개발계획량 400m^3/day을 제외하여도 잔여량 731m^3/day의 여유분이 있는 것으로 검토되었다.

[4] 지하수 수질

조사 공에서 지하수를 채취하여 경기도 보건환경연구원에 의뢰하여 수질검사를 시행한 결과, PW-1 조사공은 pH외 44개 항목 전체가 먹는 물 수질 기준에 적합한 상태로 검사되었으나, PW-2에서는 시료채취의 부주의 및 일정 시간 경과 후의 시료채취를 하지 않은 관계로 탁도가 기준치를 초과하여 먹는 물에 부적합한 것으로 나타났으나 개발 이용 시 활성탄여과와 음료수 소독 장치를 시설할 예정이다.

[5] 잠재 오염원 및 오염원에 의한 영향

반경 1km 조사지역 및 직접유역내에 분포하는 잠재오염원은 축사와 농경지에서의 농약 및 비료살포, 주거지에서 배출되는 생활폐기물, 생활하수 등으로 조사지역의 충적층 지하수는 국지적으로 오염이 되고 있는 상황이며, 반경 59m (PW-1)와 100m(PW-2)내의 포획구간 안에는 특별한 잠재오염원의 관리가 필요하다. 또한 오염 취약성 평가인 Drastic index를 산출한 결과 115점(PW-1) 및 85점(PW-2)으로서 비교적 낮은 것으로 산정되었으나, 향후 지속적인 예방조치가 필요하다.

[6] 지하수 산출 특성 및 영향 예측

조사 지역의 지하수 유동 방향은 상류로부터 지층 경사를 따라 남서~북동향으로 흐르고 있으며, 양수시험에 의해 본 지역 PW-1에 대한 대수층 수리상수는 투수량계수 1.147m^2/day, 비양수량 3.26m^3/day/m, 가채수량 195.3m^3/day로 산출되었으며, PW-2에 대한 대수층 수리상수는 투수량계수 2.32m^2/day, 비양수량 11.39m^3/day/m, 가채수량 204.3m^3/day로 산출되었으므로 금회 개발계획량 PW-1공에서 200m^3/day 및 PW-2공에서 200m^3/day의 개발·이용은 문제점이 없는 것으로 검토되었다.

개발 예정공의 양수 영향반경은 PW-1가 59m, PW-2가 100m로 산정되었으며 인근에 소형 및 대형 관정 9개소가 영향권 내에 포함되어 있으나 이용에는 문제점이 없는 것으로 분석되었다.

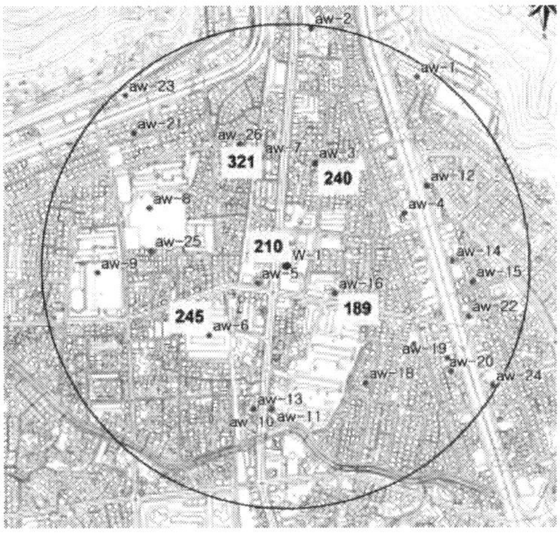

[그림 7.2] 2020년 경상남도지역 지하수영향조사도

7.2.3 지하수의 개발.이용 방안

[1] 착정 개발 방안

① 공법 : D.T.H 공법 (시추조사공 확공개발)

② 오염방지 : 지하수법 제 16조, 동 시행령 제 25조 1항 1호 규정에 의거 연암층상부 케이싱 설치구간을 오염방지 그라우팅 처리함.

③ 구경 : 확공개발 ø150 mm → ø200mm(고결층)
자재설치 ø150 mm(PVC 우물자재)

④ 심도 : 145m (PW-1, 확공개발 139m)
82m (PW-2, 확공개발 64m)

⑤ 우물 소독 : 우물 자재 설치후 전 심도를 소독 처리함

[2] 지하수 이용 방안

① 개발계획량 : 400m^3/day(PW-1 ; 200m^3/day, PW-2 ; 200m^3/day)

② 양수 시설 : 수중모터펌프 7.5Hp 2대

③ 보호시설 : 콘크리트박스형 보호공 2동

④ 지하수위 보호 : 최대 지하수위 강하를 억제하는 수위감지 센서와 구경 ø25mm의 수위측정관을 설치함.

⑤ 수질 보전 : 보호공내에 토출밸브를 설치하여 원수의 수질검사 시료 채취가 가능하도록 하고, 정기적으로 공인기관에 수질검사를 의뢰함.

[3] 지하수 이용 시 악영향 예측 및 저감방안

극심한 가뭄 시 계획채수량 400m^3/day(2개공 총합)을 초과하여 과잉 양수하거나 본 지구내 신규 개발공이 늘어나 전체 이용량이 함양량을 초과할 경우는 지하수위의 과다한 저하로 기존의 얕은 심도 소형관정은 양수 불능상태가 발생활 우려가 있으며, 이의 저감방안으로는 다음 사항을 들 수 있다.

① 조사구역 내 기존 관정의 적정채수량 준수.

② 소형관정의 시설이 노후되어 채수량이 부족하고 이용도가 떨어지는 관정은 수질 보전을 위하여 폐기 정리.

③ 기존 관정의 정기적인 수질검사 등을 통한 감시강화.

④ 영향범위 내의 신규 개발 억제.

⑤ 포획 구간에 오염 관련 시설 설치 규제.

7.2.4 조사서 작성에 관한 사항

[1] 조사 기간 : 1999년 11월 ~ 1999년 12월

[2] 조사기관 : ◇◇지질기술사 사무소

[3] 참여자 명단 및 업무 분담

성명	직급	업무 분담내역
	응용지질기술사	조사업무총괄
	공학박사(수공학)	지하수조사개발 이용계획 및 방안수립
	중급기술자	지하수현황조사 및 보고서 작성
	초급기술자	시추조사 및 보고서 작성
	초급기술자	시추조사 및 보고서 작성

[4] 조사 장비

조사내역	장비명	조사내용	수량
지표지질	Clinometer, 지형도(1/25,000, 1/5,000) 지질도(1/50,000)	주향,경사 이용현황조사	1식
물리탐사기	WADI	전기탐사	1식
착정기	고성능 착정기	시추조사	1대
간이수질검사	PH meter 및 수온측정기	PH 측정 및 수온측정	1대
	Conductivity meter	전기 전도도 측정	1대
양수시험	자동수위측정기(Watermate)	자연, 안정수위 및 수위 변화량 측정	1대 1대
	수량측정기	V - notch	1개
		적산유량계	1개
	수중모타펌프(7.5HP)	양수시험용	1대
보고서 작성	586 pentium computer 및 printer, scanner, EXCELL, GRAPHER AQTESOLV, WHPA PROGRAM	자료 분석 및 정리	1식

[5] 부록

① 지형도(1:25,000)

② 지질도

③ 지하수영향조사도(1:5,000)

④ 물리탐사결과도

⑤ 착정주상도

⑥ 지하수개발 및 이용시설 설치도

⑦ 양수시험일보

⑧ 양수시험결과분석

⑨ 수질시험결과

되짚어 보기

1. 과도하게 지하수를 취수하면 발생하는 현상을 설명하시오.

해설 과도하게 지하수를 취수하면 지하 수위의 강하가 장기간 지속된다. 이로 인하여 지반침하가 발생하며, 공극이 메워지므로 지하수의 침투, 이동 및 저장성이 저하된다. 또한 지하 매질이 본래 가지고 있던 정화 능력을 잃게 되어 지하수의 특성을 상실하게 되며, 지하수면 근처에 형성되는 모관수가 없어지므로 이를 근거로 서식하는 생물계의 변화를 초래할 가능성도 있다.

2. 지하수의 적정 개발가능량을 정의하시오.

해설 환경에 심각한 영향을 주지 않는 범위 내에서의 지하수 개발가능량을 적정개발 가능량이라고 할 수 있다. 즉 지하수 함양과 배출이 이루어지는 과정에서 지하수 순환체계가 파괴되지 않고 장기간 지하수위의 강하가 일어나지 않는 범위 내에서 개발할 수 있는 양을 지하수의 적정 개발가능량으로 정의

3. 우리나라의 지하수 개발 목적을 용도에 따라 분류하시오.

해설 첫째 상수도 수원으로 개발하는 경우,
둘째 상수도 비보급 지역에서 음용을 목적으로 개발하는 경우,
셋째 상수도 보급 지역에서 영리 목적으로 지하수를 개발하는 경우,
넷째 지표수의 개발이 불리한 공단지역 및 공장 등에서 지하수를 개발하는 경우,
다섯째 농업용 수원으로 지하수를 개발하는 경우,
여섯째 기타 온천용 및 광천 음료수 등으로 개발하는 경우

4. 지하수 장애 사례를 3가지 이상 쓰시오.

해설 (1) 수원고갈 (2) 지반침하 (3) 수질오염 (4) 염수침입

5. 지하수의 효율적인 관리 대책을 쓰시오.

해설

(1) 지하수 관리 기본계획 수립 (2) 지하수 관측망설치 운영
(3) 지하수 정보관리 시스템 개발 (4) 지하수조사 연보 발간
(5) 지하수 교육 (6) 연구개발
(7) 수문지질도 작성 (8) 지하수 오염방지 대책

6. 지하수 관리계획의 주요 내용을 간단하게 설명하시오.

해설

㉠ 지하수 부존량 및 개발가능량 산정
㉡ 지하수 이용 실태조사
㉢ 지하수 이용계획 수립
㉣ 지하수 보전계획 수립

7. 수문지질도 작성 목적을 설명하시오.

해설 전국을 대상으로 지하수 부존량 등에 대하여 물리 탐사와 시추조사 등을 통한 기초조사를 실시하여 부존 특성을 규명함으로써 지하수 부존량 및 개발가능량 등을 추정하여 지하수의 효율적인 개발과 합리적인 보전·관리를 위한 기초자료로 활용한다.

부록 Appendix

1.1 물의 물리적 성질

(1) 온도에 따른 물의 밀도(g_0/cm^3)

t℃	0.0	0.1	0.2	0.3	0.4	0.5	0.6	0.7	0.8	0.9
0	0.999868	875	881	888	894	905	911	911	916	922
1	927	932	936	941	945	949	953	957	961	965
2	968	971	974	977	980	982	984	987	989	691
3	992	994	995	996	997	998	999	999	999	000
4	1.000000	000	000	999	999	998	997	996	995	993
5	0.999992	990	998	986	984	982	980	977	974	971
6	968	965	962	958	955	951	947	943	939	934
7	930	925	920	915	910	905	899	894	888	882
8	876	870	864	858	851	845	838	831	824	817
9	809	802	794	786	778	770	762	754	746	737
10	738	719	710	701	692	683	673	663	653	643
11	0.999633	623	612	602	591	580	570	559	549	535
12	525	513	502	490	478	466	454	442	429	417
13	404	361	378	365	352	339	326	312	299	285
14	271	257	243	229	215	200	186	171	156	142
15	127	111	096	081	066	050	034	018	003	986
16	0.998970	954	938	921	905	888	871	854	837	810
17	803	786	768	750	733	715	697	679	661	643
18	624	606	587	569	550	531	512	493	474	454
19	435	415	396	376	356	336	316	296	275	255
20	234	214	193	172	151	130	109	088	066	045
21	0.998023	002	980	958	936	914	892	869	847	824
22	0.997802	779	756	734	710	987	664	641	617	594
23	570	547	523	499	475	451	426	402	378	353
24	329	304	279	254	229	204	179	154	128	103
25	077	051	026	000	974	948	921	895	869	842
26	0.996816	789	762	736	709	682	655	627	600	573
27	545	518	490	462	434	406	387	350	322	294
28	265	237	208	179	151	122	093	064	035	005
29	0.995976	947	917	888	858	828	798	768	738	703
30	678	648	617	587	556	526	495	464	433	402

(2) 온도에 따른 물의 점성계수(Centipoise=0.01dyne·sec/cm²)

t℃	0	1	2	3	4	5	6	7	8	9	10
μ	1.7921	1.7313	1.6727	1.6191	1.5674	1.5188	1.4728	1.4284	1.3860	1.3462	1.3077
t℃	11	12	13	14	15	16	17	18	19	20	21
μ	1.2713	1.2363	1.1708	1.1404	1.1111	1.0559	1.0559	1.0559	1.0299	1.0050	0.9810
t℃	22	23	24	25	26	27	28	29	30	–	–
μ	0.9579	0.9358	0.9143	0.8937	0.8737	0.8545	0.8360	0.8180	0.8007	–	–

(3) 온도에 따른 물의 동점성계수(Stokes=cm²/sec)

t℃	0.0	0.1	0.2	0.3	0.4	0.5	0.6	0.7	0.8	0.9
0	1.792	1.786	1.780	1.774	1.768	1.761	1.755	1.749	1.743	1.737
1	.731	.725	.719	.713	.707	.701	.696	.690	.684	.679
2	.673	.667	.661	.655	.650	.645	.639	.634	.629	.624
3	.619	.613	.603	.608	.598	.592	.582	.577	.572	.572
4	.567	.562	.557	.552	.542	.537	.537	.533	.528	.524
5	1.519	1.515	1.510	1.505	1.500	1.496	1.491	1.478	1.482	1.477
6	.473	.468.	.464	.459	.455	.451	.466	.442	.438	.433
7	.428	.424	.420	.416	.412	.408	.403	.399	.395	.391
8	.386	.383	.379	.375	.371	.367	.363	.359	.355	.351
9	.346	.342	.339	.335	.331	.327	.323	.319	.315	.311
10	1.308	1.304	1.300	1.296	1.293	1.289	1.285	1.282	1.278	1.274
11	.271	.267	.264	.260	.256	.253	.250	.246	.243	.240
12	.237	.233	.230	.226	.223	.229	.217	.214	.211	.207
13	.204	.201	.198	.194	.191	.185	.182	.178	.175	.175
14	.172	.169	.166	.162	.159	.156	.153	.150	.147	.144
15	1.141	1.138	1.135	1.132	1.129	1.126	1.123	1.120	1.117	1.115
16	.112	.109	.106	.103	.100	.098	.095	.092	.089	.063
17	.048	.081	.078	.075	.072	.069	.067	.065	.062	.059
18	.057	.055	.053	.050	.047	.045	.042	.040	.037	.035
19	.032	.029	.026	.024	.022	.019	.017	.014	.012	.009
20	1.007	1.004	1.002	1.000	0.997	0.995	.993	0.990	0.988	0.986
21	0.983	0.981	0.978	0.076	.974	.972	.969	.967	.964	.962
22	.960	.958	.95	.953	.951	.949	.947	.945	.942	.940
23	.938	.936	.934	.932	.929	.927	.925	.923	.921	.919
24	.917	.915	.913	.911	.909	.907	.905	.903	.901	.895
25	0.897	0.895	0.893	0.893	0.891	0.889	0.887	0.885	0.883	0.879
26	.877	.875	.873	.871	.869	.867	.866	.864	.862	.860
27	.858	.856	.854	.852	.850	.848	.846	.845	.843	.841
28	.839	.837	.835	.833	.832	.830	.828	.826	.825	.823
29	.821	.819	.818	.816	.814	.813	.811	.809	.808	.806
30	0.804	0.803	0.801	0.799	0.798	0.796	0.794	0.793	0.791	0.790

(4) 온도에 따른 물의 표면장력 (dyne/cm)

t℃	0	5	10	15	16	17	18	19
T	75064	74.92	74.22	73.49	73.34	73.19	73.05	72.90
t℃	20	21	22	23	24	25	30	–
T	72.75	72.59	72.44	72.28	72.13	71.97	71.18	–

1.2 단위환산

(1) 길이:

미크론(micron)	$1\mu = 1\mu m = 10^{-6}m$
옹그스트롬(angstrom)	$1\,Å = 10^{-10}m$
야아드(yard)	$1yd = 0.9144m$
피이트(feet)	$1\,ft = \frac{1}{3}\,yd = 0.3048m$
인치(inch)	$1\,in. = \frac{1}{36}\,yd = 0.0254\,m$
마일(mile)	$1\,mi = 1760\,yd = 1609.344m$
海里(nautical mile)	$1\,n.mi = 1852m$
光年(light year)	$1\,light\ year = 9.4614 \times 10^{5}m$

(2) 面積 :

아아르(are)	$1\,a = 100m^2$
헥타아르(hectare)	$1\,ha = 10^4m^2$
제곱인치(square inch)	$1\ \ in^2 = 0.4516 \times 10^{-4}m^2$
제곱 피이트(square feet)	$1ft^2 = 9.290304 \times 10^{-4}m^2$
제곱 야아드(square yard)	$1yd^2 = 0.836127m^2$
제곱 마일(square mile)	$1mi^2 = 2.58999km^2$
에이커(acre)	$1\,arce = 4840yd^2 = 4046.86m^2$
평	1평 $= 3.30579m^2$

(3) 體積

리터(liter)	$1l = 1bm^3 = 10^{-3}m^3$
세제곱 센티미터	$1cm^3 = 1.c.c = 10^{-6}m^3$
세제곱 인치	$1in^3 = 16.3871 \times 10^{-6}m^3$
세제곱 피이트	$1ft^3 = 28316.8 \times 10^{-6}m^3$
세제곱 야아드	$1yd^3 = 0.764555m^3$
캘론(galion)	$1gal = 3.78564 \times 10^{-3}m^3$
에이커·피이트(acre-feet)	$1acre \cdot ft = 1230m^3$
에스. 에프. 디(sfd)	$1sfd = 1ft^3/sec \cdot day = 2450m^3$

(4) 體積流量

리터	$1l/sec = 10^{-3}m^3/sec$
입방피이트.	$1ft^3/sec = 1cfs = 2,83168m^3/sec$
갤론.	
갤론. 海分(gallon per second)	$1gal/sec = 3.79 \times 10^{-3}m^3/sec = 327m^3/day$
갤론, 海日(gallon per day)	$1gal/day = 4.38 \times 10^{-8}m^3/sec$
에이커. 피이트 海日(acre-feet-per day)	$1acre \cdot ft/day = 0.0143m^3/sec$

(5) 時間

分(minute)	$1min = 60sec$
時(hour)	$1hr = 360sec$
日(day)	$1day = 24hr = 86400sec$

(6) 質量

그램 (gram)	$1g = 10^{-3}kg$
톤(tonne)	$1t = 10^3kg$
카랏트(carat)	$1ct = 200mg = 10^{-5}kg$
파운드(pound)	$1lb = 0.45359237kg$

슬러그(slug)	1slug = 14.5939kg
그레인(grain)	$1gr = \frac{1}{7000}lb = 64.7989mg$
온스(ounce)	$1\ oz = \frac{1}{16}lb = 28.3495g$
英國톤(ton)	1t = 2240lb = 1016.05kg
美國톤(short ton)	1sh.t = 20001b = 907.185kg

(7) 힘

뉴우톤(Newton:뉴우톤)	$1N = 1kg \cdot m/sec^2$
다 인(dyne)	$1dyne = 1g \cdot cm/sec^2 = 10^{-5}N$
킬로그램(kilogram weihgt)	1kg = 9.80665N
파운드重(pound force)	1lbf = 4.44822N
파운달(poundal)	1pdl = 0.138255N

(8) 에너지, 일

주 울(joule)	1 J = · 1Nm
에르그(erg)	$1erg = 10^{-7}J$
칼로리(thermochemical calorie)	1cal = 4.184J
I.T.칼로리(International steam table calorie)	$1cal_{I.T.} = 4.1868J$
킬로와트·時(kilowatt-hour)	$1Kwh = 3.6 \times 10^6 J$
킬로그램重·미터(kilogram-meter)	$1Kgw \cdot m = 9.80665J$
피이트·파운드重(feet-pound force)	$1ft \cdot 1bf = 1.35582J \times 10^{-2}$
제곱 야아드(square yard)	$1yd = 0.836127m^2$
피이트·파운달(feet-poudal)	$1ft \cdot pdl = 0.0421401J$

(9) 動力

킬로칼로리·海時	1Kcal/hr = 1.16222W
킬로그램重·메타	$1kgw \cdot m/sec = 9.80665W$
피이트·파운드·	$1ft \cdot lbf/sec = 1.35582W$
佛馬力(metric horse power)	$1\ P.S = 75w \cdot m/sec = 735.499W$
英馬力(British horse power)	$1\ hp = 745.7W = 550ft \cdot lbf/sec$

(10) SI 단위로 환산 및 SI 단위 접두어

	변 환 기존 단위 → SI 단위	배 수
압력	kgf/cm^2 → Pa(Passcal)	9.8×10^4
	kgf/m^2 → Pa	9.8
	mH_2o → Pa	9.8
	mmH_2o → Pa	9.8×10^3
에너지, 일량	kgf·m → J(Joule)	9.8
공률, 동력	PS(마력) → W(Watt)	735(=9.8×75)
힘	gf(그램重) → N(Newton)	9.8×10^{-3}
	kgf(킬로그램重) → N	9.8
	tf(톤중) → N	9.8×10^3

인용 및 참고문헌 Reference

■ 국외 참고 문헌

1. Ang, H.S and Tang, W.h, Probability Concepts in Engineering Planneing and Design, Volume 1-Basic Principles, John Wiley & Sons, New York, N. Y, 1975
2. Box, G.E.P and Jenkins, G.M Time Series Analysis, Forecasting and Control, Holden-Day, San Francisco, 1970
3. Chow, V.T.(Ed), Handbook of Applied Hyerology, McGraw-Hill, NewYo가, N.Y, 1964
4. Clarke, R.T, Mathematical Models in Hydrology, Irrigation and Drainage Paper No. 19, UN/FAO, Rome, 1973
5. Crawford, N.H. and Linsley, R.K, Digital Simulation in Hydrology: Stanford Watershed Model IV, Technical Report No. 39, Stanford University, Stanford, Calif, 1966
6. De Wiest, R.J.M, Geohydrology, John Wiley & Sons, New York, N.Y, 1965
7. Fiering, M.B and Jackson, B.B, Synthetic Streamflows, Water Resources Monograph No. 1, American Geophysical Union, New York, 1971
8. Fleming, G, Computer Simulation Techniques in Hydrology, Elsevier Publisher, New York, N.Y, 1975
9. Gillet, B.E, Introduction to Operations Research, A Computer-Oriented Algorithmic Approach, McGraw-Hill, New York, N.Y, 1976
10. Haan, C.T, Statistical Methods in Hydrology, Iowa State University Press, Ames, Iowa, 1977
11. Hammer, N.J. and Mac Kichan, K.A, Hydrology and Quality of Water Resources, John Wiley & Sons, New York, N.Y, 1981
12. Harr, M.E, Groundwater and Seepage, Mcgraw-Hill, New York, N.Y, 1962
13. Hydrologic Engineering Center, HEC-1 Flood Hydrograph Package, Users Manual, U.S. Corps of Engineers, Daves, Calif, 1981
14. Japan International Cooperation Agency, Run-off Calculation Method, Reference Material for River Engineering Course, Ministry of Construction, Japan.
15. Kottegoda, N.T, Stochastic Water Resources Technology, Macmillan Press, London. 1980
16. Linsley, R.K, Kohler, M.A. and Paulhus, J.L.H, Hydrology for Engineers, 3rd. Ed,

McGraw-Hill, New York, N.Y, 1982
17. Nemec, J, Engineering Hydrology, TATA, McGraw-Hill, Hew Delhi, India, 1972
18. Overton, D.E and Meadows, M.E, Stormwater Modeling, Academic Press, New York, 1976
19. Raudkivi, A.J, Hydrology, Pergamon Press, New York, N.Y, 1979
20. Rouse, H.(Ed), Engineering Hydraulics, John Wiley & Sons, New York, N.Y, 1950
21. Schulz, E.F, Problems in Applied Hydrology, Water Fesources Publications, Fort Collins, Colrado, 1976
22. Sugawara, M, Watanabe, I, Ozaki, E, and Katsuyama, Y, Tank Model with Wnow Component, National Research Center for Disaster Prevention, Tchuchuba, 1984
23. Todd, D.K, Groundwater Hydrology, 2nd Ed, John Wiley & Sons, New York, N.Y, 1980
24. U. S. Army Corps fo Engineers, SSARR Model; Streamflow Synthesis & Reseruoir Regulation, Program 724-K5-G0010, North Pacific Division, Portland, Oregon, 1975
25. Viessman, W, Knapp, J.W, Lewis, G.L, and Harbaugh, T.E, Introduction to Hydrology, 2nd Ed, IEP, A Eun-Donnelley Publisher, New York, N. Y, 1977
26. Wanielista, M.P, Stormwater Management; Quantity and Quality, Ann Arbor Science Publishers, Ann Arbor, Michigan, 1978
27. Wilson, E.M, Engineering Hydrology, 2nd Ed, Macmillan, London, 1974
28. Yevjevich, V, Probability and Statistics in Hydrology, Water Resources Publications, Fort Collins, Colorado, 1972
29. Chow, V.T.(Ed), Handbook of Applied Hyerology, McGraw-Hill, NewYork, N.Y, 1964
30. Linsley, R.K, Kohler, M.A. and Paulhus, J.L.H, Hydrology for Engineers, 3rd. Ed, McGraw-Hill, New York, N.Y, 1982
31. Raudkivi, A.J, Hydrology, Pergamon Press, New York, N.Y, 1979
32. Viessman, W, Knapp, J.W, Lewis, G.L, and Harbaugh, T.E, Introduction to Hydrology, 2nd Ed, IEP, A Eun-Donnelley Publisher, New York, N. Y, 1977
33. Wilson, E.M, Engineering Hydrology, 2nd Ed, Macmillan, London, 1974

■ 국내 참고 문헌

1. 건설기술연구원, 수문관측소 색인집, 1994.
2. 건설기술연구원, 수자원연구실, '1995년 8월 중부지방 대홍수', 1995.
3. 건설부, 하천시설 기준, 1993.
4. 건설부 한국의 댐 1973

5. 권순국 외 11인, 사람과 물, 서울대학교 출판부, 2008.
6. 김명철, 천승필, 이종국, 하천생태계와 담수무척추동물 2013
7. 김의원 한국국토개발사연구 대학도서 1982.
8. 노섭, 수리시설 및 수리실험, 도서출판 청호, 2003.
9. 두산백과
10. 대한토목학회 한국 토목사 1973
11. 문영일 외 3인 공역 수문학 이론 및 응용, Hydrology in Practice, 사이텍 미디어, 1998.
12. 물 백과사전
13. 백창식 외4인 공저, 수리실험, 구미서관, 2002.
14. 선우 중호, 수문학, 동명사, 1985.
15. 손명원 한국의 자연지리 2012.
16. 송재우, 수리학, 구미서관, 1998.
17. 송창영, 재난안전 이론과 실무, 예문사, 2011
18. 송창영(대표저자), 재난안전 A to Z, 기문당, 2014.
19. 연규방 외 2인 수문학, 구미서관, 1997.
20. 윤용남, 공업수문학, 청문각, 1991.
21. 이삼노, 박성천, 물과 현대생활, 구미서관, 2002.
22. 이상도, 노 섭, 상하수도공학, 한솔아카데미, 2017.
23. 이원환, 수문학, 문운당, 1998.
24. 천재학습백과.
25. 최영박 외 3인 공역, 수문학(Introduction to Hydrology), 문운당, 1994.
26. 한국수자원개발공사 한국의 물 자원 1970.
27. 한국수자원공사, 소하천 시설기준, 1995.
28. 한국조경신문.
29. 한국학 중앙연구원 한국민족문화 대백과.
30. 한국향토문화 전자대전.
31. 한림학사 물의 이용, 2007.

노 섭 (박사) 홍익대학교 (토목공학/수자원공학)
(석사) 홍익대학교 (토목공학/수자원공학)
(학사) 홍익대학교 (토목공학)

• **경력** (현재) 여주대학교 토목방재과 정교수
- 한국환경산업기술원 심의평가위원
- 경기도 건설기술심의위원 수자원분야
- 행정안전부 정책자문위원(재난관리)
- 행정안전부 자연재해 저감종합계획 심의위원
- 행정안전부 중앙/지방 재해영향성검토 심의위원
- 행정안전부 재해복구 사전심의위원
- 행정안전부 지방자치단체 재난관리평가위원
- 행정안전부 안전한국훈련 컨설팅 및 평가위원/지역안전도 평가위원
- 경기도, 양평 (소)하천관리위원
- 경기도 댐/저수지 안전관리위원, 소하천관리위원
- 한국수자원공사 기술/설계심의위원
- KOICA 기술심의위원
- 경기경찰청 재해재난분야 외래강사
- 전국 법원전문심리위원(수자원 분야)
- 여주지청 검찰위원회
- 여주 도시계획위원
- 여주 상수도 자문회의 위원장
- 여주 하수처리장 용역 및 기술평가위원
- 한강수계 민학관 물환경협의회 3기 위원장
(환경운동연합/학계/한국수자원공사/환경부 한강유역환경청,
원주지방환경청, 경기도 수자원본부 등)

• **학회/역임**
- 대한토목학회 정(평생)회원
- 한국수자원학회 정(평생)회원
- 한국방재학회 정(평생)회원/기획위원
- 한국방재협회 정(평생)회원
- 한국방재협회 신기술평가위원
- 재해경감협회 심의위원/반장
- 前 민주평화통일 자문위원
- 한국방재안전학회 정(평생)회원/이사(現)

• **표창**
- 한국방재학회 회장 표창(2005. 03.)
- 대통령표창(재해대책분야, 2006. 05.)
- 안전행정부장관 표창(사전재해검토분야, 2013. 12.)

• **저서**
- 수리학, 응용수문학, 상하수도공학, 재난관리론 등 20편

수공학과 방재 정가 17,000원

저자 : 노섭

발행인 : 임정대
발행처 : 도서출판 구미서관

발행 : 2024년 11월 1일

등록 : 1979년 6월 29일 No.9–6호
주소 : 서울시 마포구 신촌로 2길 5-15 구미빌딩
전화 : 02–333–1101
팩스 : 02–335–2201
http://www.goomibook.com

ISBN 979–11–6257–299–3 (93530)